"十四五"职业教育国家规划教材

# C语言程序设计案例教程

第五版

新世纪高职高专教材编审委员会 组编

主　编　景宏磊　熊锡义

副主编　林宗朝　熊非亚　孙跃岗

钟石根　赵玉超　林丁报

主　审　徐　敏

大连理工大学出版社

**图书在版编目(CIP)数据**

C语言程序设计案例教程 / 景宏磊，熊锡义主编. --
5版. -- 大连 ：大连理工大学出版社，2021.11(2023.9重印)
新世纪高职高专计算机应用技术专业系列规划教材
ISBN 978-7-5685-3294-5

Ⅰ. ①C… Ⅱ. ①景… ②熊… Ⅲ. ①C语言－程序设计－高等职业教育－教材 Ⅳ. ①TP312.8

中国版本图书馆CIP数据核字(2021)第220754号

大连理工大学出版社出版

地址：大连市软件园路80号 邮政编码：116023
发行：0411-84708842 邮购：0411-84708943 传真：0411-84701466
E-mail：dutp@dutp.cn URL：https://www.dutp.cn
大连天骄彩色印刷有限公司印刷 大连理工大学出版社发行

幅面尺寸：185mm×260mm 印张：21 字数：485千字
2009年5月第1版 2021年11月第5版
2023年9月第5次印刷

责任编辑：高智银 责任校对：李 红
封面设计：张 莹

ISBN 978-7-5685-3294-5 定 价：51.80元

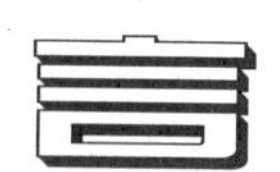

# 前言

《C语言程序设计案例教程》(第五版)是“十四五”职业教育国家规划教材、“十二五”职业教育国家规划教材、高职高专计算机教指委优秀教材,也是新世纪高职高专教材编审委员会组编的计算机应用技术专业系列规划教材之一。

党的二十大报告指出:我们要坚持教育优先发展、科技自立自强、人才引领驱动,加快建设教育强国、科技强国、人才强国,坚持为党育人、为国育才,全面提高人才自主培养质量,着力造就拔尖创新人才,聚天下英才而用之。培养软件开发技术技能型人才是时代赋予高职院校的使命,本教材将社会主义核心价值观、职业道德、工匠精神、团队合作等方面确定为引入课堂的思政元素,在教学中因势利导、潜移默化地引导学生将个人的成才梦有机融入实现中华民族伟大复兴中国梦的思想认识。

C语言是面向过程的程序设计语言,在面向对象的程序设计语言流行的今天,很多领域仍然有其不小的用武之地,比如目前广泛使用的MySQL数据库和UNIX以及Linux家族的操作系统等,以及大量的计算机外围接入设备的驱动程序,都离不开C语言。目前使用较广泛的Windows程序的API函数,也是以C语言函数的形式提供的。如果要写一个视频游戏引擎或操作系统,就需要C语言来完成这些编程任务,而不能使用C#、Java或Basic语言。

本教材在上一版的基础上,根据大量的教学反馈意见做了更为完善的修订。修订后的教材进一步加强项目驱动、案例教学的教学方法,剖析典型实训项目“学生成绩管理系统”,分解提炼项目的功能模块和程序,按照C语言的知识结构将知识点分配到各子项目中,使之既保留了程序设计的知识完整性和条理性,又结合了高职学生的实际情况,通过项目驱动、情景设置、案例引入,启发学生积极思维,调动学生学习程序设计的积极性,变被动学习为主动学习。通过项目分解、案例引入、启发式教学和主动学习训练,达到系统地学好和用好程序设计这门技术的目的。

本教材对理论定义、程序风格、习惯用语等进行了全面梳理、统一和部分重写,新版教材更具条理性、一致性、严谨性和科学性。

程序设计是非常重要的专业基础课，能否掌握C语言程序设计，将对后面的专业课程产生重要的影响；同时，它还是一门理论性和逻辑性强且比较抽象的课程。为了使学生学好这门课程，编者根据多年的教学经验，在教材编写上，注重以下一些方面：

1. 本教材以VC++ 2010为开发环境，这为以后学习C++和C#等课程打好基础。

2. 以项目带动案例，强调C语言程序设计的实用性。本教材的项目9属于"C语言课程设计"，该项目通过完整的"学生成绩管理系统"的分析研究、综合设计，以项目的功能模块为主线，将前面各子项目的内容组织起来，提高了学生C语言程序设计的综合运用能力。同时，将课程设计的知识点和模块尽量分解到前面各项目的案例中去，使学生在完成"C语言课程设计"时有一种水到渠成的感觉。

3. 以情景设置、任务引入为切入点。各子项目不是从抽象的理论和概念出发，而是通过引入简单的任务，使学生初步了解子项目将要学习的内容，并对知识点有一个初步的感性认识，从而提高学习的兴趣。

4. 将编程的理论和方法融入项目中。结合高职高专学生的特点，本教材将C语言的基本概念、基本理论和编程的基本方法都尽量放在大量的项目案例中，各个项目案例不仅有详细的分析和注释，而且有完整的输入和输出结果显示，这种方法使学生能轻松地掌握枯燥的C语言的语句格式和功能。

5. 针对学生的认知规律和学习过程，强调教材的完整性和系统性。各项目前导部分有教学目的、教学内容和重点难点，各项目的结束部分有小结、实验以及习题。

6. 本教材在内容上注重与全国计算机等级考试二级要求相结合，因此各项目的习题类型与全国计算机等级考试试题类型保持一致。在本教材的附录中还附有全国计算机等级考试二级C语言程序设计考试大纲和样题。

7. 本教材的配套资源中附有全部电子教案、模拟试题库，有全部例题源程序和运行结果，还有习题的参考答案以及实验的参考答案等，为教师的备课和学生的学习提供了方便。

本教材的全部例题、习题、课程设计案例以及上机题均已经通过上机验证。

对计算机专业的高职院校学生来说，教师讲授本教材的全部内容，建议总学时是90课时，同时建议增加一到两周的课程设计时间。针对非计算机专业的高职院校学生，教师重点讲授前六个项目的内容，建议总学时是72课时。理论课和上机实验比例为1∶1。

本教材由厦门软件职业技术学院景宏磊、熊锡义任主编，厦门市同安职业技术学校林宗朝、中国电子文思海辉技术有限公司熊非亚、集美工业学校孙跃岗、厦门市南洋职业技术学院钟石根、厦门海洋职业技术学院赵玉超、厦门工学院林丁报任副主编。具体编写分工如下：景宏磊编写项目1、项目8，熊锡义编写项目6、项目9，林宗朝编写项目7，熊非亚编写项目3，孙跃岗编写项目2，钟石根编写项目5，赵玉超编写项目4，林丁报编写附录。厦门软件职业技术学院徐敏审阅了全书。

本教材可作为高职高专学生"C语言程序设计"课程教学用书，也可作为大学本科非计算机专业的教材，还可以作为全国计算机等级考试及各类短训班的培训教材。

本教材是集体创作的结果，参加编写的作者都是高校和高职院校的计算机专业教师。由于时间和水平有限，书中难免有不足之处，敬请读者朋友提出宝贵意见，以便修正。

**编　者**

所有意见和建议请发往：dutpgz@163.com
欢迎访问职教数字化服务平台：https://www.dutp.cn/sve/
联系电话：0411-84706671　84707492

# 本书微课视频列表

# 项目 1

## 学生成绩的输入和输出

知识目标：

- 认识 C 程序。
- 了解 C 程序的基本结构。
- 理解基本输入和输出方法，包括字符输入和输出、格式输入和输出。
- 熟悉 C 程序的上机步骤。

技能目标：

通过本项目的学习，要求能理解 C 程序的基本结构，能熟练使用基本输入和输出函数进行数据操作，掌握 C 程序的上机步骤，为后面项目的学习奠定基础。

素质目标：

理解课程的意义和基本概念，构建对 C 语言程序设计课程的整体知识，树立民族自尊自信，了解我国科学家的科学探索精神，激发学生不断学习、精益求精的工匠精神，形成良好的职业素养。

## 任务　学生成绩的输入和输出实例

**1. 问题情景与实现**

(1)问题情景

辅导员张老师在工作中发现需要对学生的成绩进行录入和输出到电脑屏幕上，故他找来了学习计算机编程的小王同学，说明了需求，小王根据张老师的需求，利用自己所学的 C 语言编程知识，参考了相关的资料，设计了一个学生成绩的输入和输出程序，帮助张老师解决了该问题。

(2)实现

```
/*  功能:学生成绩的输入和输出  */
#include <stdio.h>
void main()
{
    float yuwen,shuxue,yingyu;
```

```
    printf("请输入学生的语文,数学,英语的成绩:");
    scanf("%f%f%f",&yuwen,&shuxue,&yingyu);
    printf("该生的语文,数学,英语的成绩分别是:\n");
    printf("%f 分\t%f 分\t%f 分\n",yuwen,shuxue,yingyu);
}
```

编译、连接、运行程序。程序运行后,屏幕显示:

```
请输入学生的语文,数学,英语的成绩:60.5 70.5 80.5
该生的语文,数学,英语的成绩分别是:
60.500000 分     70.500000 分     80.500000 分
```

**2. 相关知识**

要完成上面的任务,小王必须理解 C 程序的基本结构,能熟练使用基本输入和输出函数进行数据操作的方法,掌握 C 程序的上机步骤,对设计好的程序进行调试。

**思政小贴士**

随着时代和社会发展的需要,编程语言也跟着发生了很大的改变,旧有编程语言的不断完善、增加了新的特性;同时,也有很多优秀的新编程语言出现。每种语言都有一个漫长的发展改进历程,但站在巨人肩膀上的我们,应该记得那些弥足珍贵的历史中的瞬间,正是这些进步发展一点点、一步步推动着时代的发展、社会的变迁。

# 1.1 C程序介绍

C程序介绍

## 1.1.1 程序和程序设计语言

**1. 程序**

随着计算机走入寻常百姓家,“程序”已经不再是计算机科学使用的专用词汇了。在日常生活中,我们其实在不断地编写程序并执行,只不过人们并没有明确地意识到而已。举个例子,我们现在要用全自动洗衣机洗衣服,应该怎么做呢?尽管简单,我们还是按照一般人的习惯来描述一下吧。

第一步,把脏衣服放进洗衣机。

第二步,打开上水的水龙头并插好电源插头。

第三步,放入洗衣粉。

第四步,按下洗衣机的开始按钮。

第五步,等待洗衣机洗完衣服(当然,不妨去干点别的事情)。在洗衣机提示洗完的蜂鸣声响了以后,就可以从洗衣机中拿出干净衣服去晾晒了。

上面所描述的五个步骤,就是人们洗衣服的“程序”。也许不同的人使用的步骤并不完全一样,例如将第一步和第二步互换一下,也同样能将衣服洗干净,所以做一件事的“程序”可以不唯一,这也是计算机程序的一个特点。

对于计算机来说,程序就是由计算机指令构成的序列。计算机按照程序中的指令逐条执行,就可以完成相应的操作。更准确一点,计算机执行由指令构成的程序,对提供的数据进行操作。计算机程序的操作对象是数据。这里的数据不是简单的阿拉伯数字，而是包括了各种现代计算机能够处理的字符、数字、声音、图像等。

实际上，计算机自己不会做任何工作，它所做的工作都是由人们事先编好的程序来控制的。程序需要人来编写，使用的工具就是程序设计语言。

**2. 程序设计语言**

目前，通用的计算机还不能识别自然语言，只能识别特定的计算机语言。

计算机语言一般分为低级语言和高级语言。

低级语言直接依赖计算机硬件，不同的机型所使用的低级语言是完全不一样的。高级语言则不再依赖计算机硬件，用高级语言编写的程序可以方便地、几乎不加修改地用在不同类型的计算机上。

需要强调的是，无论采用何种语言来编写程序，程序在计算机上的执行都是由 CPU 所提供的机器指令来完成的。机器指令是用二进制表示的指令集。每种类型的 CPU 都有与之对应的指令集。

(1)低级语言

低级语言包括机器语言和汇编语言。

直接使用二进制表示的指令来编程的语言就是机器语言。使用机器语言编写程序时，必须准确无误地牢记每一条指令的二进制编码，才能编写程序。如果程序员面对的是"1011100011101000000000011"这样的编码序列，能不头痛吗？而且，有时还要求把这些二进制编码再转换成八进制或十六进制数才能输入计算机，这不但加大了程序员的工作量，而且还增加了程序出错的机会，将大量的二进制编码序列准确地转换成八进制或十六进制数，可不是一件容易的事情。

但机器语言的优点是执行速度快，并且可以直接对硬件进行操作，例如主板上的 BIOS 及一些设备的驱动程序等。

机器语言的缺点也是显而易见的。首先是可读性差，就是编写程序语句"1011100011101000000000011"的人也未必马上就能看懂该句表示的是什么命令；其次是可维护性差，别的程序员编写的程序(甚至是程序员自己编写的程序)很难看懂，如何谈维护呢？再者，就是可移植性差，因为不同的机型有自己的一套机器指令，与其他机型的机器指令不兼容。另外，用机器语言编写程序的生产效率低下，并且不能保证程序有好的质量。

为了能够更方便地编写程序，人们用一些符号和简单的语法来表示机器指令，这就是汇编语言。例如，"1011100011101000000000011"用汇编语言表示就是"mov ax，1000"，该指令的功能是"将 1000 送入寄存器 AX 中"，是不是清楚多了？但是 CPU 并不能识别汇编语言，因此，需要一个"翻译"程序将汇编语言翻译成机器语言，我们把这种将汇编语言翻译成机器语言的程序叫作"汇编器"。汇编语言与机器语言的指令是一一对应的，所以，除了提高了一些可读性，汇编语言并没有从根本上改变机器语言的特点。当然，汇编语言仍然具备机器语言的优点。许多大型系统(例如操作系统)的核心部分都是用汇编语言编写的，因为这部分工作需要很高的效率，要直接和硬件打交道。

那么，有没有办法真正提高程序的可读性和可维护性呢？回答是肯定的，就是使用高级语言。

(2)高级语言

高级语言是一种比较接近自然语言和数学语言的程序设计语言。高级语言的出现大大提高了程序员的工作效率,降低了程序设计的难度,并改善了程序的质量。用高级语言编写的程序看起来更像是英语,很容易读懂,不但使程序具备良好的可读性和可维护性,而且使更多的人掌握了程序设计方法,从而使计算机技术得到迅速的应用和普及。

例如:

语句段

```
if(a>b)
    c=a;
else
    c=b;
```

表示的是"如果 a 大于 b,则 c=a,否则 c=b"。是不是很容易理解?当然,要注意,这里的"="与数学语言等号是有根本的区别的,我们将在介绍 C 语言的运算符时,详细地加以讨论。

另外,用高级语言编写的程序还具有很高的可移植性。从高级语言到机器语言要经过编译程序进行"翻译",而高级语言几乎为每一种机器都创建了各自的编译程序,从而可以将用高级语言编写的程序几乎不加修改地运行在不同的计算机平台上。

编译程序分为两种,一种是解释系统,另一种是编译系统。解释系统是将高级语言编写的程序翻译一句执行一句;而编译系统是将高级语言编写的程序文件全部翻译成机器语言,生成可执行文件以后再执行。高级语言几乎在每一种机器上都有自己的编译程序。C 语言的编译程序属于编译系统。

## 1.1.2 简单的 C 程序

下面先介绍几个简单的 C 程序,使读者对 C 程序的组成有个感性的认识。以下几个程序都是在 Visual C++ 2010 环境下编译通过的,然后从中分析 C 程序的特性。

**【例 1.1】** 一个简单的 C 程序。

【启动 Visual C++】|【新建工程】|【新建源程序文件】:选中"C++ Source File"项。

输入如下代码:

```
/*
    源文件名:Li1_1.c
    功能:在屏幕输出一串字符串
*/
#include <stdio.h>
void main()
{
    printf("This is a c program.\n");          /*打印输出一行信息*/
}
```

编译、连接、运行程序。程序运行后,屏幕显示:

```
This is a c program.
```

下面来分析例 1.1 的程序结构：

(1)“/ * …… * /”是程序的注释部分，注释内容是为了增加程序的可读性，系统不编译注释内容，自动忽略从“/ * ”到“ * /”之间的内容。Visual C++ 2010 中以“//”开头直到本行结束的部分也是注释。与“/ * …… * /”的区别在于“//”只能注释一行，不能跨行，这种注释也称为行注释，而“/ * …… * /”注释可以跨行，称为块注释。在 Turbo C 2.0 中没有所谓的行注释“//”，只能用“/ * …… * /”来注释。

(2)#include <stdio. h>是一条编译预处理命令，声明该程序要使用 stdio. h 文件中的内容，stdio. h 文件中包含了输入函数 scanf()和输出函数 printf()的定义。编译时系统将头文件 stdio. h 中的内容嵌入程序中该命令位置。C 语言中编译预处理命令都以“#”开头。C 语言提供了三类编译预处理命令：宏定义命令、文件包含命令和条件编译命令。例 1.1 中出现的#include <stdio. h>是文件包含命令，其中尖括号内是被包含的文件名。

(3)程序中定义了一个主函数 main()，其中 main 是函数名，void 表示该函数的返回值类型。程序执行从主函数开始。一个 C 语言的程序可以包含多个文件，每个文件又可以包含多个函数。函数之间是相互平行、相互独立的。一个 C 程序，必须有一个且只能有一个主函数 main()。执行程序时，系统先从主函数开始运行，其他函数只能被主函数调用或通过主函数调用的函数所调用，函数可以嵌套调用，即在一个函数中调用另外一个函数。主函数可以带参数，也可以不带参数。函数在调用之前，必须先定义好，定义函数要按照系统规定的格式进行，后面再详细介绍。

(4)由“{}”括起来的内容是主函数 main()的函数体，其中左大括号“{”表示函数的开始，右大括号“}”表示函数的结束。函数体部分由许多 C 语句组成，这些语句描述了函数的功能实现。

(5)该程序是由函数组成的，程序中只包含一个主函数，而且主函数的函数体中只有一条语句，用于完成字符串的打印输出。printf()为屏幕打印输出函数，指定显示器为标准输出设备，双引号中的内容要原样输出，“\n”表示回车换行，“;”表示语句结束。C 语言规定语句必须以分号“;”结尾。

由以上分析可以看出，一个 C 程序的基本结构包括：以“#”开头的若干个编译预处理命令，将程序所需要的头文件包含进来；然后是定义主函数和其他函数，当然函数也可以在程序的起始部分先利用函数原型进行声明，以后再进行定义；用大括号“{}”括起来的部分是函数体部分，函数体部分主要包括各种各样的语句和注释信息，这部分是程序的主体部分，占的比重也最大。

**【例 1.2】**　求两数之和。

【启动 Visual C++】|【新建工程】|【新建源程序文件】：选中“C++ Source File”项。

输入如下代码：

```
/*
    源文件名:Li1_2.c
    功能:求两个数 a 和 b 之和 sum
*/
#include <stdio.h>
```

```
void main()
{
    int a,b,sum;                    /* 定义三个整型变量 */
    a=123;                          /* 给变量 a 赋值为 123 */
    b=456;                          /* 给变量 b 赋值为 456 */
    sum=a+b;                        /* 变量 a 的值加上变量 b 的值,然后将两数的和赋
                                       给变量 sum */
    printf("sum is %d\n",sum);      /* 输出变量 sum 的值 */
}
```

编译、连接、运行程序。程序运行后,屏幕显示:

```
sum is 579
```

**【例 1.3】** 求两数中较大者。

【启动 Visual C++】|【新建工程】|【新建源程序文件】:选中"C++ Source File"项。

输入如下代码:

```
/*
    源文件名:Li1_3.c
    功能:从键盘输入两个数,通过比较求得两个数的较大者,并打印输出
*/
#include <stdio.h>
int max(int,int);                   /* 声明函数 max */
void main()
{
    int a,b,c;                      /* 声明部分,定义变量 */
    printf("请输入 a 和 b 的值:");  /* 提示输入 a 和 b 的值 */
    scanf("%d%d",&a,&b);            /* 从键盘输入变量 a 和 b 的值 */
    c=max(a,b);                     /* 调用 max 函数,将得到的值赋给 c */
    printf("max=%d\n",c);           /* 输出 c 的值 */
}
/* 定义 max 函数,函数值为整型,形式参数 x、y 为整型    */
int max(int x,int y)
{
    int z;                          /* max 函数中的声明部分,定义本函数中用到的
                                       变量 z 为整型 */
    if(x>y)
        z=x;
    else
        z=y;
    return(z);                      /* 将 z 的值返回,通过 max 带回调用处 */
}
```

编译、连接、运行程序。程序运行后,屏幕显示:

```
请输入 a 和 b 的值:34 56
max=56
```

说明:需要用户输入的信息用下划线表示,执行结果不带下划线。(本书中所有实例代码的运行结果均如此表示,不再特殊说明。)

下面来分析例 1.3 的程序结构:

该程序包括两个函数,一个是程序的入口函数主函数 main(),另一个是求两数之较大者的普通函数 max(),它代表某一种功能。在主函数 main()中调用了普通函数 max(),如果把做菜比作 main()函数,那么在做菜过程中用了酱油就好比调用了 max()函数,实现调味功能。在程序的第二行声明了 max()函数,就好比在做菜之前要先把酱油准备好。

由上面几个简单的 C 程序可知,在编写 C 程序时,要注意书写格式,尽量遵循以下基本原则:

(1)一般情况下一行只写一条语句。短语句可以一行写多条,长语句可以分成多行来写。分行原则是不能将一个单词分开,用双引号括起来的字符串最好也不要分开,如果一定要分开,有的编译系统要求在行尾加上续行符"\"。

(2)C 程序书写时要尽量提高可读性。为此,用适当的缩进格式书写程序是非常必要的,表示同一类内容或同一层次的语句要对齐。例如,一个循环的循环体中的各语句要对齐,同一个 if 语句中的 if 体内的若干条语句或 else 体内的若干条语句要对齐。

(3)C 程序中大括号"{}"使用较多,其书写方法也较多,建议用户要养成使用大括号的固定风格。例如,每个大括号占一行,并与使用大括号的语句对齐,大括号内的语句采用缩进 4 个字符的格式书写,如例 1.3 所示。

## 1.2 C 程序的基本结构

函数是 C 程序的基本结构,一个 C 程序由一个或多个函数组成,一个 C 函数由若干条 C 语句构成,一条 C 语句由若干个基本单词组成。

C 函数是完成某个整体功能的最小单位,是相对独立的模块。简单的 C 程序可能只有一个主函数,而复杂的 C 程序则可能包含一个主函数和任意多个其他函数。所有 C 函数的结构都包括三部分:函数名、形式参数和函数体。

```
包含文件
子函数类型说明
全局变量定义
类型 main()
{
    局部变量定义
    语句序列
}
类型 sub1(形式参数表)
{
    局部变量定义
    语句序列
}
……
类型 subn(形式参数表)
{
    局部变量定义
    语句序列
}
```

图 1-1 C 程序的一般格式

图 1-1 为 C 程序的一般格式。其中的 main 为主函数名,sub1()到 sub*n*()为子函数名。在 C 程序中,主函数名是固定的,其他的函数名则可以根据标识符的命名方法任意取名。形式参数是函数调用时进行数据传递的主要途径,当形式参数表中有多个参数时,相互之间用逗号隔开,有的函数可以没有形式参数。大括号"{}"括起来的部分为函数体,用来描述函数的功能,一般函数体由局部变量定义和完成本函数功能的语句序列组成。程序在执行时,无论各个函数的书

写位置如何，总是先执行 main()函数，再由 main()函数调用其他函数，最后终止于 main()函数。

## 1.3 基本输入和输出方法

输入是将原始数据通过输入设备送入计算机，输出是将保存在内存中的计算结果送到输出设备上。

C 语言本身并不提供输入和输出语句，有关输入和输出操作都是由函数的调用来实现的。为完成此操作，C 语言编译系统提供了输入和输出函数。如字符输入函数 getchar()，字符输出函数 putchar()，格式输出函数 printf()和格式输入函数 scanf()，这些函数都是针对系统特定的输入和输出设备（如键盘、显示器等）而言的。

### 1.3.1 字符输入函数 getchar()

格式：getchar()

功能：从键盘接收输入的一个字符。

说明：getchar()的值可以送给字符型变量，也可以送给整型变量。

**【例 1.4】** 从键盘输入字符。

【启动 Visual C++】|【新建工程】|【新建源程序文件】：选中“C++ Source File”项。

输入如下代码：

```
/*
    源文件名:Li1_4.c
    功能:从键盘输入一个字符,并将其存入字符型变量 c 中
*/
#include <stdio.h>
void main()
{
    char c;
    c=getchar();                          /*从键盘输入一个字符*/
    printf("c='%c'.\n",c);
}
```

编译、连接、运行程序。程序运行后，屏幕显示：

```
a
c='a'.
```

### 1.3.2 字符输出函数 putchar()

数据的输出一般是以终端（显示器）为处理对象。

格式：putchar(c)

功能：向终端（一般为显示器）输出一个字符。

说明：c 可以是字符型或整型变量，也可以是一个字符常量或整型常量。

**【例 1.5】** 从键盘输入字符,在屏幕上显示出来。

【启动 Visual C++】|【新建工程】|【新建源程序文件】:选中"C++ Source File"项。

输入如下代码:

```
/*
    源文件名:Li1_5.c
    功能:从键盘输入一个字符,并用 putchar(c)在屏幕上显示出来
*/
#include <stdio.h>
void main()
{
    char c;
    c=getchar();                          /*从键盘输入一个字符*/
    putchar(c);                           /*在屏幕上显示一个字符*/
    printf("\n");
}
```

编译、连接、运行程序。程序运行后,屏幕显示:

```
b
b
```

## 1.3.3 格式输出函数 printf()

格式输出函数 printf()的功能是按指定的格式输出数据。

printf("*格式控制字符串*",*参数表*);

其中 printf 是函数名,其后括号中的内容为该函数的参数:格式控制字符串用双引号括起来,用来规定输出格式,如%d 用来输出整数,%f 用来输出浮点数,%c 用来输出字符;参数表中包含零个或多个输出项,这些输出项可以是整数、浮点数、变量或表达式,多个输出项之间用逗号隔开。例如:语句 printf("%d%d",a,b);用来按十进制整数形式输出变量 a 和 b。

**【例 1.6】** 打印输出两个整型变量的值。

【启动 Visual C++】|【新建工程】|【新建源程序文件】:选中"C++ Source File"项。

输入如下代码:

```
/*
    源文件名:Li1_6.c
    功能:在屏幕上打印输出变量 a 和变量 b 的值
*/
#include <stdio.h>
void main()
{
    int a=8;
    int b=18;
    printf("a=%d,b=%d\n",a,b);
}
```

编译、连接、运行程序。程序运行后,屏幕显示:

```
a=8,b=18
```

printf()函数中使用的格式字符见表1-1。

表1-1　　printf函数格式字符

| 格式字符 | 功　能 |
| --- | --- |
| %d或%i | 按十进制形式输出带符号的整数(正数不带符号) |
| %o | 按八进制形式无符号输出(无前缀0) |
| %x或%X | 按十六进制形式无符号输出(无前缀0x) |
| %u | 按十进制形式无符号输出 |
| %c | 按字符形式输出一个字符 |
| %f | 按十进制形式输出单、双精度浮点数(默认6位小数) |
| %e或%E | 按指数形式输出单、双精度浮点数 |
| %g或%G | 选用%f或%e中输出宽度较短的一种格式,不输出无意义的0 |
| %s | 输出以'\0'结尾的字符串 |
| %ld | 长整型输出 |
| %lo | 长八进制整型输出 |
| %lx | 长十六进制整型输出 |
| %lu | 按无符号长整型输出 |
| %m格式字符 | 按宽度m输出,右对齐 |
| %-m格式字符 | 按宽度m输出,左对齐 |
| %m.n格式字符 | 按宽度m.n位小数,或截取字符串前n个字符输出,右对齐 |
| %- m.n格式字符 | 按宽度m.n位小数,或截取字符串前n个字符输出,左对齐 |

## 1.3.4　格式输入函数scanf()

格式输入函数scanf()的功能是按指定的格式输入数据,其一般的调用格式为:

scanf("格式控制字符串",参数表);

其中scanf是函数名,其后括号中的内容为该函数的参数:格式控制字符串用双引号括起来,用来规定输入格式,其用法和printf()函数中的规定相同;参数表中至少包含一个输入项,且必须是变量的地址,多个输入项之间用逗号隔开。例如:语句scanf("%d%d",&a,&b);用来接收从键盘输入的两个十进制整数,并分别存放在变量a和b中。变量地址的表示形式是在变量名前加上一个"&"。

scanf()函数中使用的格式字符见表1-2。

表1-2　　scanf函数格式字符

| 格式字符 | 功　能 |
| --- | --- |
| %d或%i | 用来输入有符号的十进制整数 |
| %o | 用来输入无符号的八进制整数 |
| %x或%X | 用来输入无符号的十六进制整数 |
| %u | 用来输入无符号的十进制整数 |
| %c | 用来输入单个字符 |
| %f | 用来输入浮点数 |
| %e或%E | 与%f作用相同 |

（续表）

| 格式字符 | 功　　能 |
| --- | --- |
| %g 或%G | 与%f 作用相同 |
| %s | 用来输入字符串，遇到空格、制表符或换行符时结束 |
| %ld | 用来输入长整数 |
| %lo | 用来输入长八进制整数 |
| %lx | 用来输入长十六进制整数 |
| %lf | 用来输入 double 型数据 |
| %le | 用来输入 double 型数据 |
| %hd | 用来输入短整数 |
| %ho | 用来输入短八进制整数 |
| %hx | 用来输入短十六进制整数 |

**【例 1.7】** 从键盘输入两个整型变量的值。

【启动 Visual C++】|【新建工程】|【新建源程序文件】：选中“C++ Source File”项。输入如下代码：

```
/*
    源文件名：Li1_7.c
    功能：从键盘输入变量 a 和变量 b 的值，并打印输出
*/
#include <stdio.h>
void main()
{
    int a,b;
    printf("请输入变量 a 和变量 b 的值：");
    scanf("%d%d",&a,&b);              /*从键盘输入变量 a 和变量 b 的值*/
    printf("a=%d,b=%d\n",a,b);
}
```

编译、连接、运行程序。程序运行后，屏幕显示：

```
请输入变量 a 和变量 b 的值：2 25
a=2,b=25
```

由于标准函数库中所用到的变量和宏定义均在扩展名为.h 的头文件中描述，因此在使用标准函数库时，必须用预编译命令“#include”将相应的头文件包括到用户程序中，例如：

#include <stdio.h>或#include "stdio.h"：使用尖括号表示编译时会先在系统 include 目录里搜索，如果找不到才会在源代码所在目录搜索；使用双引号则相反，会先在源代码目录里搜索。

建议在使用系统里提供的头文件时使用尖括号，使用自己编写的头文件时使用双引号。

**思政小贴士**

C 语言程序（包括文件名）严格区分大小写，书写代码时要形成习惯，语法格式中采用英文标点（不能是中文标点），一个标点、一个字母出错，程序都会报错而不能运行，因此程序员要有细致耐心、一丝不苟的工匠精神，设计软件同样需遵循国家标准和软件行业规范，要遵守标准，爱岗敬业，精益求精，形成良好的职业素养。

微课

# 1.4 C程序的上机步骤

C程序的开发过程

C源程序要经过编辑、编译、连接和运行四个环节，才能产生输出结果。例如要编制一个名为Ch01_01的程序，其操作流程图如图1-2所示。

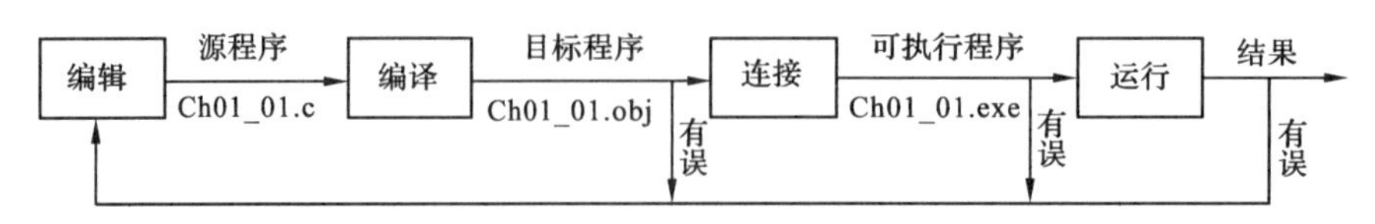


图1-2 C程序操作流程图

**1. 编辑**

编辑是在一定的环境下进行程序的输入和修改的过程。C程序可以事先在纸上写好，也可以在编辑环境下直接输入计算机中。用某种计算机程序设计语言编写的程序称为源程序，保存后生成程序文件。C源程序在Turbo C 2.0环境下默认文件扩展名为“.c”，在Visual C++ 2010环境下默认文件扩展名为“.cpp”。C源程序也可以使用计算机所提供的各种编辑器进行编辑。

**2. 编译**

编辑好的源程序不能直接被计算机所理解，源程序必须经过编译，生成计算机能够识别的机器代码。通过编译器将C源程序转换成二进制机器代码的过程称为编译，这些二进制机器代码称为目标代码。目标代码保存在以“.obj”为扩展名的目标文件中。

编译阶段要进行词法分析和语法分析，又称源程序分析。这一阶段主要是分析程序的语法结构，检查C源程序的语法错误。如果分析过程中发现有不符合要求的语法，就会及时报告给用户，将错误类型显示在屏幕上。

**3. 连接**

编译后生成的目标代码还不能直接在计算机上运行，其主要原因是编译器对每个源程序文件分别进行编译，如果一个程序有多个源程序文件，编译后这些源程序文件还分布在不同的地方。因此，需要把它们连接在一起，生成可以在计算机上运行的可执行文件。即使源程序仅由一个源文件构成，这个源文件生成的目标程序也还需要系统提供库文件中的一些代码，故也需要连接起来。

连接工作一般由编译系统中的连接程序来完成，连接程序将由编译器生成的目标代码文件和库中的某些文件连接在一起，生成一个可执行文件。可执行文件的默认扩展名为“.exe”。

**4. 运行**

一个C源程序经过编译和连接后生成了可执行文件，可以在Windows环境下直接双击该文件运行程序，也可以在Visual C++ 2010的集成开发环境下运行。

程序运行后，将在屏幕上显示运行结果或提示用户输入数据的信息。用户可以根据运行结果来判断程序是否有算法错误。在生成可执行文件之前，一定要保证编译和连接不出现错误和警告，这样才能正常运行。因为程序中有些警告虽然不影响生成可执行文件，但有可能导致结果错误。

**思政小贴士**

算盘是我们祖先创造发明的一种简便的计算工具，起源于北宋时期，迄今已有2600多年的历史，人们往往把算盘的发明与中国古代四大发明相提并论。在阿拉伯数字出现前，算盘是世界上广为使用的计算工具。现在，算盘在亚洲和中东的部分地区继续使用，尤其见于商店之中。在西方，它有时被用来帮助小孩子们理解数字。中国文化源远流长，是中华民族的骄傲和自豪。

# 小　　结

程序设计也可称为一门工程设计，它是根据要解决的问题，使用某种程序设计语言，设计出能够完成这一任务的计算机指令序列。

程序设计语言是人与计算机进行交流的一种形式语言，是人利用计算机分析问题、解决问题的一个基本工具。

一个C程序的基本结构包括：以“#”开头的若干个编译预处理命令；然后是定义主函数和其他函数；用大括号“{}”括起来的是函数体部分。

函数是C程序的基本结构，一个C程序由一个或多个函数组成，一个C函数由若干条C语句构成，一条C语句由若干基本单词组成。

C语言编译系统提供了输入和输出函数。如字符输入函数getchar()、字符输出函数putchar()、格式输出函数printf()和格式输入函数scanf()，这些函数都是针对系统特定的输入和输出设备(如键盘、显示器等)而言的。

C源程序要经过编辑、编译、连接和运行四个环节，才能产生输出结果。

# 实验　初识Visual C++ 2010环境及运行C程序

**一、实验名称**

程序设计的基本流程与Visual C++ 2010 IDE的基本使用

**二、实验目的**

1. 熟练掌握逻辑编程方法并用自然语言描述。

2. 熟练掌握在Visual C++ 2010 IDE中创建Win32控制台应用程序的操作技能。

包括：源程序的编辑、编译、连接和执行操作。

3. 熟练掌握项目文件的布局。

包括：新建工程、源程序及可执行程序的目录文件结构。

4. 基本掌握C程序的最基本框架结构，模仿示范实例并完成程序的编制与运行。

5. 基本掌握发现语法错误、逻辑错误的方法以及排除简单错误的操作技能。

**三、实验内容**

**1. Visual C++ 2010 IDE的启动与退出**

(1)启动Visual C++ 2010 IDE，操作方法如下：

在Windows桌面上，单击【开始】|【程序】|【Microsoft Visual C++ 2010】|【Microsoft Visual C++ 2010】命令，启动Visual C++ 2010 IDE的主窗口，如图1-3所示。

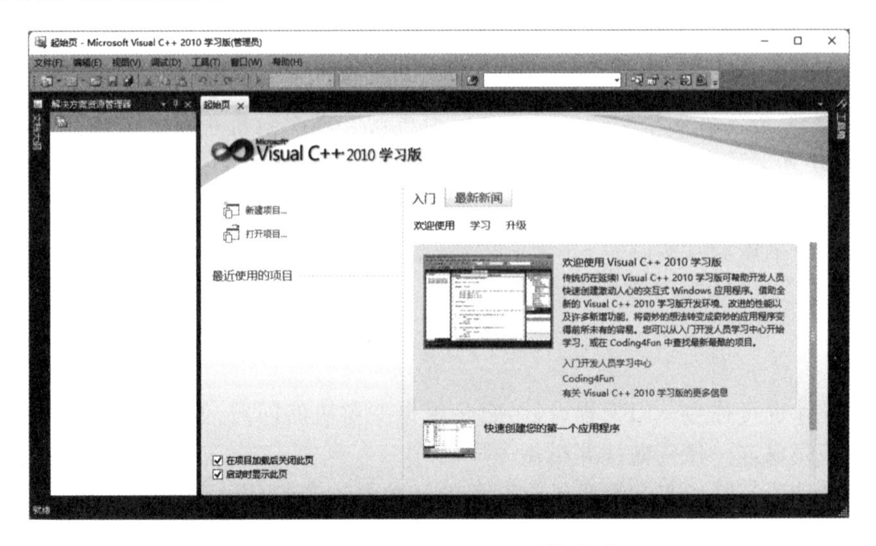


图 1-3　Visual C++ 2010 IDE 的主窗口

(2)退出 Visual C++ 2010 IDE,操作方法如下:

单击【文件】|【退出】菜单命令,或单击窗口的【关闭】按钮,退出 Visual C++。

**2. 新建项目**

在"C:\STUDENT"目录下,新建一个名为"ch01_01"的项目。新建项目 ch01_01 的操作方法如下:

(1)启动 Visual C++ 2010。

(2)在 Visual C++ 2010 主窗口中,单击【文件】|【新建】|【项目】,弹出"新建项目"对话框。

(3)在"新建项目"对话框的左侧列表中,单击选中"Visual C++",并选中右侧的"Win32 控制台应用程序"项。然后在"位置"文本框中指定新建项目的路径:"C:\STUDENT\"。最后在"项目名称"文本框中输入新建项目的名称:"ch01_01",如图 1-4 所示。

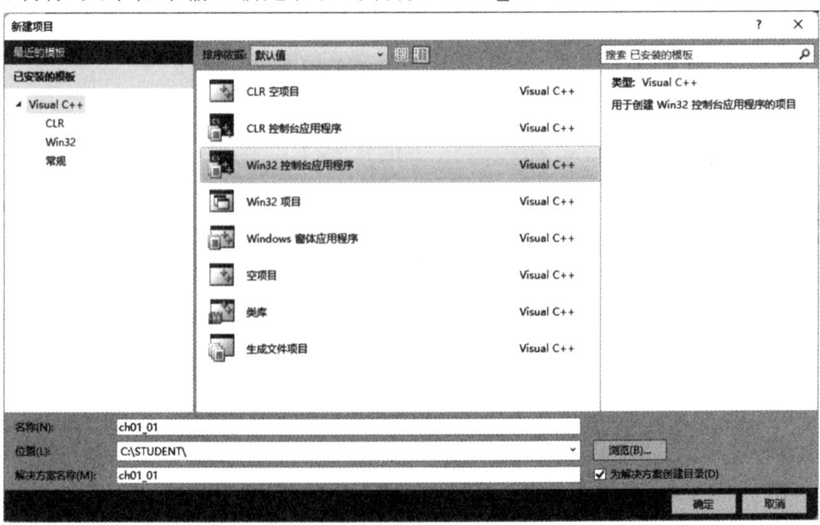


图 1-4　新建工程的"新建"对话框

(4)单击【确定】按钮,进入“Win32 应用程序向导——欢迎使用 Win32 应用程序向导”对话框,如图 1-5 所示。

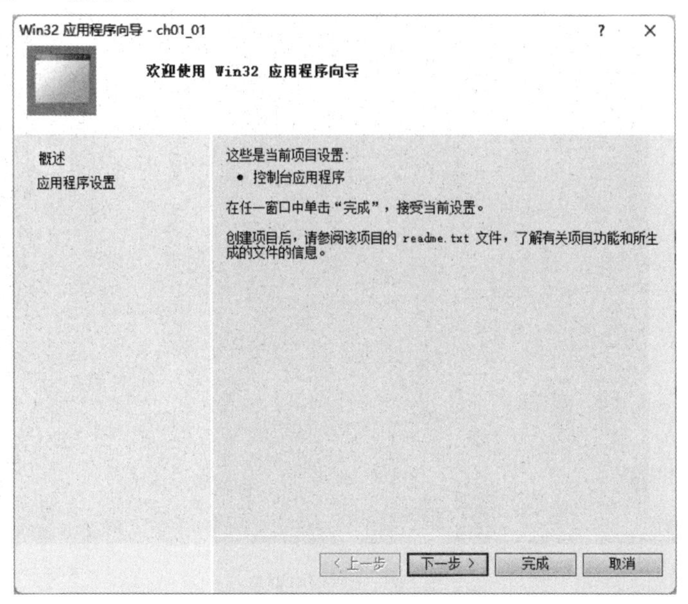


图 1-5 创建 Win32 控制台应用程序的第 1 步

(5)单击【下一步】按钮,进入“Win32 控制台应用程序 - 应用程序设置”对话框,“应用程序类型”选择“控制台应用程序”,“附加选项”选择“空项目”,如图 1-6 所示。

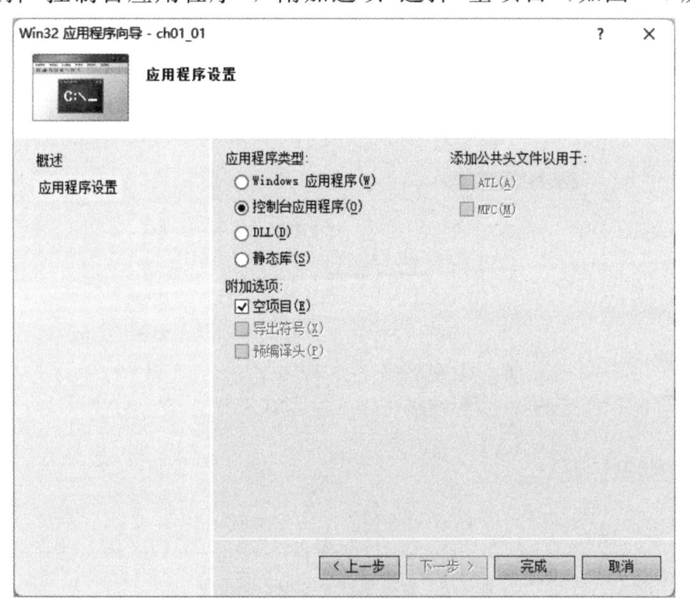


图 1-6 新建工程的框架信息

说明:“空项目”说明将建立的是一个空的控制台应用程序。

(6)在确认 Win32 控制台应用程序的新建项目信息无误后,单击【完成】按钮,弹出 ch01_01 项目编辑窗口,如图 1-7 所示。

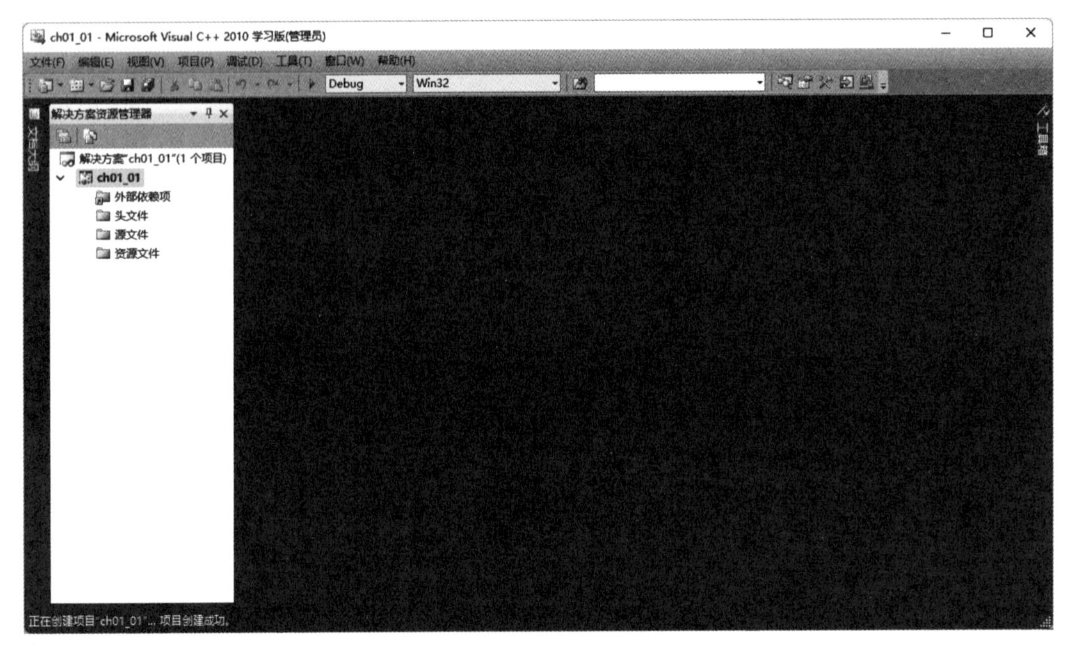


图 1-7　工程编辑窗口

(7)单击【文件】|【关闭解决方案】菜单命令,关闭项目编辑窗口,回到 Visual C++ 2010 主窗口,如图 1-3 所示。

(8)检查新建项目 ch01_01。系统生成了一组相关的文件夹与文件,打开“资源管理器”窗口,展开“C:\STUDENT\ch01_01”文件夹,窗口内容显示如图 1-8 所示。

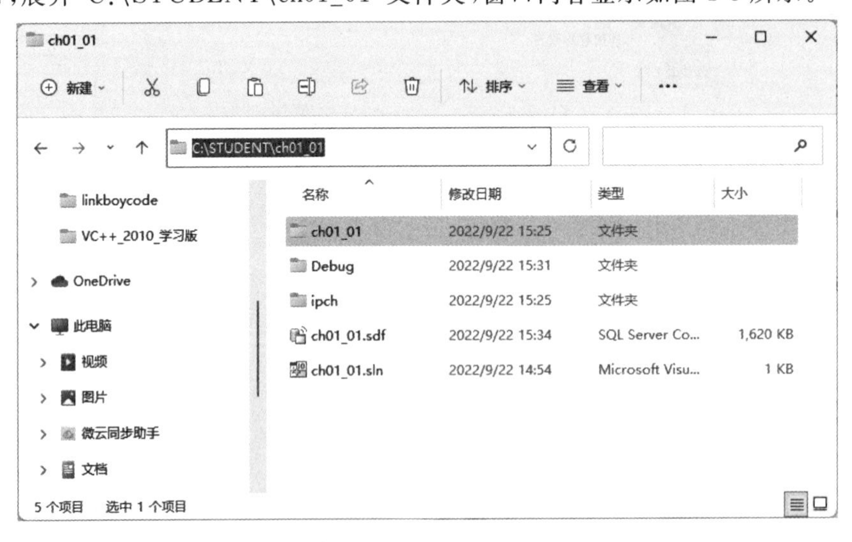


图 1-8　新建项目文件夹中的文件

说明:当用 Visual C++ 2010 生成一个项目时,系统会产生两个文件和一些文件夹,对这两个不同类型文件的作用简单介绍如下:

.sln 文件:解决方案(Solution)文件,它包含当前解决方案中的项目信息,存储解决方案的设置,是 Visual C++ 2010 中级别最高的文件,可以用它包含多个项目。

.sdf 文件：Visual C++ 2010 中新建一个 C 语言项目，编译之后发现在项目所在目录生成一个与项目同名的.sdf 文件和一个 ipch 文件夹，都比较大。这是 Visual C++ 2010 的一个新功能，与智能提示，错误提示，代码恢复、团队本地仓库等有关。可以将其删除，当项目重新编译后会自动生成，当需要移动项目时，也可以不包含这两个文件。如果想要给项目目录减肥，可以通过设置将其关闭或移动到其他目录统一管理。

关闭：工具→选项→文本编辑器→C/C++→高级→禁用数据库，由 False 设置为 True。但是这种设置可能会导致一些其他功能不能正常使用。

转移：工具→选项→文本编辑器→C/C++→高级→始终使用回退位置、回退位置已在使用时不警告，两个选项由 False 设置为 True。回退位置，此项如果为空，以上两个文件会生成到系统临时文件夹下，如 Windows 7 为：C:\Users\[用户名]\AppData\Local\Temp\VC++\下；如果指定一个目录，则生成于相应目录。

**3. 新建源程序文件**

在“ch01_01”项目中，新建一个名为“ch01_01.c”的 C 源程序文件，程序内容参考例 1.1。在项目中新建源程序文件的操作方法如下：

(1)在 Visual C++ 2010 主窗口中，单击【文件】|【打开】|【项目/解决方案】菜单命令，弹出“打开项目”对话框，在“查找范围”下拉列表中选中“C:\STUDENT\ch01_01”文件夹，在列表框中单击选中名为“ch01_01.sln”的文件，对话框显示如图 1-9 所示。

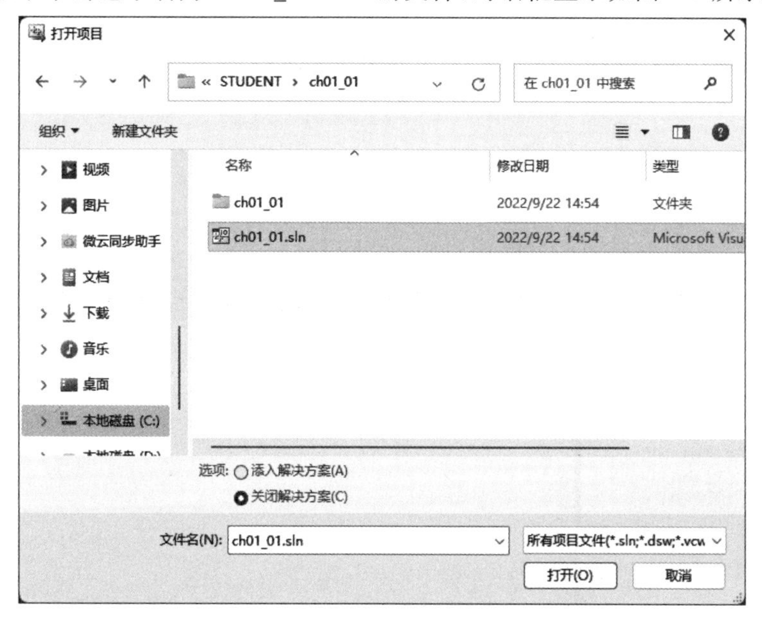


图 1-9 “打开项目”对话框

(2)单击【打开】按钮，进入如图 1-7 所示的 ch01_01 项目编辑窗口。

(3)右键单击左侧【解决方案资源管理器】|【项目名称】(如：ch01_01)|【添加】|【新建项】菜单命令，弹出“添加新项”对话框。

(4)在对话框中选中左侧【Visual C++】|【C++文件(.cpp)】，然后，在“文件名”文本框中输入“ch01_01.c”。建议输入扩展名“.c”，如果不输入扩展名，系统将自动添加默认

扩展名“.cpp”,如图 1-10 所示。

图 1-10 项目中的“添加新项”对话框

(5)单击【添加】按钮,然后在 ch01_01 的项目编辑窗口中将出现源程序文件的编辑窗口,如图 1-11 所示。标题为“ch01_01.c”的子窗口出现字符输入光标闪烁,提示输入源程序。

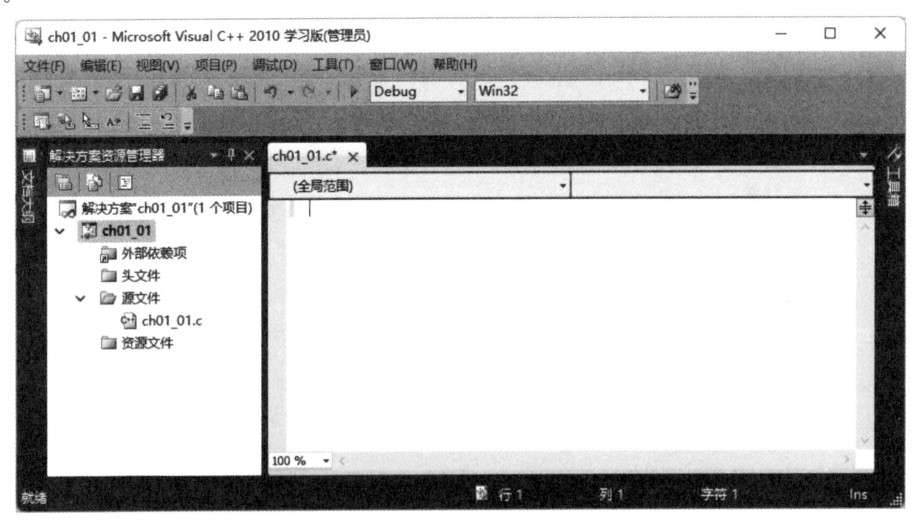


图 1-11 源程序文件编辑窗口

(6)输入源程序的全部内容,如图 1-12 所示。然后单击【文件】|【保存】菜单命令,或单击工具栏上的【保存】按钮,将输入的源程序内容保存到文件:“C:\STUDENT\ch01_01\ch01_01.c”中。

说明:源程序的内容可参考例 1.1～例 1.7。

图 1-12 输入源程序内容

**4. 编译、连接、运行程序**

(1)单击【调试】|【启动调试】菜单命令，或按【F5】键，编译源程序(.c)。Visual C++ 2010 项目编辑窗口中输出窗口的信息如图 1-13 所示。

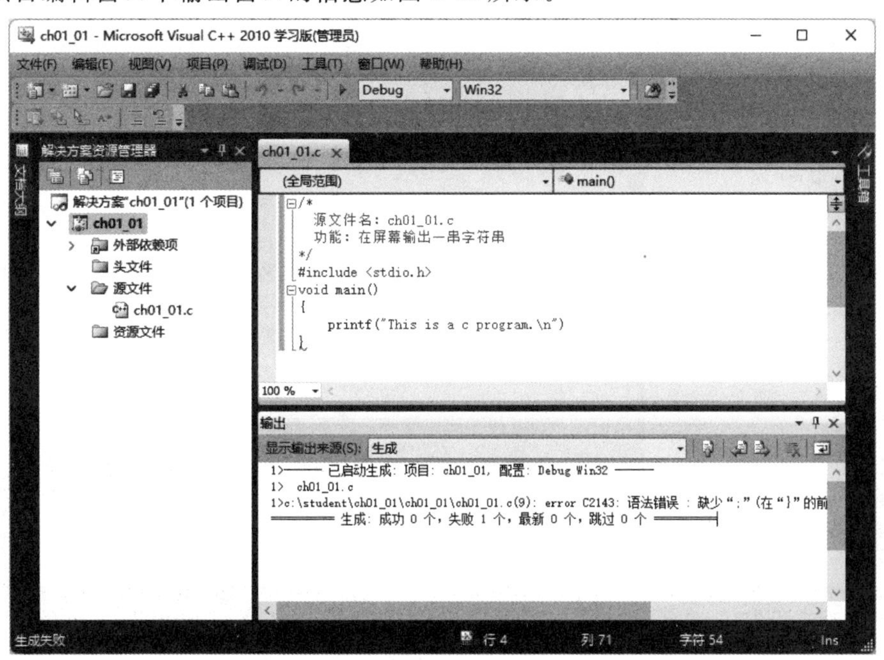


图 1-13 项目编辑窗口中输出窗口在编译出错时输出的信息

说明：由输出窗口中的信息可以看出，编译时发生了一个错误。由第二行信息："1>c:\student\ch01_01\ch01_01\ch01_01.c(9)：error C2143：语法错误 ：缺少";"(在"}"的前面)"可以看出错误发生在 ch01_01.c 文件的第 9 行，并且是语法错误。即在右大括号"}"之前丢失了分号";"，可以直接用鼠标双击第二行信息，系统会自动定位到发生错误的位置。在右大括号"}"之前补上一个分号";",即在第 8 行语句的结束位置补上分号";"。

(2)再次单击【调试】|【启动调试】菜单命令,或按【F5】键,编译源程序(.c),生成目标程序(.pdb、.ilk)。打开资源管理器,观察"C:\STUDENT\ch01_01\Debug"文件夹,发现生成了"ch01_01.pdb"和"ch01_01.ilk"文件。Visual C++ 2010 出现如图 1-14 所示的运行窗口。

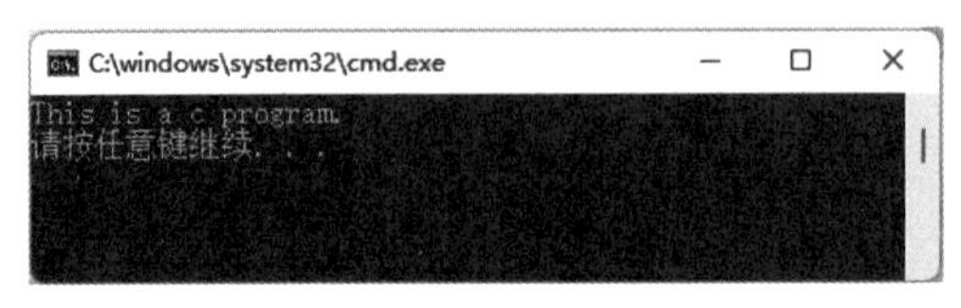


图 1-14 程序运行结果

(5)观察运行结果后,按任意键,运行窗口消失。

说明:上面的 C 程序运行实例是一个项目只有一个文件的运行实例,下面以例 1.3 来说明一个项目中有两个文件的操作方法:

(1)【启动 Visual C++ 2010】|【新建项目】|【添加】|【新建项】:选中"Visual C++"项,建立一个名为"max.c"的源程序文件,输入代码如图 1-15 所示。

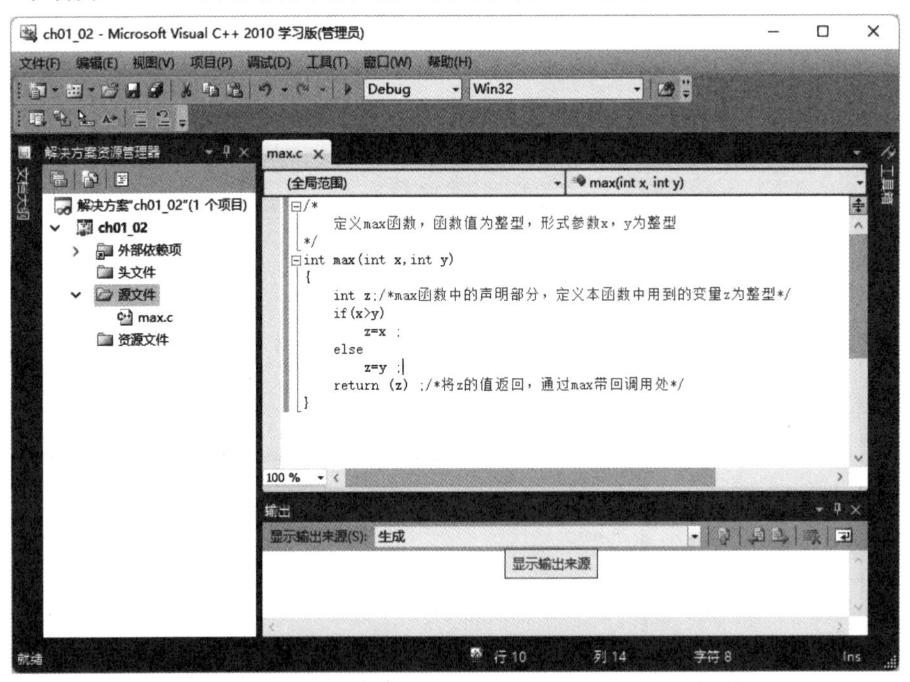


图 1-15 "max.c"源代码编辑窗口

(2)【启动 Visual C++ 2010】|【新建项目】|【添加】|【新建项】:选中"Visual C++"项,建立一个名为"main.c"的源程序文件,输入代码如图 1-16 所示。

(3)【调试】|【启动调试】。程序运行后,屏幕显示:

```
请输入 a 和 b 的值:66 88
max=88
```

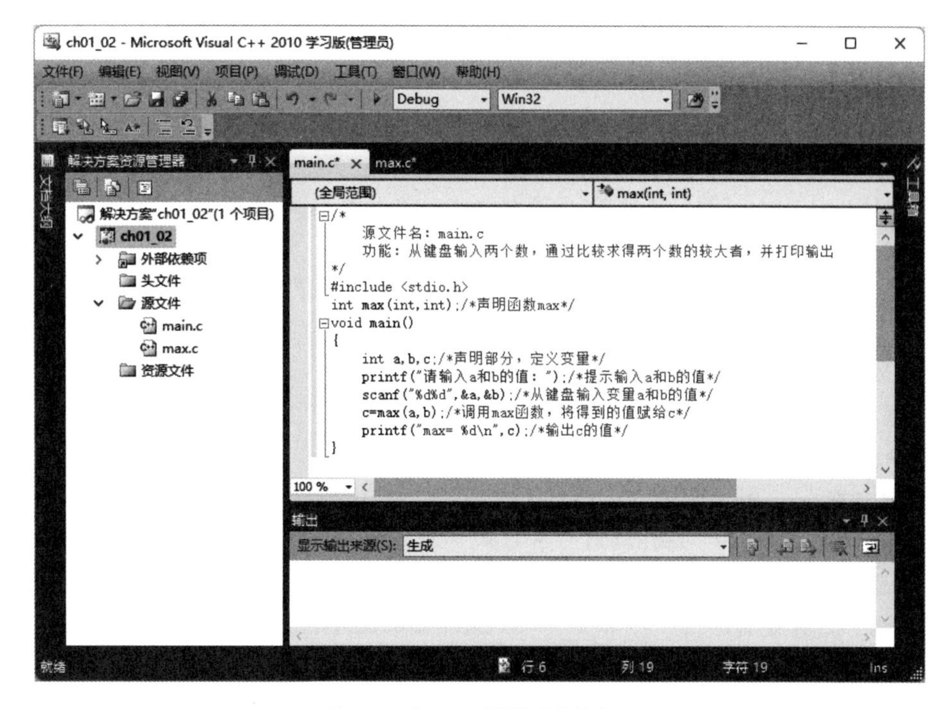


图 1-16　"main. c"源代码编辑窗口

# 习　　题

## 一、选择题

1. 所有 C 函数的结构都包括的三部分是(　　)。

A. 语句、大括号和函数体　　B. 函数名、语句和函数体

C. 函数名、形式参数和函数体　　D. 形式参数、语句和函数体

2. C 程序由(　　)组成。

A. 子程序　　B. 主程序和子程序　　C. 函数　　D. 过程

3. 下面属于 C 语言标识符的是(　　)。

A. 2ab　　B. @f　　C. ? b　　D. _a12

4. C 语言中主函数的个数是(　　)。

A. 2 个　　B. 1 个　　C. 任意个　　D. 10 个

5. 下列关于 C 语言注释的叙述中错误的是(　　)。

A. 以"/ * "开头并以" * /"结尾的字符串为 C 语言的注释内容

B. 注释可出现在程序中的任何位置,用来向用户提示或解释程序的意义

C. 程序编译时,不对注释做任何处理

D. 程序编译时,需要对注释进行处理

6. 下列不是 C 语言分隔符的是(　　)。

A. 逗号　　B. 空格　　C. 制表符　　D. 双引号

7. 下列关于 C 语言的关键字的叙述中错误的是(　　)。

A. 关键字是C语言规定的具有特定意义的字符串，通常也称保留字

B. 用户定义的标识符不应与关键字相同

C. ANSI C 标准规定的关键字有 64 个

D. ANSI C 标准规定的关键字有 32 个

8. 在 Visual C++ 2010 环境下，C源程序文件名的默认后缀是(　　)。

A. . cpp　　B. . exe　　C. . obj　　D. . dsp

9. 若在当前目录下新建一个名为“LX”的工程，则在当前目录下生成的工作区文件名为(　　)。

A. LX. DSW　　B. LX. OPT　　C. LX. DSP　　D. LX. C

10. 下面可能不影响程序正常运行的是(　　)。

A. 语法错误　　B. 逻辑错误　　C. 警告提示　　D. 算法错误

## 二、填空题

1. C程序是由________构成的，一个C程序中至少包含________。因此，________是C程序的基本单位。

2. C程序注释是由________和________所界定的文字信息组成的。

3. 开发一个C程序要经过编辑、编译、________和运行四个步骤。

4. 在C语言中，包含头文件的预处理命令以________开头。

5. 在C语言中，主函数名是________。

6. 在C语言中，行注释符是________。

7. 在C语言中，头文件的扩展名是________。

8. 在 Visual C++2010 IDE 中，按下【Ctrl】键的同时按【________】键，可以运行可执行程序文件。

9. 在 Visual C++ 2010 环境中用 RUN 命令运行一个C程序时，这时所运行的程序的扩展名是________。

10. C语言源程序文件的扩展名是________；经过编译后，生成文件的后缀是______；经过连接后，生成文件的扩展名是________。

## 三、程序设计题

1. 编写程序输出以下图案。

```
   *
*  S  *
   *
```

2. 试编写一个C程序，输出如下信息。

```
* * * * * * * * *
You are welcome!
— — — — — — — — —
```

3. 编写程序，分别用 scanf 函数和 getchar 函数读入两个字符送给变量 c1、c2，然后分别用 putchar 函数和 printf 函数输出这两个字符。上机运行此程序，比较用 putchar 函数和 printf 函数输出字符的区别。

# 项目 2

# 成绩的计算

知识目标：

- 了解逗号运算符与逗号表达式。
- 了解求字节数运算符。
- 理解算术运算符与算术表达式。
- 理解自增与自减运算符。
- 理解和应用关系运算符与关系表达式。
- 理解和应用逻辑运算符与逻辑表达式。
- 理解和应用条件运算符与条件表达式。
- 理解和应用数据类型，包括标识符、关键字及分隔符、数据类型、常量与变量。
- 理解和应用运算符及表达式、赋值运算符与赋值表达式。

技能目标：

本项目主要学习标识符、关键字、常量、变量、数据类型、运算符、表达式、数据类型转换等知识点。通过本项目的学习，掌握变量的定义与使用，能够灵活运用各种运算符及相应表达式，理解各种数据类型在内存中的占用情况及各种类型的转换规律，为C语言程序设计打下基础。

素质目标：

掌握C语言程序设计中的数据类型、运算符和表达式基础知识，理解基本用法，培养做事细致耐心、一丝不苟的工匠精神，介绍“中国方案”“中国创造”，树立正确的学习态度，鼓励学生为科学技术的发展贡献中国力量。

## 任务 成绩的计算实例

### 1. 问题情景与实现

(1)问题情景

辅导员张老师在使用小王设计的学生成绩输入和输出小程序时，发现他还想要对输入后的学生成绩进行总分和平均分计算，故张老师找来小王，说明了需求，小王根据张老师的需求,参考了相关的资料,完善了原来的程序,帮助张老师解决了该问题。

(2)实现

```
/*   功能:成绩的计算   */
#include <stdio.h>
void main()
{
    float yuwen,shuxue,yingyu;
    float sum,ave;
    printf("请输入学生的语文,数学,英语的成绩:");
    scanf("%f%f%f",&yuwen,&shuxue,&yingyu);
    sum=yuwen+shuxue+yingyu;
    ave=sum/3;
    printf("该生的语文,数学,英语的成绩分别是:\n");
    printf("%f分\t%f分\t%f分\n",yuwen,shuxue,yingyu);
    printf("总分是%f分\t平均分是%f分\n",sum,ave);
}
```

编译、连接、运行程序。程序运行后,屏幕显示:

```
请输入学生的语文,数学,英语的成绩:60.5 70.5 80.5
该生的语文,数学,英语的成绩分别是:
60.500000分      70.500000分      80.500000分
总分是211.500000分      平均分是70.500000分
```

**2. 相关知识**

要完成上面的任务,小王必须能理解标识符、关键字、常量、变量、数据类型、运算符、表达式、数据类型转换等知识点。

## 2.1 数据类型及表达式引例

数据,是C程序的处理对象。数据在进行处理时需要先存入计算机的内存中,不同类型的数据在内存中的存放形式及处理方式是不同的。在C语言程序中,数据在使用前必须定义其数据类型,掌握数据类型的使用是非常重要的。

例如:表示一个职工的年龄(如:20)的数据应为整数类型,表示工资(如:2560.56)的数据应为浮点类型,而表示职工姓名(如:张三)的数据应为字符数组类型。

**【例2.1】** 实现一个输入职工的姓名、年龄、工资的程序并输出。

```
/*
    源文件名:Li2_1.c
    功能:输入职工的姓名(张三)、年龄(20)、工资(2560.56)并输出
*/
#include <stdio.h>
main()
```

```
{
    char employname[6];                     /*定义存储职工姓名数组 employname*/
    int employage;                          /*定义存储职工年龄变量 employage*/
    float employwage;                       /*定义存储职工工资变量 employwage*/
    printf("请输入职工姓名:");
    scanf("%s",employname);                 /*向 employname 写入职工姓名*/
    printf("请输入职工年龄:");
    scanf("%d",&employage);                 /*向 employage 写入职工年龄*/
    printf("请输入职工工资:");
    scanf("%f",&employwage);                /*向 employwage 写入职工工资*/
    printf("此职工  姓名:%s  年龄:%d  工资:%0.2f\n",employname,employage,employwage);
    /*通过数组 employname 输出职工姓名*/
    /*通过 employage 变量输出职工年龄*/
    /*通过 employwage 变量输出职工工资*/
}
```

编译、连接、运行程序。程序运行后,屏幕显示:

```
请输入职工姓名:张三
请输入职工年龄:20
请输入职工工资:2560.56
此职工  姓名:张三  年龄:20  工资:2560.56
```

下面来说明例 2.1 的程序:

(1)char employname[6]; int employage; float employwage;

这三条语句定义了三个变量 employname、employage、employwage 来表示职工姓名、年龄、工资,并指定变量类型分别为字符数组、整数、浮点数。在内存中为 employname 这个变量开辟了 6 个字节的空间(后面我们会学到字符型占用 1 个字节,但 employname 为含有 6 个元素的数组,因此占用 6 个字节的内存空间),同时把此 6 个字节的空间首地址与变量名 employname 相对应,为 employage 这个变量开辟了 4 个字节的空间,为 employwage开辟了 4 个字节的空间。至于提到的占用多少字节将在后续项目中介绍。

(2)scanf("%s",employname); scanf("%d",&employage); scanf("%f",&employwage);

这三条语句完成用户数据的输入,分别赋值给 employname、employage、employwage。

(3)printf("此职工  姓名:%s  年龄:%d  工资:%0.2f\n",employname,employage,employwage);

这条语句完成输出 employname、employage、employwage 这三个变量的具体值。

由以上分析可以看出,在 C 程序中对数据进行操作时,是以变量来存储数据的,在使用变量时要先定义变量再使用。具体定义什么类型的变量,如何定义一个变量及如何灵活使用变量是本项目的后续内容。

# 2.2 C语言的数据类型

## 2.2.1 标识符、关键字及分隔符

**1. 标识符**

在C语言中，变量、函数都需要有一个名称，这个名称就叫作标识符。例2.1中employname、employage、employwage就是三个标识符。用户自定义的标识符要符合C语言标识符的命名规则。

C语言标识符命名规则如下：

(1)标识符由字母(A～Z,a～z)、下划线(_)或数字(0～9)组成。

(2)标识符必须以字母(A～Z,a～z)或下划线(_)开头。

(3)C语言中标识符严格区分字母大小写。如：aB12、Ab12、AB12、ab12是不同的标识符。

(4)标识符不能使用C语言的关键字，如：char、do、for、if、int等。

详细关键字请查看表2-1。

用户在定义标识符时还要注意以下几个问题：

(1)定义标识符时尽量做到“见名知意”。如：name表示姓名，age表示年龄，或汉语拼音的首字母xm表示姓名，nl表示年龄。

(2)标识符的长度不要太长，建议在8个字符以内。不同编译系统支持的标识符长度不同。如Turbo C 2.0编译器的标识符最大长度为32个字符，而Visual C++ 2010中的标识符最大长度为2048个字符。

(3)标识符中不能出现全角字符与空格。

下列标识符是不合法的标识符：

5abc、aa－bb、a&b、M. H. Thatcher、a＃、ab￥

下列标识符是合法的标识符：

A123、a_23、_123、a_b

**2. 关键字**

关键字是C语言编译程序本身所规定使用的专用词，它们有特定的含义。如int用来定义整数类型。所有的C语言关键字不能用作标识符，关键字必须用小写字母表示。

C语言的关键字见表2-1。

表2-1　　ANSI C标准规定的关键字

| auto | break | case | char | const | continue |
|---|---|---|---|---|---|
| default | do | double | else | enum | extern |
| float | for | goto | if | int | long |
| register | return | short | signed | sizeof | static |
| struct | switch | typedef | union | unsigned | void |
| volatile | while | | | | |

**3. 分隔符**

分隔符用来使编译器确认代码在何处分隔,C 语言中分隔符包括注释符、空白符及普通分隔符。

(1)注释符

用“/ * ”开头,以“ * /”结尾,中间可以写一行或多行内容,中间的内容对程序的执行没有任何影响,被编译器忽略。在程序中加入注释可增加程序可读性,使程序利于维护与移交。如:

```
int a,b;                /* 定义了 a,b 两个变量 */
```

(2)空白符

空白符包括空格、回车、换行和制表符(Tab 键),用来分隔程序的各基本成分。一个或多个空白符的作用完全一样。

(3)普通分隔符

普通分隔符的作用也是用来分隔程序的各成分,在程序中有特定的含义,不能省略。见表 2-2。

**表 2-2　　C 语言的普通分隔符**

| 普通分隔符 | 名称 | 用　途 |
|---|---|---|
| { } | 大括号 | 定义复合语句、函数体及数组的初始化 |
| [] | 方括号 | 定义数组类型及引用数组的元素 |
| () | 小括号 | 在定义函数时用来括函数的参数,在表达式中限定运算顺序 |
| ; | 分号 | 语句结束标志 |
| : | 冒号 | 跳转语句(goto)标号 |
| . | 句号 | 用于分隔结构体变量与其内的成员变量 |

## 2.2.2 数据类型

在例 2.1 中我们看到的 char、int、float 这三个关键字就是 C 语言中的基本数据类型的一部分。数据类型决定了数据在内存中的存放形式以及占用内存空间的大小,如果是数值型的数据又决定了其取值范围,同时也决定了数据参与运算的方式。

C 语言的数据类型分为:

(1)基本数据类型:整型、字符型、实型、空类型。

(2)构造类型:数组型、结构体型、共用体型、枚举类型、指针类型。

本项目主要介绍基本数据类型。

## 2.2.3 常量与变量

**1. 常量**

在程序执行过程中,值不能发生改变的量称为常量。常量分为各种数据类型的常量。

(1)整型常量

不含小数的整数值,由数字 0～9 组成,前面可加正号“+”或负号“-”。可采用十进制、八进制、十六进制形式表示。十进制常量以非 0 开头后跟多个 0～9 的数字，如 351、+78、-98。八进制常量以 0 开头后跟多个 0～7 的数字，如 0745、-0123、+0351。十六进制常量以 0 和字母 x(或 X)开头后跟多个 0～9 的数字或a～f的小写字母或 A～F 的大写字母，如 0x456、0X456f、-0X123FF、0xa4d5、+0x9abf。

微课

输出函数 printf()的使用

下面三条语句：

```
printf("%d\n",28);
printf("%d\n",034);
printf("%d\n",0x1c);
```

输出三个 28，这是把 28 分别以十进制、八进制、十六进制形式表示。

C 语言中的整型常量可以是 int 型或 long 型。编译系统不同，各类型占用的字节数也会不同。如在 Visual C++ 2010 中，int 型与 long 型都占用 4 个字节；而在 Turbo C 2.0中，如果要表达的数据在 $-2^{15}$～$(2^{15}-1)$，默认为 int 型；如要表达的数据超出 int 型的范围且在 $-2^{31}$～$(2^{31}-1)$或在数的后面加上字母 l 或 L，则为 long 型。如：123L 或 123l、9999999 都是 long 型的常量。

(2)实型常量

C 语言中实型常量有两种表示方法：

①十进制形式：由数字和小数点组成，且必须有小数点，如：123.0、-0.123、-.369、1.0、0.1、0.0。

②科学记数法形式：由整数部分、小数点、小数部分、e(或 E)、指数部分组成。要求 e(或 E)后面的指数部分必须为整数，e(或 E)前要有数字。如：0.2468E3、2.468e2、2.468E+2 都表示 246.8，而 2.468E2.5、e36、0.236E5.5、E+898 为非法表示。

C 语言中实型常量的类型可以是 double 型或 long double 型。如果要表达的数据数值在 $1.7\times10^{-308}$～$1.7\times10^{308}$ 为 double 类型，如要表达的数据超出double类型的数据数值范围且在 $3.4\times10^{-4932}$～$1.1\times10^{4932}$ 或在实数的后面加上字母 l 或 L，如：123.456L或 123.456l、9999999.9999 都是 long double 型的常量。

(3)字符型常量

字符常量是用一对单引号括起来的单个字符。它是 ASCII 码字符集里的字符。C 语言中字符常量的类型是 char 型。

C 语言中字符常量有三种表示方法：

①用单引号括起来的一个 ASCII 字符。如：'a'、'A'、'0'、'='。

②直接用该字符的 ASCII 码的数值表示一个字符常量。如 97 可表示字符 a，65 可表示字符 A，48 可表示字符 0，10 可表示换行符。也可以用相应的八进制或十六进制形式表示，如：0141 可表示字符 a，0x61 同样表示字符 a。

③用"\"后面连一个特定的字母或特定符号或 1 到 3 位八进制数或 1 到 2 位十六进制数并用单引号括起，这样的组合又有了其他的意义，称之为转义字符。如：'\n'、'\0'、'\104'、'\'。

常用的转义字符见表 2-3。

表 2-3 转义字符

| 字符表示形式 | 含 义 | 说 明 |
| --- | --- | --- |
| \n | 换行符 | 等价于 ASCII 10 |
| \r | 回车符，使光标移动到本行开始位置，不换行 | 等价于 ASCII 13 |
| \t | 水平制表符，光标跳到下一个 Tab 位置，每个 Tab 占 8 个字符 | 等价于 ASCII 9 |
| \f | 换页符 | 等价于 ASCII 12 |
| \b | 退格符 | 等价于 ASCII 8 |
| \\ | 反斜杠符\ | 等价于 ASCII 92 |
| \' | 单引号符' | 等价于 ASCII 39 |
| \" | 双引号符" | 等价于 ASCII 34 |
| \ddd | 1 到 3 位八进制数，与 ASCII 码表中的字符对应 | 如：'a'可用此方法表示为'\141'，其中 141 为八进制数，等于十进制数 97 |
| \xhh | 1 到 2 位十六进制数，与 ASCII 码表中的字符对应 | 如：'a'可用此方法表示为'\x61'，其中 61 为十六进制数，等于十进制数 97 |

**【例 2.2】** 分析下面程序的输出结果。

```
/*
    源文件名：Li2_2.c
    分析下面程序的输出结果
 */
#include <stdio.h>
main()
{
    printf("0123456789\n");
    printf("abc\tde\babc\n");
    printf("abcdea\rbcde\n");
    printf("abcdea\nbcde\n");
}
```

编译、连接、运行程序。程序运行后，屏幕显示：

```
0123456789
abc     dabc
bcdeea
abcdea
bcde
```

下面来分析例 2.2 的程序：

①语句 printf("0123456789\n")；输出数字，用"\n"换行。

②语句 printf("abc\tde\babc\n")；输出字符串，转义字符'\t'使其后面的字符在下一个制表符位置即第 9 个字符位置输出，转义字符'\b'使光标移到其前的字符 e 的位置开

始输出其后字符，故字符 e 被覆盖了。

③语句 printf("abcdea\rbcde\n")；首先输出字符串“abcdea”，但转义字符'\r'使其后的字符从当前行开始处输出，故“bcde”覆盖了“abcd”，最后得到“bcdeea”的输出结果。

④语句 printf("abcdea\nbcde\n")；首先输出字符串“abcdea”，转义字符'\n'使其后的字符“bcde”从下一行开始处输出并换行。

(4)字符串常量

字符串常量是由双引号括起来的、多个字符组成的字符序列。如："John Wilson"、"张三"、"A－32_64"、"123.456789"、"a"等。

注意不要将字符串常量与字符常量混淆。如："a"与'a'是不同的，一个是字符串常量，一个是字符常量。

C 语言在存储字符串常量时要开辟字符串中字符数＋1 的字节的空间，多出的那个字节用来存放'\0'，它用来表示字符串的结束。字符串常量"A6029"用如下方式存放：

| A | 6 | 0 | 2 | 9 | \0 |
|---|---|---|---|---|---|

因此字符串常量"A6029"在内存中占用 6 个字节。

(5)符号常量

在 C 语言中可以用一个标识符来表示一个常量，有两种使用方法。

①用＃define 形式定义符号常量。

格式：＃define 常量名　常量值

如：

```
#define MAX 10
#define MIN 0
#define DOLLARtoRMB 6.82652
```

分别用 MAX、MIN、DOLLARtoRMB 这三个标识符来代替常量 10、0、6.82652，在程序的运行过程中 MAX、MIN、DOLLARtoRMB 的值是不能改变的。注意＃define 形式语句后面是没有“;”的。

②用 const 关键字定义符号常量

格式：const 数据类型　常量名＝常量值；

如：

```
const int MAX=10;
const int MIN=0;
const double DOLLARtoRMB=6.82652;
```

功能与上例相同。注意，const 形式的语句后面是有“;”的。

**2. 变量**

变量是内存中的一块存储空间，在程序中能够存放数据。每个变量都表现为一个标识符，即变量的名字为内存地址的别名，在程序的执行过程中其内的值是可以改变的。对变量的操作实际上是对变量名所代表的内存地址下的存储单元进行操作。

变量的定义和赋值

在C语言中变量必须先定义后使用，下面介绍变量的定义：

（1）变量定义格式

数据类型<变量名1[[=变量1初值],变量名2[=变量2初值],……]>；

在定义时可以一次定义多个变量。其中：

数据类型：可以是表2-4中的某种数据类型。

**表2-4　ANSI C基本数据类型定义**

| 数据类型 | 名称 | 位长/bit | 取值范围 |
|---|---|---|---|
| int | 整型 | 16 | $-2^{15}\sim(2^{15}-1)$ |
| short [int] | 短整型 | 16 | $-2^{15}\sim(2^{15}-1)$ |
| long [int] | 长整型 | 32 | $-2^{31}\sim(2^{31}-1)$ |
| unsigned [int] | 无符号整型 | 16 | $0\sim(2^{16}-1)$ |
| unsigned short [int] | 无符号短整型 | 16 | $0\sim(2^{16}-1)$ |
| unsigned long [int] | 无符号长整型 | 32 | $0\sim(2^{32}-1)$ |
| char | 字符型 | 8 | $-2^{7}\sim(2^{7}-1)$ |
| unsigned char | 无符号字符型 | 8 | $0\sim(2^{8}-1)$ |
| float | 单精度浮点型 | 32 | 数值范围为$3.4\times10^{-38}\sim3.4\times10^{38}$<br>7～8位有效数字 |
| double | 双精度浮点型 | 64 | 数值范围为$1.7\times10^{-308}\sim1.7\times10^{308}$<br>15～16位有效数字 |
| long double | 长双精度浮点型 | 80 | 数值范围为$3.4\times10^{-4932}\sim1.1\times10^{4932}$<br>19～20位有效数字 |

注：编译器不同，数据类型占用的字节数不一定相同。如：int型在Turbo C 2.0中占用2个字节16位，而在Visual C++ 2010编译器下占用4个字节32位，与long类型相同；long double型在Turbo C 2.0中占用10个字节80位，而在Visual C++ 2010中占用8个字节64位。

在字符型变量的使用中，计算机实际存放的是该字符的ASCII码值。如'a'存放的是97的二进制数，与整数类型的存放形式相同。因此，在C语言中字符类型char与整数类型int是通用的。

变量名：是合法的C语言标识符。

变量初值：是为变量赋值的常量，此常量的类型一定要与变量定义的类型一致。如：

```
int a=1,b=2,c=3;
char c1;
float pi=3.14,f=5.6;
```

（2）变量的初始化

C程序中可以在定义变量时为变量赋初值，即变量的初始化。同时定义多个变量时，可以只把部分变量初始化，如：

```
int x,y,z=5;
float f1,f2=1.0,f3;
```

如果同时定义多个同种类型的变量并赋同样的初值，可做如下处理：

```
int a=b=c=5;
float f1=f2=f3=1.0;
```

在C程序中变量的初始化是分两步完成的。如:

```
int i=8;                                  /*定义变量i并对其赋初值8*/
```

相当于执行了如下两条语句:

```
int i;                                    /*声明变量i为整数类型*/
i=8;                                      /*为变量i赋值8*/
```

**【例2.3】** 变量声明示例。

```
/*
    源文件名:Li2_3.c
    功能:测试各种类型的变量的使用
*/
#include <stdio.h>
main()
{
    int i=32767;
    short s=32767;
    long l=2147483647;
    unsigned ui=65535;
    unsigned short us=65535;
    unsigned long ul=4294967295;
    char c='c';
    unsigned char uc=255;
    float f=0.23f;
    double d=0.7E-3;
    long double ld=1.23456789E15;
    printf("整型变量 i=%d",i);
    printf("\n短整型变量 s=%d",s);
    printf("\n长整型变量 l=%ld",l);
    printf("\n无符号整型变量 ui=%d",ui);
    printf("\n无符号短整型变量 us=%d",us);
    printf("\n无符号长整型变量 l=%ld",l);
    printf("\n字符型变量 c=%c",c);
    printf("\n无符号字符型变量 uc=%d",uc);
    printf("\n单精度浮点型变量 f=%f",f);
    printf("\n双精度浮点型变量 d=%f",d);
    printf("\n长双精度浮点型变量 ld=%f\n",ld);
}
```

编译、连接、运行程序。程序运行后,屏幕显示:

```
整型变量 i=32767
短整型变量 s=32767
长整型变量 l=2147483647
无符号整型变量 ui=65535
无符号短整型变量 us=65535
无符号长整型变量 l=2147483647
字符型变量 c=c
无符号字符型变量 uc=255
单精度浮点型变量 f=0.230000
双精度浮点型变量 d=0.000700
长双精度浮点型变量 ld=1234567890000000.000000
```

(3)变量类型的转换

在编程过程中,会遇到将一种数据类型的值赋给另外一种数据类型的变量的情况,由于数据类型不同,在赋值时就要将数值强制类型转换为变量的类型。C语言允许用户有限度地进行数据的强制类型转换。数据类型的转换方式有两种:自动类型转换与强制类型转换。

①自动类型转换

数据类型转换

自动类型转换需满足两个条件:第一,两种类型彼此兼容;第二,目标类型的取值范围大于源类型。

C语言的数据类型的取值范围由小到大依次为:

char→short→int→long→float→double→long double

如:

```
int i=5;
double x=i;
```

int型变量i自动类型转换为double型并赋值给x。

```
char c='a';
int j=c;
```

char型变量c自动类型转换为int型的97并赋值给j。

②强制类型转换

当两种类型彼此不兼容或目标类型取值范围小于源类型时,就无法进行自动类型转换了,这时需要进行强制类型转换。强制类型转换格式如下:

(数据类型)<变量名>

如:

```
float a=33333.33333;
int b=(int)a;
```

float类型变量a被强制类型转换为int类型并赋值33333给b。

在强制类型转换时要注意目标类型要能容纳源类型的所有数据,否则会出现溢出。

如：

```
float f=128.6;
char c=(char)f;
printf("%d",c);
```

**【例 2.4】** 强制类型转换示例。

```
/*
    源文件名:Li2_4.c
    功能:测试强制类型转换的溢出情况
*/
#include <stdio.h>
void main()
{
    char c;
    int b;
    float f=128.6;
    b=(int)f;
    c=(char)f;
    printf("将 float 类型 f 强制转化为 int 类型 b 的结果为:%d \n",b);
    printf("将 float 类型 f 强制转化为 char 类型 c 的结果为:%d \n",c);
}
```

编译、连接、运行程序。程序运行后,屏幕显示:

```
将 float 类型 f 强制转化为 int 类型 b 的结果为:128
将 float 类型 f 强制转化为 char 类型 c 的结果为:-128
```

从程序运行结果可看出把 float 类型的 128.6 强制转化为 char 型时发生溢出。由于 char 型表示的数据范围是－128～＋127,而 128.6 的整数部分超出了 char 型的范围,故发生溢出。128.6 的整数部分在 int 型的范围(－32768～32767)内,转化为 int 型时正常输出 128。

**思政小贴士**

每种数据类型都有其表示范围,应根据实际需要来决定选用何种数据类型。我们遇到问题也要因地制宜,根据具体情况设计解决方案,合理选择数据类型能够避免系统资源的浪费,生活中我们也要注意合理规划,正确调配,节约资源。

## 2.3 运算符及表达式

运算符是表示某种操作的符号,在 C 语言中,除控制语句、输入和输出函数外,其他所有基本操作都作为运算符处理。运算符的操作对象称为运算数,用运算符把运算数连接起来形成的一个有意义的式子就叫作表达式。

C 语言的运算符有多种,按照运算符的功能分为:赋值运算符、算术运算符、关系运算符、逻辑运算符、条件运算符、逗号运算符、求字节数运算符、位运算符、指针运算符、强制类型转换运算符、分量运算符、下标运算符及其他运算符等。

本项目主要介绍赋值运算符、算术运算符、自增与自减运算符、关系运算符、逻辑运算符、条件运算符、逗号运算符和求字节数运算符及其相应表达式，其他运算符及表达式在后续项目中学习。

## 2.3.1　赋值运算符与赋值表达式

**1. 赋值运算符与赋值表达式**

赋值运算符为“=”，作用是将右边表达式的值赋给左边的变量，同时赋值表达式的值是由左边变量得到的值。如：a=5 是把数值 5 存储到变量 a 所指向的内存单元中，同时 a=5 这个表达式的值为 5。

赋值运算符的结合方向是“从右至左”。如表达式 a=b=3+5 的计算过程为：先计算 3+5 的值为 8，赋给 b，则 b 的值为 8，又将 b=3+5 的值 8 赋给变量 a。

C 语言中赋值运算符的优先级仅高于逗号运算符，低于其他运算符。

**2. 复合赋值运算符**

在 C 语言中为了简化程序，提高程序的编译效率，在赋值运算符前加上其他运算符号构成复合运算符号。如+=、-=、*=、/=等。在 C 语言中规定可以使用 10 种复合运算符，即：

+=，-=，*=，/=，%=，<<=，>>=，&=，^=，|=

后 5 种是复合位运算符。

所有复合赋值运算符与赋值运算符优先级相同，结合方向也是“从右至左”。如：x+=5，相当于 x=x+5，为了方便记忆可以这样理解，x+=　5，即把“x+”移到“=”的右边。

y+=x-5，相当于 y=y+(x-5)，x-5 的两侧必须加上括号，为了方便记忆可以这样理解，即 y+=　(x-5)，“=”右边的表达式先加上括号再把“y+”移动到“=”的右边。

复合赋值的用法可参照例 2.5。

**【例 2.5】**　复合赋值示例。

```
/*
    源文件名:Li2_5.c
    功能:复合赋值测试
*/
#include <stdio.h>
void main()
{
    int a=2,b=3,c=5,x=6;
    printf("x*=a+b+c 执行后 x 的值为:%d\n",x*=a+b+c);
    printf("a*=c+=(b+=8)%%5 执行后 a 的值为:%d\n",a*=c+=(b +=8) % 5);
    printf("执行完以上表达式后 a=%d,b=%d,c=%d\n",a,b,c);
}
```

编译、连接、运行程序。程序运行后，屏幕显示：

```
x*=a+b+c 执行后 x 的值为:60
a*=c+=(b+=8)%5 执行后 a 的值为:12
执行完以上表达式后 a=12,b=11,c=6
```

分析上例中复合赋值表达式的运算过程：

(1)x*=a+b+c:相当于 x=x*(a+b+c)，通过计算 6*(2+3+5)为 60。

(2)a*=c+=(b+=8)%5:此式先计算 b+=8，则 b 的值为 3+8；再计算 c+=(3+8)%5，相当于 c=c+(3+8)%5，c 的值为 5+1 即 6；最后计算 a*=c，相当于 a=a*c，则得出 a 的值为 2*6 即 12；同时表达式(a*=c+=(b+=8)%5)的值也为 12。

**3. 赋值表达式中的类型转换规则**

在 C 语言中当赋值运算符右边的数据类型与左边变量的数据类型不一致时，且两边都为数值型或字符型时会进行类型转换。赋值号右边数据的类型将转换为左边变量的数据类型。如果右边的数据类型长于左边的数据类型，将丢失一部分数据，这样会降低精度。

具体转换规则如下：

(1)将实型数据赋值给整型变量时，舍弃实数的小数点部分。如：int i=12345.6789；i 的值为 12345。

(2)将整型数据赋值给实型变量时，数值不变，但以浮点数形式存储到变量中。如：float f=765；将 765 转化为 765.0000，再存储到变量 f 中。double d=876；先将 876 转化为 876.0000000000000，再存储到变量 d 中。

(3)将字符型数据赋值给整型变量时，字符型占用 1 个字节，即 8 位，将字符数据位放到整型变量的低 8 位中。整型变量的高位根据字符数据最高位是 0 或 1 相应地补 0 或 1。

(4)将 int、short、long 型数据赋值给 char 型变量时，只将低 8 位放到 char 型变量中。如：

```
int i=321;
char c;
c=i;
```

在 Visual C++ 2010 中，int 型数据占用 4 个字节，赋值情况如图 2-1 所示。

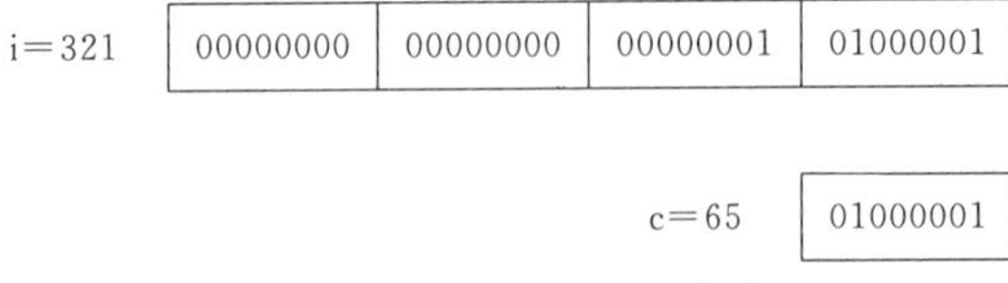


图 2-1　i,c 存储情况

如：

```
printf("c=%c",c); 输出:c=A
printf("c=%d",c); 输出:c=65
```

## 2.3.2 算术运算符与算术表达式

**1. 算术运算符**

C 语言的基本算术运算符有五种，分别是：

+:两数相加或取正值运算,如 2+3、+5。

-:两数相减或取负值运算,如 6-3、-2。

*:两数相乘,如 2*3。

/:两数相除,如 6/3 的值为 2,7/3 的值为 2,当分子和分母都为整数时,结果也为整数,小数部分舍去。

%:模运算符或称求余运算符,运算符两边的数必须是整数,如:9%5 的值为 4,6%2 的值为 0。

**2. 算术表达式及运算符的优先级**

用算术运算符及括号将运算对象连接起来,组成一个符合 C 语言语法的式子,这样的式子就是算术表达式。运算对象可以是常量、变量、函数,如:123+'a'*78%12-65、a+b%c*e+1.5/4 都是合法的算术表达式。

C 语言中算术运算符的优先级由高到低依次为:

括号()→正、负(+、-)→乘、除、求余(*、/、%)→加、减(+、-)

运算顺序:确定符号后,先算乘除后算加减,有括号先算括号,对于同一级运算,则按从左到右的顺序进行。

如:算术表达式(3+5)*6%17+7 的计算方法为先算 3+5 为 8,然后 8*6 为 48,接着计算 48%17 为 14,再计算 14+7 的值为 21。

**3. 各种数值型数据的混合运算**

在 C 语言中可以使用 char、short、int、unsigned、long、float、double、long double 这些类型的数据组成表达式进行混合运算,这就涉及参与运算的各个操作数具体应转换成什么类型,以及结果的类型。

在处理这样的表达式时,首先将参与混合运算的不同数据类型的数据转换成相同的数据类型再进行运算。转换规则如图 2-2 所示。

图中向左的箭头表示一定会发生转换,如 char 型、short 型在参与运算时首先转化成 int 型后再计算,float 型先转化为 double 型再运算。向上的纵向箭头表示数据类型级别的高低,各种不同类型数据转换的方向。如 int 型与 float 型数据参与运算时,先把 int 型与 float 型转化为 double 型再运算,结果为 double 型。int、char 与 long 类型数据参与运算时,先把 int、char 类型转化为 long 型后再运算,结果为 long 型。

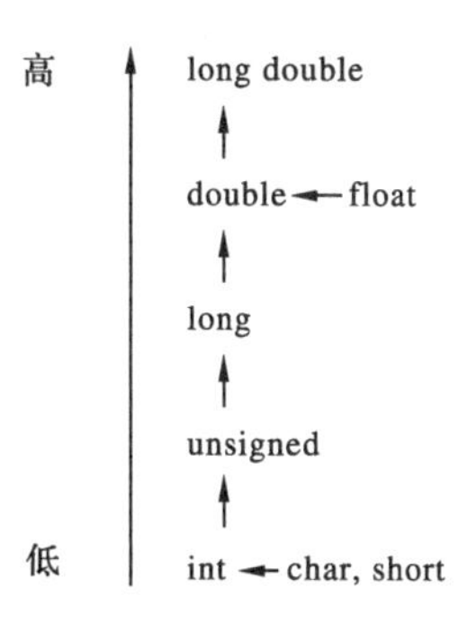


图 2-2 混合运算类型转换规则

如:123.456789 * 32767/'a',首先把整型 32767 转化成 double 型进行运算,123.456789*32767结果为 double 型 4045308.605163,再把'a'转化为 double 型 97.0 再进行除法运算,4045308.605163/97.0 结果为 41704.212424。

## 2.3.3 自增与自减运算符

自增(++)运算符使变量增 1,自减(--)运算符使变量减 1。如:i++,++i,i--,--i。类似 i=i+1,i=i-1,但又不同。

以自增为例：

i＋＋；是先取得i的值后再使i自增1，即表达式i＋＋的值还是i的值。

＋＋i；是先使i自增1后再取得i的值，即表达式＋＋i的值为i自增1后的值。

i－－与－－i同样如此。

如：

```
int i=1;
j=i++;      /*使用变量之后i的值自增1变为2,此时j的值为1*/
j=i--;      /*使用变量之后i的值自减1变为1,此时j的值为2*/
j=++i;      /*使用变量之前i的值自增1变为2,此时j的值为2*/
j=--i;      /*使用变量之前i的值自减1变为1,此时j的值为1*/
```

使用自增与自减运算符应注意以下几点：

(1)自增与自减只能对变量进行操作，不能对常量和表达式进行自增与自减，如：8－－、(x＊y)＋＋是错误的。

(2)自增、自减的结合方向是“自右到左”的，与算术表达式的结合顺序不同。

(3)一个变量在一个表达式中出现两次或两次以上，不宜使用自增或自减运算。否则在不同的编译器下执行的顺序不同，易出现结果不同的情况。

如：

```
i=1;
j=(i++)+(i++)+i+(++i);
printf("\nj=%d,i=%d\n",j,i);
```

在Turbo C 2.0中执行结果是：j＝8，i＝4。

在Visual C++ 2010中执行结果是：j＝5，i＝4。

## 2.3.4 关系运算符与关系表达式

关系运算实际上就是比较运算，是将两个值进行比较，判断比较的结果是否符合给定的条件，如满足表达式结果为“真”，不满足表达式结果为“假”。

### 1. 关系运算符

关系运算符共有六种：＜(小于)、＞(大于)、＞＝(大于或等于)、＜＝(小于或等于)、＝＝(等于)、!＝(不等于)

注意：关系表达式等于号“＝＝”不同于“＝”，后者是赋值运算符。

其中前四种关系运算符(＜、＞、＞＝、＜＝)的优先级相同，后两种关系运算符(＝＝、!＝)的优先级相同，且前四种的优先级高于后两种。关系运算符是双目运算符，相同优先级的关系运算符结合方向是“从左至右”。在所有的运算符中，关系运算符的优先级低于算术运算符但高于赋值运算符。

### 2. 关系表达式

用关系运算符将表达式(可以是算术表达式、逻辑表达式、赋值表达式、逗号表达式和字符表达式等)连接起来的式子称为关系表达式。关系表达式的结果为“真”或“假”，用“1”代表“真”，“0”代表“假”。

合法的关系表达式如：8＞9、'a'＝＝97、56＜89、1＞('a'＜'b')、'a'＜'b'＞0等。

这五个关系表达式的值分别为:0、1、1、0、1。

又如 x=3,y=5,z=8,则:关系表达式 x>y 的值为 0,z>y>x 的值为 0(其等价于(z>y)>x,z>y 的值为 1,1>x 的值为 0,故表达式的值为 0),z==x+y 的值为 1(因算术运算符+的优先级高于关系运算符==,所以此表达式等价于 z==(x+y),x+y 的值 8 与 z 的值相等,故表达式的值为 1)。

## 2.3.5 逻辑运算符与逻辑表达式

逻辑运算符和逻辑表达式

关系运算解决较简单的条件判断,对于较复杂的判断可以用逻辑运算来完成。

### 1. 逻辑运算符

逻辑运算符共有三种:&&(逻辑与)、||(逻辑或)、!(逻辑非)。

其中前两种逻辑运算符(&&、||)是双目运算符,后面的逻辑运算符(!)是单目运算符。逻辑运算符在所有运算符中的优先级如图 2-3 所示。

"!"(逻辑非)→算术运算符→关系运算符→"&&"(逻辑与)→"||"(逻辑或)→赋值运算符

图 2-3 逻辑运算符的优先级

### 2. 逻辑表达式

用逻辑运算符将符合 C 语言语法的表达式连接起来的式子称为逻辑表达式。逻辑表达式的结果亦为"真"或"假",在 C 语言中逻辑表达式的结果以数值 1 代表"真",数值 0 代表"假"。在判断一个逻辑表达式为"真"或"假"时用非 0 与 0 判断,数值 0 代表"假",非 0 代表"真"。具体的逻辑运算法则见表 2-5。

表 2-5 逻辑表达式运算法则

| a | b | ! a | a&&b | a\|\|b |
|---|---|---|---|---|
| 真(非 0) | 真(非 0) | 假(0) | 真(非 0) | 真(非 0) |
| 真(非 0) | 假(0) | 假(0) | 假(0) | 真(非 0) |
| 假(0) | 真(非 0) | 真(非 0) | 假(0) | 真(非 0) |
| 假(0) | 假(0) | 真(非 0) | 假(0) | 假(0) |
| 说明 | | 0 变 1,非 0 变 0 | 只有两者均为非 0 时才为 1 | 只有两者均为 0 时才为 0 |

合法的逻辑表达式如:8&&9、!'a'、0||'a'<'b'、1||'a'<'b'&&3==5 等。

这四个逻辑表达式的值分别为:1、0、1、1。

在表示数学中如 5≤x≤10 这样的表达式时,不能用 5≤x≤10,因为 5≤x≤10 相当于(5≤x)≤10,此表达式无论 x 取何值,5≤x 的值只能为 0 或 1,故 5≤x≤10 永远为 1。如要正确表示,只能用 5≤x&&x≤10 来表示。

在 C 语言中,在使用逻辑运算符时要注意:"&&"连接的两个表达式中,只要左边的表达式为 0 则表达式的结果为 0,不用再去运算右边的表达式;"||"连接的两个表达式中,只要左边的表达式为 1 则表达式的结果为 1,同样不用再去运算右边的表达式,以提高表达式的运算速度。

如：x＝3，y＝5，z＝8，则：

x||＋＋y 表达式的值为 1，而 y 的值还是 5。因为判断出 x 非 0 后即能确定此表达式为 1，则＋＋y 表达式不会执行。

z＋＋＜y&&＋＋x||＋＋y 表达式的值为 1，x 的值为 3，y 的值为 6，z 的值为 9。此表达式相当于((z＋＋＜y)&&＋＋x)||＋＋y，计算时首先取出 z＋＋的值 8 与 y 比较是不是小于 y，结果为“假”，故 z＋＋＜y 的值为 0，再使 z 的值增 1，z 的值变为 9，故能确定表达式z＋＋＜y&&＋＋x 的值为 0；“&&”后的表达式＋＋x 不被执行，故 x 的值仍为 3；运算符“||”之前的表达式为 0，还需对其后面的＋＋y 进行运算，使 y 的值增 1 后 y 的值为 6，＋＋y 的值为非 0，故整个表达式的值为“真”，即值为 1。

z＋＋＞y&&＋＋x||＋＋y 表达式的值为 1，x 的值为 4，y 的值为 5，z 的值为 9。理由同上。

## 2.3.6 条件运算符与条件表达式

条件运算符与
条件表达式

“?:”为条件运算符，条件运算符有三个操作数，是 C 语言中唯一的三目运算符。由其连接的表达式为条件表达式。

格式：＜*表达式 1*＞? ＜*表达式 2*＞:＜*表达式 3*＞

其中：

表达式 1：是一个关系表达式或逻辑表达式，用作判断条件。

表达式 2：是一个合法的 C 语言表达式。

表达式 3：也是一个合法的 C 语言表达式。

执行过程：首先计算“表达式 1”的值，如果“表达式 1”的值为“真”，即非 0，则整个条件表达式的值为“表达式 2”的值；如果“表达式 1”的值为“假”，即 0，则整个条件表达式的值为“表达式 3”的值。

如：

a＝2，b＝3；

a＞b? a:b；

表达式(a＞b ? a:b)的值为 3，其执行过程为首先判断 a＞b 的值为 0，所以表达式的值为冒号后面 b 的值 3。

关于条件运算符的几点说明：

(1)条件运算符的优先级高于赋值运算符，低于关系运算符和逻辑运算符。

如：max＝a＞b? a:b；此表达式是先把条件表达式的结果计算出来，再把结果赋值给 max。

再如：a＞b? a＋1:b＋2；此表达式相当于 a＞b? (a＋1):(b＋2)，而不是(a＞b? a＋1:b)＋2。

(2)条件运算符的结合方向是“从右至左”。如：x＝10；x＜0? 1:x＜20? 2:3；

上述表达式相当于 x＜0? 1:(x＜20? 2:3)，x＜0 值为“假”，故表达式的值应为 x＜20?2:3 的值为 2。

(3)当“表达式 1”与“表达式 2”的类型不同时，整个条件表达式的值为“表达式 1”与“表达式 2”中较高的类型。如：a＞b? 5.0:1；此表达式当 a＞b 时值为 5.0，当 a＜b 时，因 5.0 为 double 型高于 int 型，所以结果应把 1 转换成 1.0。

## 2.3.7 逗号运算符与逗号表达式

C 语言中可用逗号运算符(,)把合法的表达式连接起来构成逗号表达式。

格式:表达式 1,表达式 2,……,表达式 n

说明:

(1)逗号运算符是 C 语言中优先级最低的运算符。

(2)逗号运算符的结合方向是"从左至右",即先计算表达式 1,再计算表达式 2……最后计算表达式 n,逗号表达式的值为最右侧表达式(表达式 n)的值。

**【例 2.6】** 逗号表达式应用示例。

```
/*
    源文件名:Li2_6.c
    功能:逗号表达式应用示例
 */
#include <stdio.h>
main()
{
    int x=2,y=3,z=5,a=1,b=2,c=3;
    a=b++,c++;
    printf("a=%d,b=%d,c=%d\n",a,b,c);
    x+=(y++,z*=y);
    printf("x=%d,y=%d,z=%d\n",x,y,z);
}
```

编译、连接、运行程序。程序运行后,屏幕显示:

```
a=2,b=3,c=4
x=22,y=4,z=20
```

程序分析:

(1)表达式 a=b++,c++;由于逗号表达式优先级最低,所以此表达式相当于(a=b++),c++;首先取得 b++的值为 2,之后 b 增 1 为 3,a 的值为 2,再执行 c++使 c 增 1 为 4。所以最终输出:a=2,b=3,c=4。

(2)表达式 x+=(y++,z*=y);相当于 x=x+(y++,z=z*y);首先计算 y++使 y 增 1 为 4,后计算 z 的值为 5*4 即 20,再算出 x 的值 x+z 为 2+20 即 22。所以输出为:x=22,y=4,z=20。

## 2.3.8 求字节数运算符

求字节数运算符用来计算各种数据类型的数据占用的字节数,用 sizeof()来实现。

使用格式:

sizeof(数据类型);

sizeof(变量);

例如：在 Visual C++ 2010 中，sizeof(int)的值为 4，sizeof(long)的值为 4，sizeof(double)的值为 8，sizeof(char)的值为 1，等等。

```
int x;
long y;
double d;
```

则 sizeof(x)的值为 4，sizeof(y)的值也为 4，sizeof(d)的值为 8。

**思政小贴士**

不以规矩，不能成方圆，遵章守法事事顺，违法犯规时时难。遵守法律，只是对我们最低要求，而高尚的道德观念是我们最高追求。在表达式求值时，必须严格按运算符的优先级别高低次序执行，再按运算符的结合方向结合，才能得出正确的运算结果。

## 2.4 实例解析

**【例 2.7】** 编写程序，并向屏幕上输出下列语句执行的结果。

(1)将变量 a 赋初值为 15，变量 b 的初值为 10。

(2)变量 a 的值加 3，b 的值加 5。

(3)求 a 和 b 的平均值，并将该值赋给变量 x。

(4)将 a 的平方乘 b 的平方并将结果赋值给变量 y。

```
/*
    源文件名:Li2_7.c
    功能:对数据类型及表达式的使用
    程序分析:按要求定义变量 a,b,x,y 并正确使用表达式
*/
#include <stdio.h>
void main()
{
    int a=15,b=10;
    double x;/*因为 x 用来存放 a 和 b 的平均值,可能为实数,所以定义为 double 类型*/
    long y;
    printf("a 初值=%d,b 初值=%d\n",a,b);
    a+=3; /*用复合赋值运算符为 a 加 3*/
    b+=5;
    printf("a 值加 3 后=%d,b 值加 5 后=%d\n",a,b);
    x=(a+b)/2.0;
    y=a*a*b*b;
    printf("a 与 b 的平均值为:%f,a 与 b 的平方积为:%d\n",x,y);
}
```

编译、连接、运行程序。程序运行后，屏幕显示：

```
a 初值=15,b 初值=10
a 值加 3 后=18,b 值加 5 后=15
a 与 b 的平均值为:16.500000,a 与 b 的平方积为:72900
```

**【例 2.8】** 已知圆的周长公式 c=2 * π * r。编写程序,求出当 r=5 时,圆的周长。

```
/*
    源文件名:Li2_8.c
    功能:已知圆半径,求周长
    程序分析:需定义常量 pi 存放 3.14159,浮点型变量 r 存放圆半径,浮点型变量 c 存放圆的周
            长,并使用本项目的算术表达式
*/
#include <stdio.h>
#define pi 3.14159
void main()
{
    float r=5;           /* 半径 r 可能为实数,所以定义为浮点型 */
    float c=0;           /* 周长 c 可能为实数,所以定义为浮点型 */
    c=2 * pi * r;
    printf("半径为 5 的圆的周长为:%f\n",c);
}
```

编译、连接、运行程序。程序运行后,屏幕显示:

```
半径为 5 的圆的周长为:31.415900
```

**【例 2.9】** 用条件运算符(?:)实现把 a=4,b=3,c=5 由大到小排列,最多定义 3 个变量。

```
/*
    源文件名:Li2_9.c
    功能:在只使用条件表达式与赋值语句的情况下实现 3 个数的排序
    程序分析:定义 3 个变量 max,mid,min 分别用来存放最大数,中间数及最小数
*/
#include <stdio.h>
main()
{
    int a=4,b=3,c=5;
    int max,mid,min;
    max=a>b? (a>c? a:c):(b>c? b:c); /* 此语句实现找到最大值存放到 max 中 */
    mid=a>b? (a<c? a:(b>c? b:c)):(b<c? b:(a>c? a:c)); /* 此语句实现找到中间值存
                                                         放到 mid 中 */
    min=a>b? (b<c? b:c):(a<c? a:c); /* 此语句实现找到最小值存放到 min 中 */
    printf("三个数排序后结果为:max= %d,mid= %d,min= %d\n",max,mid,min);
}
```

编译、连接、运行程序。程序运行后,屏幕显示:

```
三个数排序后结果为:max=5,mid=4,min=3
```

# 小　　结

本项目介绍了标识符、关键字、常量、变量、数据类型、运算符、表达式、数据类型转换等内容。

1. 标识符是为操作的对象起个名字以便使用，但名字要符合C语言的规范。

2. 关键字是C语言中已有特殊功能的标识符。

3. 常量是值不能发生变化的量。类型有整数、长整数、无符号数、浮点数、字符、字符串、符号常数、转义字符等。

4. 变量是用来临时存放数据的地方，但是这个空间该有多大，可以存放什么样的数据，这些是在指定变量的类型时指定的。为了方便操作，所以又给变量起个名字。

5. 数据类型分为基本类型和构造类型。

6. 运算符优先级：表达式求值按运算符的优先级和结合性所规定的顺序进行。一般而言，单目运算符优先级较高，赋值运算符优先级较低，算术运算符优先级较高，关系和逻辑运算符优先级较低。

7. 运算符种类有：赋值、算术、自增与自减、关系、逻辑、条件、逗号、求字节数运算符等。

8. 运算符的结合性：多数运算符具有左结合性（自左至右），如算术运算符，而单目运算符、三目运算符、赋值运算符具有右结合性（自右至左）。

9. 表达式是由运算符连接常量、变量、函数所组成的式子。每个表达式都有一个值和类型。表达式求值按运算符的优先级和结合性所规定的顺序进行。

10. 数据类型转换。自动类型转换：在不同类型数据的混合运算中，由系统自动实现转换，由少字节类型向多字节类型转换。不同类型的量相互赋值时也由系统自动进行转换，把赋值号右边的类型转换为左边的类型。强制类型转换：由强制类型转换运算符完成转换。

**思政小贴士**

每个变量代表的意义，使用的场景都要充分调研，正所谓“调查研究是谋事之基、成事之道。没有调查，就没有发言权”。以变量的实际应用为出发点，综合各项可行性指标，合理选取数据类型，以用户为中心、深入开展调查研究才能设计出合理的C语言程序。随着我国综合国力快速发展，不仅仅在计算机编码领域出现中国标准，在数据库软件、大型工业产品、科学理论等领域不断出现“中国方案”“中国创造”，我们要继续努力，为全人类的发展贡献中国力量。

# 实验　数据类型及表达式

**一、实验名称**

数据类型及表达式实验

**二、实验目的**

1. 理解C语言中各种数据类型的意义，掌握各种数据类型的定义方法。

2.掌握C语言常量、变量的定义与使用。

3.掌握不同数据类型之间的赋值的规律。

4.熟悉C语言的运算符,并灵活使用各种表达式。

5.掌握C语言运算符的优先级。

**三、预习内容**

变量的定义、数据类型的种类、各种运算符的作用、运算符的优先级和各种表达式的使用。

**四、实验内容**

1.运行下面的程序,并分析程序运行结果。

```
#include <stdio.h>
main()
{
    int a=0x7fffffff,b=025;
    float f1=123.456,f2=2.0;
    char c1,c2;
    c1='a';
    c2='b';
    printf("a=%d,b=%d\n",a,b);
    printf("c1=%c,c2=%c\n",c1,c2);
    printf("f1=%e,f2=%f\n",f1,f2);
    a=f1;
    b=f2;
    printf("a=%d,b=%d\n",a,b);
}
```

(1)在 Visual C++ 2010 中运行此程序,并仔细观察运行结果。

(2)运行后 a 与 b 的值分别为:____________________。

(3)在输出 a、b 的语句之前把 a 的值加 1 后再输出,看看有什么结果,为什么?判断 int 类型占用了多少个字节:____________________,____________________。

(4)把 c1、c2 的值分别改为'a'、'b',看 c1、c2 输出什么结果,再改为 368、321 又是什结果,为什么? ____________________,____________________。

2.阅读程序给出结果。

```
#include <stdio.h>
main()
{
    int a=9,b=8;
    int x,y,z;
    x=(--a==b++)? --a:++y;
    y=b++;
    z=--a;
    printf("x=%d,y=%d,z=%d\n",x,y,z);
}
```

程序的运行结果是：________________________________。

3. 计算当 x=5 时，公式$\frac{1+x^3}{x^3+x^2+x+1}\times 6x^2$的值，请把下面程序补充完整，运行后看输出结果与答案(本题答案是 24.230769)是否一致。

```
#include <stdio.h>
main()
{
    float x=5.0;
    printf("%f",________________________________);
}
```

4. 测试类型转换对数据的影响，阅读程序并写出结果。

```
#include <stdio.h>
main()
{
    char a;
    int b;
    unsigned c;
    long d;
    b=-265;             /* b 二进制为:100100001001 */
    a=(char)b;          /* 只取 b 的低位:1001 */
    c=(unsigned)b;      /* 取 b 为正数,与 b 相同 */
    d=(long)b;          /* 值与 b 相同 */
    printf("a=%d,b=%d,c=%u,d=%ld\n",a,b,c,d);
}
```

程序输出结果为：________________________________。

5. 分析如下程序看有没有错误，如有请改正，没有请写出你对字符型数据与整型数据之间关系的理解。

```
main()
{
    char ch;
    int i;
    ch='A';i=65;
    printf("%c,%c\n",ch,i);
    printf("%d,%d\n",ch,i);
    ch=65;i='A';
    printf("%c,%c\n",ch,i);
    printf("%d,%d\n",ch,i);
    i=321;ch=i;
    printf("i=(%d,%c)\n",i,ch);
}
```

你的结论是：________________________________。

# 习 题

## 一、选择题

1. 关于C语言数据类型的叙述,正确的是(　　)。

A. 枚举类型是基本类型　　B. 数组不是构造类型

C. 变量必须先定义后使用　　D. 不允许使用空类型

2. 对于C语言源程序,以下叙述错误的是(　　)。

A. 可以有空语句

B. 函数之间是平等的,在一个函数内部不能定义其他函数

C. 程序调试时如果没有提示错误,就能得到正确结果

D. 注释可以出现在语句的前面

3. 下面关于C语言用户标识符的描述,正确的是(　　)。

A. 不区分大小写　　B. 用户标识符不能描述常量

C. 类型名也是用户标识符　　D. 用户标识符可以作为变量名

4. 以下(　　)是正确的变量名。

A. 5f　　B. if　　C. f.5　　D. _f5

5. 以下(　　)是正确的常量。

A. E－5　　B. 1E5.1　　C. 'a12'　　D. 32766L

6. 以下(　　)是正确的变量名。

A. a.bee　　B. －p11　　C. int　　D. p_11

7. 以下(　　)是正确的字符常量。

A. "c"　　B. '\\'　　C. 'W'　　D. "\32a"

8. 以下(　　)是不正确的字符串常量。

A. 'abc'　　B. "12'12"　　C. "0"　　D. " "

9. 以下(　　)是错误的整型常量。

A. －0xcdf　　B. 018　　C. 0xe　　D. 011

10. 以下(　　)是正确的浮点数。

A. e3　　B. .62　　C. 2e4.5　　D. 123

11. 若有说明语句:char c='\95';则变量c包含(　　)个字符。

A. 1　　B. 2　　C. 3　　D. 语法错误

12. 若有定义:int a=2; 则正确的赋值表达式是(　　)。

A. a－＝(a＊3)　　B. double(－a)　　C. a＊3　　D. a＊4＝3

13. 语句 x＝(a＝3,b＝＋＋a);运行后,x、a、b的值依次为(　　)。

A. 3,3,4　　B. 4,4,3　　C. 4,4,4　　D. 3,4,3

14. 语句 a＝(3/4)＋3％2;运行后,a的值为(　　)。

A. 0　　B. 1　　C. 2　　D. 3

15. char型变量存放的是(　　)。

A. ASCII代码值　　B. 字符本身　　C. 十进制代码值　　D. 十六进制代码值

16. 若有定义:int x,a;则语句 x=(a=3,a+1);运行后,x、a 的值依次为(　　)。

A. 3,3　　B. 4,4　　C. 4,3　　D. 3,4

17. 若有定义:int a; 则语句 a=(3*4)+2%3;运行后,a 的值为(　　)。

A. 12　　B. 14　　C. 11　　D. 17

18. 若有定义:int a,b; double x;则以下不符合C语言语法的表达式是(　　)。

A. x%(-3)　　B. a+=-2　　C. a=b=2　　D. x=a+b

19. 若有定义:int x=2,y=3;float i;则以下符合C语言语法的表达式是(　　)。

A. x=x*3=2　　B. x=(y==1)　　C. i=float(x)　　D. i%(-3)

20. 设 double 型变量 a,b,c,e 均有值,对代数式(3ae)/(bc)的表示,不正确的C语言表达式是(　　)。

A. a/b/c*e*3　　B. 3*a*e/b/c　　C. 3*a*e/b*c　　D. a*e/c/b*3

## 二、填空题

1. 设 a 为 short 型变量,描述"a 是奇数"的表达式是________。

2. 若有定义:int a=5,b=2,c=1;则表达式 a-b<c||b==c 的值是________。

3. 已知 char c='A';int i=1;j=0;执行语句 j=! c&&i++后,i 和 j 的值分别是________和________。

4. 若有定义:float x=3.5;int z=8;则表达式 x+z%3/4 的值为________。

5. 若有定义:int a=1,b=2,c=3,d=4,x=5,y=6;则表达式(x=a>b)&&(y=c>d) 的值为________。

6. 若有定义:int a=2,b=3; float x=3.5,y=2.5;则表达式(float)(a+b)/2+(int)x%(int)y 的值是________。

7. 若有定义:int b=7; float a=2.5,c=4.7;则表达式 a+(b/2*(int)(a+c)/2)%4 的值是________。

## 三、程序设计题

1. 已知圆的半径 r=2.5,圆柱的高 h=1.8,求圆周长、圆柱体积。

2. 要将"China"译成密码,译码规律是:用原来字母后面的第4个字母代替原来的字母。例如,字母"A"后面第4个字母是"E",用"E"代替"A"。因此,"China"应译为"Glmre"。请编写程序,用赋初值的方法使 c1、c2、c3、c4、c5 五个变量的值分别为'C'、'h'、'i'、'n'、'a',经过运算,使 c1、c2、c3、c4、c5 分别变为'G'、'l'、'm'、'r'、'e'并输出。

①输入事先已编好的程序,并运行该程序,分析是否符合要求。

②改变 c1、c2、c3、c4、c5 的初值为:'T'、'o'、'd'、'a'、'y',对译码规律做如下补充:"W"用"A"代替,"X"用"B"代替,"Y"用"C"代替,"Z"用"D"代替。修改程序并运行。

③将译码规律修改为:将字母用它前面的第4个字母代替,例如:"E"用"A"代替,"Z"用"V"代替,"D"用"Z"代替,"C"用"Y"代替,"B"用"X"代替,"A"用"W"代替。修改程序并运行。

3. 输入秒数,将它按小时、分钟、秒的形式来输出。例如输入 24680 秒,则输出 6 小时 51 分 20 秒。

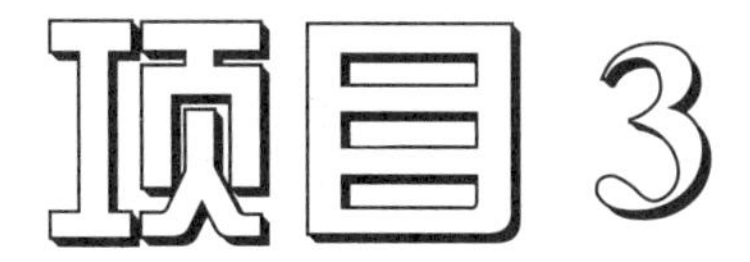

# 输入学生成绩转化为等级

知识目标：

- 了解C语言中的顺序结构。
- 理解选择结构，包括单分支选择结构(if语句)、双分支选择结构(if...else语句)、多分支选择结构(else if语句、if语句的嵌套、switch语句)。
- 理解和应用循环结构，包括while语句、do...while语句、for语句。

技能目标：

通过本项目的学习，要求能熟练掌握C语言的三种控制结构和相关的语句。熟悉各种语句的执行流程，能够在不同情况下灵活选择不同的语句来解决实际问题。掌握基本语句为后续项目做好准备，也为后续面向对象程序设计课程的学习打下基础。

素质目标：

掌握C语言程序设计中顺序结构、选择结构和循环结构的应用，并引导学生树立起精益求精、细致认真的设计理念，了解规矩是人们处理一切事情的基础、人类文化体系的基石。

## 任务　输入学生成绩，判断其合法性并将其转化为等级

**1.问题情景与实现**

(1)问题情景

辅导员张老师在使用小王设计的程序时，发现他还想要对输入后的学生成绩进行合法性的判断并将其转化为等级，故张老师找来小王，说明了需求，小王根据张老师的需求，参考了相关的资料，完善了原来的程序，帮助张老师解决了该问题。

(2)实现

```
/*  功能：成绩的合法性判断和等级转化  */
#include <stdio.h>
void main()
{
```

输入函数 scanf()的使用

```
float yuwen,shuxue,yingyu;
float sum,ave;
char gradeA,gradeB,gradeC;
/*语文成绩的输入及合法性判断和等级的转化*/
while(1)
{
    printf("请输入学生的语文成绩:");
    scanf("%f",&yuwen);
    if(yuwen<0||yuwen>100)
        printf("您输入的成绩不合法,请重新输入\n");
    else
    {
        if(yuwen>=90)
            gradeA='A';
        else if(yuwen>=80)
            gradeA='B';
        else if(yuwen>=70)
            gradeA='C';
        else if(yuwen>=60)
            gradeA='D';
        else
            gradeA='E';
        break;
    }
}
/*数学成绩的输入及合法性判断和等级的转化*/
while(1)
{
    printf("请输入学生的数学成绩:");
    scanf("%f",&shuxue);
    if(shuxue<0|| shuxue >100)
        printf("您输入的成绩不合法,请重新输入\n");
    else
    {
        if(shuxue >=90)
            gradeB='A';
        else if(shuxue >=80)
            gradeB='B';
        else if(shuxue >=70)
            gradeB='C';
        else if(shuxue >=60)
```

```
                gradeB='D';
            else
                gradeB='E';
            break;
        }
    }
    /*英语成绩的输入及合法性判断和等级的转化*/
    while(1)
    {
        printf("请输入学生的英语成绩:");
        scanf("%f",&yingyu);
        if(yingyu<0|| yingyu >100)
            printf("您输入的成绩不合法,请重新输入\n");
        else
        {
            if(yingyu >=90)
                gradeC='A';
            else if(yingyu >=80)
                gradeC='B';
            else if(yingyu >=70)
                gradeC='C';
            else if(yingyu >=60)
                gradeC='D';
            else
                gradeC='E';
            break;
        }
    }
    sum=yuwen+shuxue+yingyu;
    ave=sum/3;
    printf("该生的语文,数学,英语的成绩分别是:\n");
    printf("%f 分\t%f 分\t%f 分\n",yuwen,shuxue,yingyu);
    printf("该生的语文,数学,英语的成绩的等级分别是:\n");
    printf("%c 级\t%c 级\t%c 级\n",gradeA,gradeB,gradeC);
    printf("总分是%f 分\t 平均分是%f 分\n",sum,ave);
}
```

编译、连接、运行程序。程序运行后,屏幕显示:

```
请输入学生的语文成绩:110
您输入的成绩不合法,请重新输入
请输入学生的语文成绩:60.5
请输入学生的数学成绩:70.5
请输入学生的英语成绩:80.5
该生的语文,数学,英语的成绩分别是:
60.500000 分        70.500000 分        80.500000 分
该生的语文,数学,英语的成绩的等级分别是:
D 级        C 级        B 级
总分是 211.500000 分        平均分是 70.500000 分
```

**2. 相关知识**

要完成上面的任务,小王必须熟练掌握 C 程序的三种控制结构和相关的语句,熟悉各种语句的执行流程,且能够在不同情况下灵活选择不同的语句来解决实际问题。

**思政小贴士**

人无规矩则殆,家无规矩则败,国无规矩则衰。立规矩是人们处理一切事情的基础,是人类文化体系的基石。程序设计也一样,有一套语法规则。结构化程序设计的核心思想是“自顶向下、逐步求精”。在现实生活中,我们遇到问题的时候也要采用分而治之的策略,将复杂的问题分解成多个相对简单的小问题,逐个击破,最终解决大问题。

## 3.1 顺序结构引例

在生活中,人们做事一般都是先做什么,再做什么,最后做什么,是按一定顺序进行的。例如炒菜的过程,一般是先洗菜,再切菜,最后下锅炒。这其实与 C 程序结构中的顺序结构是一样的。

现在思考一个 C 程序的例子:a=3,b=5,交换 a,b 的值。

这个问题就好像交换两个杯子中的水,当然要用到第三个杯子,假如第三个杯子是 c,那么正确的程序为 c=a;a=b;b=c;,执行结果是 a=5,b=c=3。如果改变其顺序,写成 a=b;c=a;b=c;,则执行结果就变成 a=b=c=5,不能达到预期的目的,初学者最容易犯这种错误。利用下面一个简单的 C 语言实例再来体会一下顺序结构。

**【例 3.1】** 一个简单的顺序结构 C 程序。

```
/*
    源文件名:Li3_1.c
    功能:从屏幕上依次显示输出文字
*/
#include <stdio.h>
main()
{
    printf("好好学习,\n");
```

```
    printf("天天向上。\n");
}
```

编译、连接、运行程序。程序运行后，屏幕显示：

```
好好学习，
天天向上。
```

运行以上程序，即在屏幕上依次输出“好好学习，”“天天向上。”，为了更好地体验此程序的执行过程，在运行时可用单步执行来观察其流程，这样便会看到：

第一步程序执行第一条 printf 语句，在屏幕上显示“好好学习，”；

第二步程序执行第二条 printf 语句，在屏幕上显示“天天向上。”。

整个程序的执行过程可以用如图 3-1 所示的流程图表示。可以说这就是顺序的执行过程，也是一个顺序的 C 程序结构。

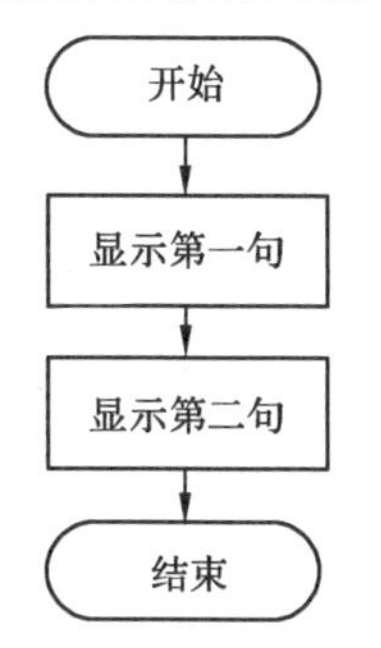


图 3-1 例 3.1 流程图

## 3.2 顺序结构

顺序结构的程序设计是最简单的，只要按照解决问题的顺序写出相应的语句就行，它的执行顺序是自上而下，依次执行。顺序结构可以独立使用，构成一个简单的完整程序，常见的输入、计算、输出三部曲的程序就是顺序结构。

用流程图表示顺序结构如图 3-2 所示。

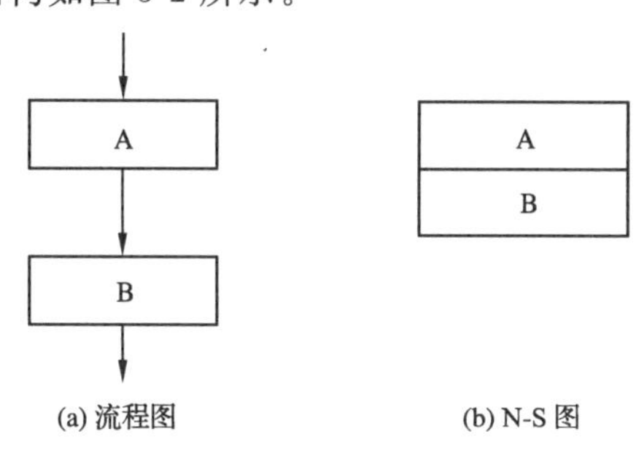


图 3-2 顺序结构流程图

利用顺序结构完成下面的例题：

**【例 3.2】** 由键盘输入圆的半径 R，输出该圆的直径和周长($2\pi R$)，其中 $\pi=3.14159$。

分析：

先从键盘接收半径，但半径是个变量，要先定义后使用，所以在输入前要先定义变量 R，其他所要用到的变量一起先定义，然后输入半径。

接下来利用半径计算直径；利用半径或已求得的直径计算圆的周长。

最后把计算的结果输出。

```
/*
    源文件名：Li3_2.c
    功能：由圆的半径计算圆的直径和周长
*/
#include <stdio.h>
```

```
main()
{
    int R,d;
    float c;
    printf("请输入圆的半径:");
    scanf("%d",&R);
    d=2 * R;
    c=2 * 3.14159 * R;
    printf("d=%d,c=%f\n",d,c);
}
```

编译、连接、运行程序。程序运行后,屏幕显示:

```
请输入圆的半径:3
d=6,c=18.849540
```

此程序的流程通过如图 3-3 所示的流程图可以很好地体现顺序结构。

**【例 3.3】** 鸡兔同笼问题。已知鸡兔总头数为 H,总脚数为 F,求鸡兔各有多少只?

分析:此题若用顺序结构的思想就是先已知用键盘输入的 H、F;根据鸡兔总头数 H 和总脚数 F 推导出鸡的数量 x 和兔的数量 y,即用含有已知数 H、F 的公式表示出 x、y;然后分别计算 x、y;最后输出所求。

利用数学知识列出二元一次方程组:$\begin{cases} x+y=H \\ 2x+4y=F \end{cases}$

推导解得:

$$\begin{cases} x=\frac{1}{2}(4H-F) \\ y=\frac{1}{2}(F-2H) \end{cases}$$

利用这两个公式即可求得 x、y。

图 3-4 所示的流程图很好地描述了此程序的流程。

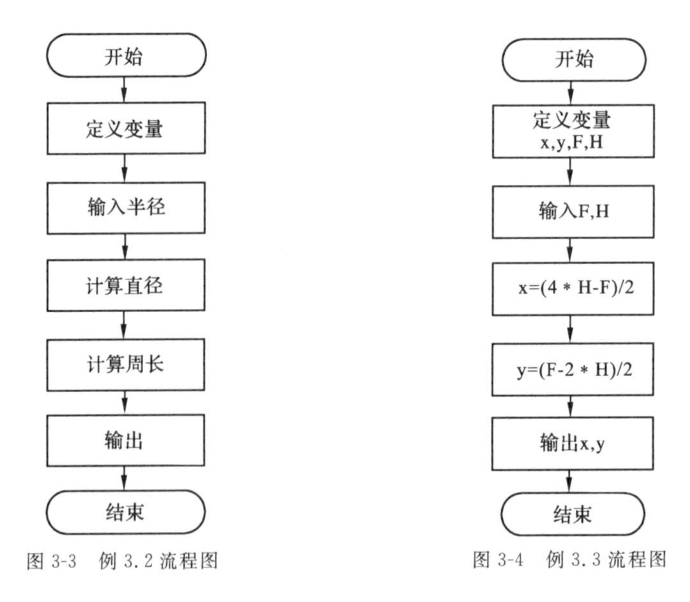


图 3-3 例 3.2 流程图

图 3-4 例 3.3 流程图

```
/*
    源文件名:Li3_3.c
    功能:已知鸡兔总头数为 H,总脚数为 F,求鸡兔各有多少只
*/
#include <stdio.h>
main()
{
    int H,F,x,y;                    /* x为鸡的数量,y为兔的数量 */
    printf("请输入鸡兔的总头数 H,总脚数 F:");
    scanf("%d,%d",&H,&F);
    x=(4*H-F)/2;
    y=(F-2*H)/2;
    printf("笼中有鸡%d只,有兔%d只。\n",x,y);
}
```

编译、连接、运行程序。程序运行后,屏幕显示:

```
请输入鸡兔的总头数 H,总脚数 F:10,30
笼中有鸡 5 只,有兔 5 只。
```

以上程序都只用到了顺序结构,不过大多数情况下顺序结构都是作为程序的一部分,与其他结构一起构成一个复杂的程序,例如分支结构中的复合语句、循环结构中的循环体等。

## 3.3 选择结构引例

在日常生活中,人们一般都是按一定的顺序做事,但经常在此过程中会遇到选择的情况,这时会用到选择的语句。例如"如果今天不上课,我们就去打球;否则我们只能去上课"。还有更多的分支选择情况,例如"如果今天是星期一,我做……;如果今天是星期二,我做……;如果今天是星期三,我做……"等。生活中选择的情况很多,同样,在程序设计中,也经常需要根据不同的情况做出判断,来选择执行不同的操作,例如:

**【例 3.4】** 分段计算电费:

微课

选择结构 if

$$y=f(x)=\begin{cases}0 & x=0\\ 0.5x & 0<x\leqslant 15\\ 0.5*15+(x-15)*0.8 & x>15\end{cases}$$

为了提倡节约用电,对电费的收取分三个收费区间:

(1)当 x=0 时,不收费。

(2)当用电数量不超过 15 度时,按每度 0.5 元收费。

(3)当用电数量超过 15 度时,超过 15 度部分按每度 0.8 元收费,没有超过 15 度部分仍按每度 0.5 元收费。

这时就出现了选择情况,要用到分支选择结构,用流程图表示,如图 3-5 所示。

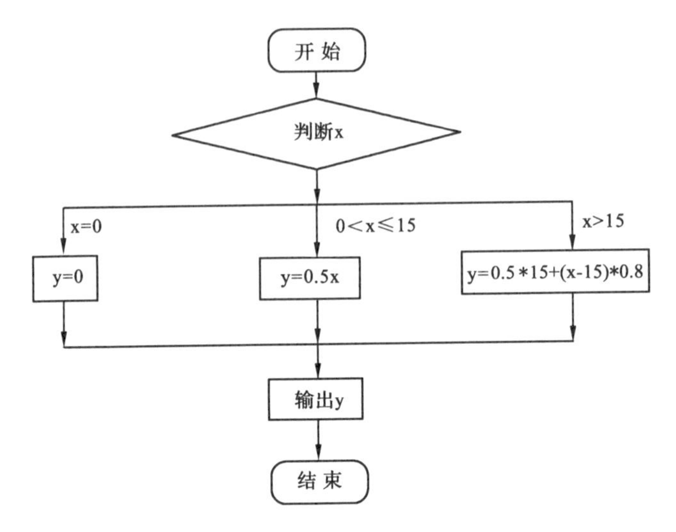


图 3-5 例 3.4 流程图

# 3.4 选择结构

通过选择结构的引例,我们对选择结构有了初步的了解。选择结构可以按分支数的不同分为单分支选择结构、双分支选择结构和多分支选择结构,C 语言提供了 if 语句和 switch 语句来实现这些分支结构。单分支选择结构用简单的 if 语句就可以实现,双分支选择结构可以用 if...else 语句实现,多分支选择结构可以用 switch 语句、else if 语句或嵌套的 if 语句实现。其中 if 语句有三种形式(简单的 if 语句,if...else 语句、else if 语句),可以嵌套使用,也可以组合成任意分支的选择结构。switch 语句又叫开关选择语句,多用于多分支选择结构。

## 3.4.1 单分支选择结构

单分支选择结构就是根据给定的条件来判断选择是否要执行下面的操作。用简单的 if 语句即可实现单分支选择结构。

if 语句的一般格式:

if(表达式)

  语句;

其执行的过程可用流程图直观地表示出来,如图 3-6 所示。

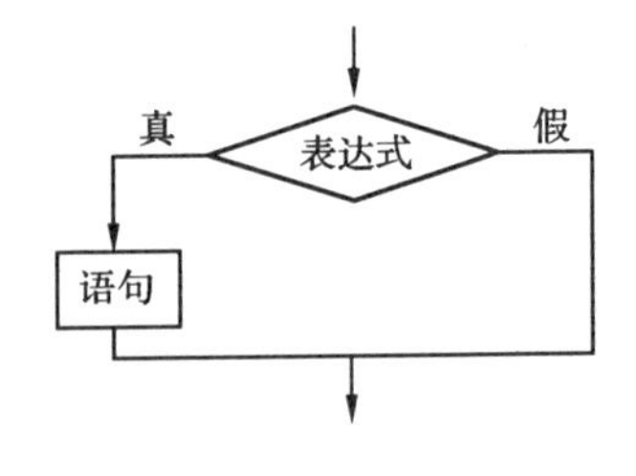


图 3-6 单分支选择结构流程图

说明:

(1)if 是 C 语言的关键字,它表示 if 语句的开始,即可理解为英语单词“如果”。

(2)小括号中的表达式为指定的所要判断的条件,条件均为逻辑表达式或关系表达式,也可以是任意的数值类型。注意:小括号不能省略且后面没有分号。

以下三条语句都合法:

①if(3) printf("O. K. \n");

②if('q') printf("%d\n",'a');

③if(3<x && x<=5)

    printf("3<x<=5\n");

(3)语句可以是单语句,也可以是复合语句。注意:在复合语句的"{}"外不需再加分号。

**【例 3.5】** 从键盘输入一个整数,输出该数的绝对值。

分析:

先从键盘接收一个整数,这个整数可能是正数,可能是负数,也可能是 0。

针对不同的数做出不同的执行动作,正数的绝对值是它本身,负数的绝对值是它的相反数,0 的绝对值是它本身。综合起来只有是负数的时候才需要改变,其他数的绝对值就是其本身,不需要改变,所以选用单分支选择结构即可满足要求。

用流程图表示如图 3-7 所示。

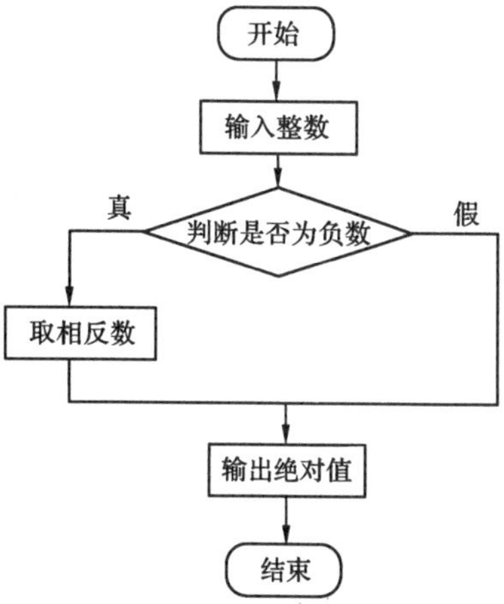

图 3-7 例 3.5 流程图

```
/*
    源文件名:Li3_5.c
    功能:从键盘输入一个整数,输出该数的绝对值
*/
#include <stdio.h>
main()
{
    int shu;
    printf("请输入一个整数:\n");
    scanf("%d",&shu);
    if(shu<0)
        shu=-shu;
    printf("该数的绝对值为: %d。\n",shu);
}
```

编译、连接、运行程序。程序运行后,屏幕显示:

```
请输入一个整数:-8
该数的绝对值为:8。
```

## 3.4.2 双分支选择结构

双分支选择结构就是根据所给定的条件来判断选择要执行下面两个分支中的哪一个分支语句。用 if 与 else 构成的 if...else 语句结构可以实现双分支选择结构。

if...else 语句一般格式:

```
if(表达式)
    语句 1;
else
    语句 2;
```

其执行的过程可用流程图直观地表示出来,如图 3-8 所示。

说明:

(1)if 和 else 都是 C 语言的关键字,它表示 if 语句的开始,即可理解为英语单词“如果……否则……”。

(2)if 后小括号中的表达式为指定的所要判断的条件,要求条件与简单的 if 语句相同。注意:else 后没有小括号,即没有条件,其条件相当于默认为与 if 小括号中条件相反的所有条件。

(3)语句 1 和语句 2 都可以是单语句,也可以是复合语句。若是一条语句不用加“{}”,若为多条语句组成一定要加“{}”。else 不能单独使用,必须与 if 一起构成 if...else 结构。

**【例 3.6】** 输入任意两个不相等的数,将较大的数输出。

分析:

比较任意两个不相等的数会有两种情况:若 x>y,输出 x;若 x<y,输出 y。

算法:

(1)定义变量。

(2)给变量赋初值。

(3)比较 x、y,若 x>y,输出大数 x。

(4)否则(说明 y 大)输出 y。

用流程图表示如图 3-9 所示。

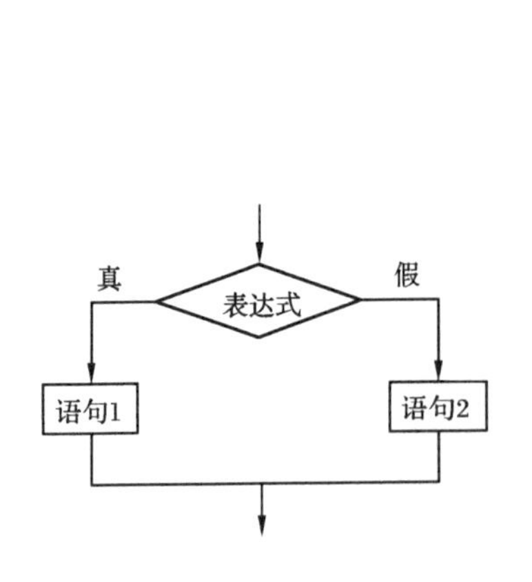


图 3-8 双分支选择结构流程图

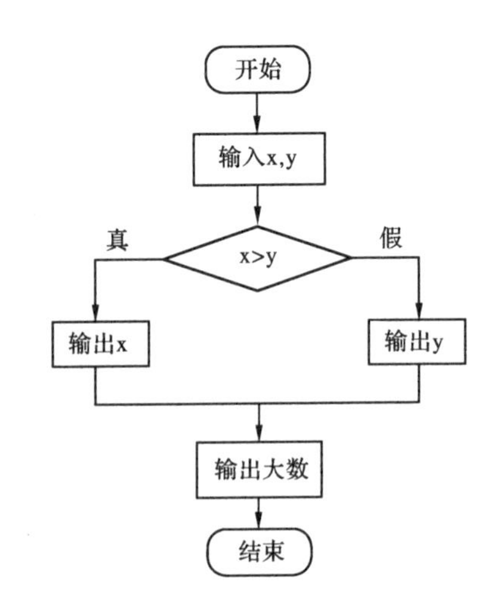


图 3-9 例 3.6 流程图

```
/*
    源文件名:Li3_6.c
    功能:输入任意两个不相等的数,将较大的数输出
*/
#include <stdio.h>
main()
{
    int x,y;
    printf("\n 请输入两个整数:");
    scanf("%d%d",&x,&y);
    if(x > y)
        printf(" \nx= %d 较大\n",x);
    else
        printf(" \ny= %d 较大\n",y);
}
```

编译、连接、运行程序。程序运行后,屏幕显示:

```
请输入两个整数:8  9
y=9 较大
```

此题可能出现两种情况,所以用 if...else 的组合语句即可解决问题。其中 if 的条件是 x>y,即如果 x>y 的情况;else 即否则,表示除 if 条件之外的全部条件(含 x<y 和 x==y)。本题已知是两个不相等的数,即不存在 x==y 的情况,所以 else 的条件就相当于x<y,选出的 y 为大数。

### 3.4.3 多分支选择结构

在实际应用中,不仅有单分支和双分支的选择情况,很多时候会出现多分支的选择问题。多分支选择结构即根据所给定的条件来判断选择要执行下面多个分支中的哪一个分支语句。

多分支选择结构有多种形式。具体实现方法可用以下语句:else if 语句、嵌套的 if...else 语句、switch 语句,下面我们分别加以介绍。

**1. else if 语句**

此语句是 if...else if...else 语句的组合,中间的 else if 语句可以用多个,以满足多分支选择结构的要求。

else if 语句的一般格式:

```
if(表达式 1)语句 1;
else if(表达式 2)语句 2;
……
else if(表达式 n-1)语句 n-1;
else 语句 n;
```

执行过程如图 3-10 所示。

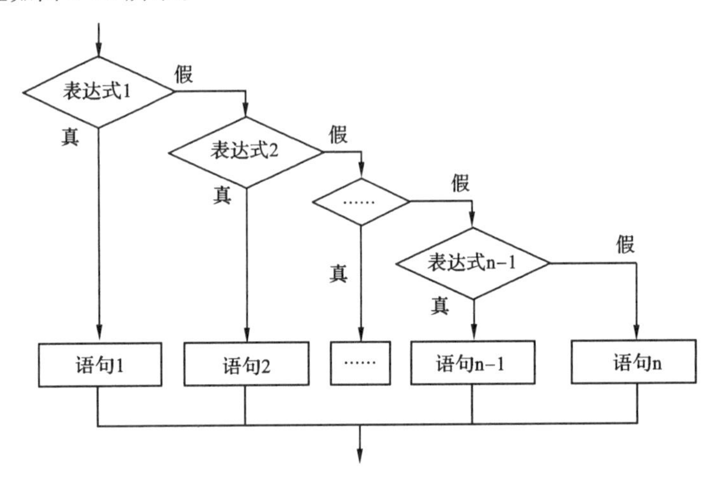


图 3-10　多分支选择结构流程图

**【例 3.7】** 体型判断。按公式计算：体指数 t=体重 w /(身高 h)$^2$(w 单位为公斤，h 单位为米)。

按“体指数”对肥胖程度进行划分：

- ◆ 当 t<18 时，为低体重；
- ◆ 当 t 介于 18 和 25 之间时，为正常体重；
- ◆ 当 t 介于 25 和 27 之间时，为超重体重；
- ◆ 当 t >=27 时，为肥胖。

分析：编程从键盘输入身高 h 和体重 w，根据给定公式计算体指数 t，然后判断体重属于何种类型。用多分支选择语句即可实现。

```
/*
    源文件名：Li3_7.c
    功能：体型判断。按公式计算：体指数 t=体重 w/(身高 h)²
*/
#include <stdio.h>
main()
{
    float t,w,h;
    printf("请输入您的体重 kg 和身高 m:");
    scanf("%f %f",&w,&h);
    t=w / h / h;
    if(t<18)
        printf("请注意身体，您的体重偏低");
    else if(t<25)
        printf("恭喜您，您的体重正常");
    else if(t<27)
      printf("抱歉，您有些偏重");
```

```
    else
        printf("很抱歉,您处于肥胖状态");
}
```

编译、连接、运行程序。程序运行后,屏幕显示:

```
请输入您的体重 kg 和身高 m:50  1.65
恭喜您,您的体重正常
```

**2. if 语句的嵌套**

在 if 语句中又包含有一个或多个 if 语句,称为 if 语句的嵌套。嵌套的 if 语句可以是简单的分语句,也可以是 if... else 语句,还可以是 if... else if... else 语句。嵌套完可能成为很复杂的结构。

例如:

```
if(a>0)
    if(b>0)
      printf("%d,%d\n",a,b);
```

如果 a,b 都是正数,则输出 a,b。

例如:

```
if(a>0)
    if(b>0)
      printf("%d,%d\n",a,b);
    else
      printf("%d\n",a);
else
    if(b>0)
      printf("%d\n",b);
    else
      printf("\n");
```

输出 a,b 中的正数。

说明:

(1)嵌套不允许交叉。

(2)else 与 if 必须成对出现,且 else 总是与最近的一个未配对的 if 配对。

例:阅读以下两程序,对比结果。

(a)

```
main()
{
    int a=2,b=1,c=2;
    if(a)
        if(b<0) c=0;
        else c++;
    printf("%d\n",c);
}
```

程序运行结果:

3

(b)

```
main()
{
    int a=2,b=1,c=2;
    if(a)
        { if(b<0) c=0; }
    else c++;
    printf("%d\n",c);
}
```

程序运行结果:

2

(3)为避免错误可用“{}”将内嵌结构括起来,以确定 if 与 else 的配对关系属内嵌范围。

**【例 3.8】** 输入任意三个整数,找出其中最大的整数。

分析:

从键盘接收三个整数 a,b,c;

先比较其中两个数,若 a≥b,则再拿较大的数 a 和第三个数 c 相比较,得出最大数;否则拿另一个较大的数 b 和第三个数 c 相比较,从 b,c 中找出较大的数。

具体算法流程图如图 3-11 所示。

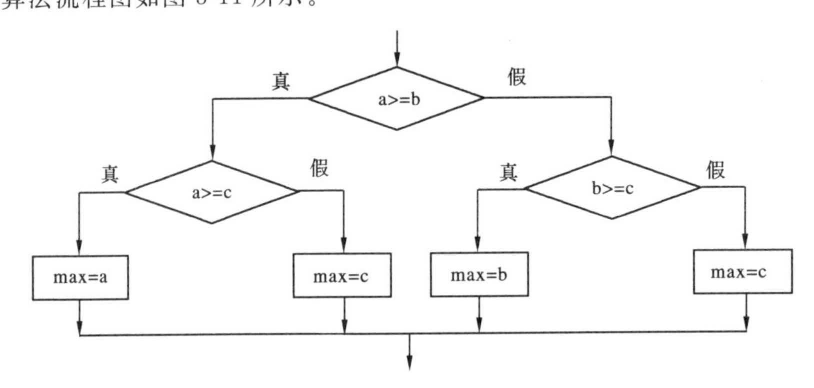


图 3-11 例 3.8 流程图

```
/*
    源文件名:Li3_8.c
    功能:输入任意三个整数,找出其中最大的整数
*/
#include <stdio.h>
main()
{
    int a,b,c,max;
    printf("请输入三个整数:");
    scanf("%d%d%d",&a,&b,&c);
    if(a>=b)
        if(a>=c) max=a;
        else max=c;
    else
        if(b>=c) max=b;
        else max=c;
    printf("\n最大数为:%d\n",max);
}
```

编译、连接、运行程序。程序运行后,屏幕显示:

```
请输入三个整数:3 4 5
最大数为:5
```

**3. switch 语句**

用 if 或 if... else 或它们的嵌套可使程序实现多路分支，但容易使可读性变差，并容易破坏结构，采用 switch 语句表达多分支选择结构可以避免这一问题。

多分支选择结构 switch

switch 语句一般格式：

```
switch(表达式)
{    case 常量表达式 1:语句组 1;[break;]
     case 常量表达式 2:语句组 2;[break;]
     ……
     case 常量表达式 n-1:语句组 n-1;[break;]
     [default:语句组 n;[break;]]
}
```

执行过程：

(1)计算表达式的值。

(2)判断：表达式的值与常量表达式的值是否相等。

(3)执行：

若表达式==常量表达式，则执行该 case 后面的语句；

若表达式!=常量表达式，则执行 default 后面的语句；

若程序中没有 default 部分，则将不执行 switch 语句中的任何语句。

(4)两种结束方式：遇 break 语句跳出结束；没有 break 语句时继续执行直到遇到“}”结束。注：break 语句用于跳出其所在的 switch 结构，后面会详细介绍此语句。

switch 语句执行的流程图如图 3-12 所示。

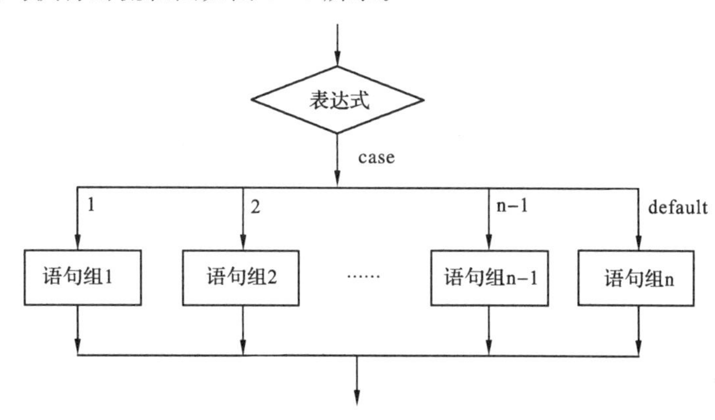


图 3-12 switch 语句执行的流程图

说明：

(1)switch 后小括号内的表达式要求是整型或字符型的；

(2)各 case 的常量表达式的值不能相同；

(3)default 放在语句的最后是一个好的习惯；

(4)case 中的 break 语句是根据程序的需要选用的；

(5)多个 case 可共用一组执行语句。

【例 3.9】 计算 y 的值。

$$y=\begin{cases}0 & (0\leqslant x<1)\\ 3x+5 & (1\leqslant x<2)\\ 2\sin(x)-1 & (2\leqslant x<3)\\ \ln(1+x^2) & (3\leqslant x<4)\\ \lg(x^2-2x)+5 & (4\leqslant x<5)\end{cases}$$

```
/*
    源文件名:Li3_9.c
    功能:计算分段函数的值
 */
#include "math.h"
main()
{
    float x,y;
    int m;
    printf("请输入 0~5 的数:");
    scanf("%f",&x);
    m=floor(x);
    switch(m)
    {
      case 0 :  y=0; break;
      case 1 : y=3*x+5; break;
      case 2 : y=2*sin(x)-1; break;
      case 3 : y=log(1+x*x); break;
      case 4 : y=log10(x*x-2*x)+5; break;
      default : printf("数据输入错误 ! \n");
    }
    printf("y=%.2f\n",y);
}
```

编译、连接、运行程序。程序运行后,屏幕显示:

```
请输入 0~5 的数:4
y=5.90
```

【例 3.10】 假设自动售货机出售 4 种商品:薯片(crisps)、爆米花(popcorn)、巧克力(chocolate)和可乐(cola),售价分别是每份 3.0、2.5、4.0 和 3.5 元。在屏幕上显示以下菜单,用户可以连续查询商品的价格,当查询次数超过 5 次时,自动退出查询;不到 5 次时，用户可以选择退出。当用户输入编号1～4，显示相应商品的价格；输入0，退出查询；输入其他编号，显示价格为0。

[1]Select crisps

[2]Select popcorn

[3]Select chocolate

[4]Select cola

[0]Exit

```
/*
    源文件名:Li3_10.c
    功能:输出选择项
*/
#include "math.h"
#include <stdio.h>
int main(void)
{
    int choice,i; double price;
    for(i=1; i<=5; i++) {
        printf("[1] Select crisps \n");
        printf("[2] Select popcorn \n");
        printf("[3] Select chocolate \n");
        printf("[4] Select cola \n");
        printf("[0] Exit \n");
        printf("Enter choice: ");
        scanf("%d",&choice);
        if(choice==0) break;
        switch(choice)
        {
            case 1: price=3.0; break;
            case 2: price=2.5; break;
            case 3: price=4.0; break;
            case 4: price=3.5; break;
            default: price=0; break;
        }
        printf("price=%0.1f\n",price);
    }
    printf("Thanks \n");
}
```

编译、连接、运行程序。程序运行后，屏幕显示：

```
[1]Select crisps
[2]Select popcorn
[3]Select chocolate
[4]Select cola
[0]Exit
Enter choice: 1
price=3.0
[1]Select crisps
[2]Select popcorn
[3]Select chocolate
[4]Select cola
[0]Exit
Enter choice: 7
price=0
[1]Select crisps
[2]Select popcorn
[3]Select chocolate
[4]Select cola
[0]Exit
Enter choice: 0
Thanks
```

以上在菜单中对多个选项进行选择用 switch 语句，是它典型的应用。除此之外，在很多程序中只要遇到多分支选择时，都可以用到 switch 语句。例如在综合实训的学籍管理系统中，当通过选择不同的选项让系统进入不同操作时的控制就可以用 switch 语句完成，例如：

```
switch(sel)
{
    case 1:Add(l);break; /* 增加学生 */
    case 2:Del(l);break;/* 删除学生 */
    case 3:Qur(l);break;/* 查询学生 */
    case 4:Modify(l);break;/* 修改学生 */
    case 5:Save(l);break;/* 保存学生 */
    case 6:Sort(l);break; /* 排序学生 */
    case 7:Tongji(l);break; /* 统计学生 */
    case 8: Disp(l);break; /* 输出学生 */
    case 9:printf("\t\t\t==========帮助信息==========\n");break;
    default: Wrong();getchar();break;
}
```

以上的分支结构在一些大的系统（例如“学籍管理系统”）中会经常用到，一旦遇到分支选择情况，应立刻联想到用 if 语句、switch 语句等灵活解决实际问题。

# 3.5　循环结构引例

在解决实际问题时，经常会遇到循环控制的结构，先看下面的例子。

**【例 3.11】** 求 1＋2＋……＋100。

分析：

求和的过程为：设变量 s 为所求的和，最开始 s0＝0，之后加和 100 次。

| | |
|---|---|
| (1)s＝0＋1 | s1＝s0＋1 |
| (2)s＝1＋2 | s2＝s1＋2 |
| (3)s＝1＋2＋3 | s3＝s2＋3 |
| …… | …… |
| (100)s＝1＋2＋……＋100 | s100＝s99＋100 |

认真观察加数的变化规律，不难发现加数从 1 变化到 100，第一个加数是 1，后一个加数比前一个加数增加 1，最后一个加数是 100。实际运算中可以通过多个步骤来完成。首先计算前两个加数的和；其次用求得的和与第三个数相加，计算出前三个加数的和；之后使用求得的和与第四个加数相加，计算出前四个数的和；如此进行下去，直到计算出前 100 个加数的和。

从上面的分析看出，这个问题可以通过多次加法运算完成，并且加数的变化是有规律的。因此可以使用循环结构的程序解决这个问题。具体算法为：

先计算 0 和 1 的和，并把结果存放在 s 中；再把 s 中的数与 2 相加，结果仍然放在 s 中(可以用 s＝s＋2 实现)；再把 s 中的数与 3 相加，结果仍放在 s 中(可以用 s＝s＋3 实现)；如此进行下去，一直计算出这 100 个加数的和为止。如果变量 s 的初始值为 0，就可以把计算累加和的操作也放在上面的循环结构中，使用 s＝s＋i 计算累加和，循环结束时它存放的就是前 100 个自然数的和。可总结为：

(1)求和表达式为：s＝s＋i，即这是每次重复的动作。

(2)循环从加 1 开始，加到 100 结束。

(3)循环变量 i：1～100。

用流程图可以很好地体现出此算法，如图 3-13 所示。

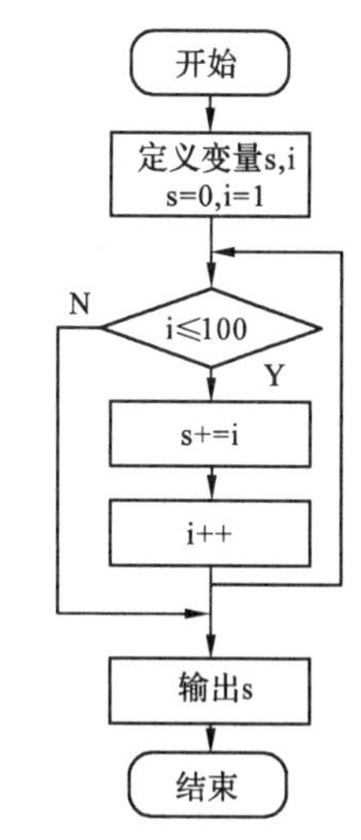


图 3-13　例 3.11 流程图

# 3.6　循环结构

循环结构也称重复结构，即反复执行程序中的一组指令或程序段。对计算机程序而言，循环必须具备两个重要因素：

(1)在一定的条件下，重复执行一组指令；

(2)必然出现不满足条件的情况，使循环终止。

被反复执行的程序段称为循环体。用来控制循环是否继续进行的变量称为循环变量。计算机程序有两种循环方式：

(1)计算器控制的循环，含当型循环(while/for)和直到型循环(do... while)；

(2)标记控制的循环(if与goto语句构成的循环结构)。

本节详细讲述while、do... while和for三种循环控制语句及它们之间的区别和联系，还有程序跳转语句break、continue的相关内容等。

## 3.6.1 while语句

循环结构while

while语句的一般形式：

while(表达式)

　　循环体语句；

执行过程：若表达式(条件)的值为真，则执行内嵌的循环体语句，再判断表达式(条件)……当表达式的值为假时，跳出while循环，继续执行while后面的语句。执行过程如图3-14所示。

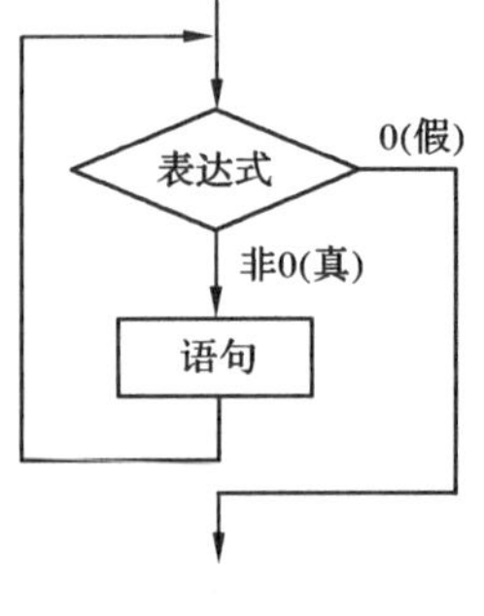


图3-14　当型循环

特点：先判断表达式，后执行循环体。

说明：

(1)while语句属当型循环，即先判断表达式(条件)，再执行循环体。循环体可为任意类型语句，循环体有可能一次也不执行(条件一开始就不成立)。

(2)表达式为循环条件，用于控制循环是否可继续执行，故称控制表达式。

(3)循环体语句为内嵌式语句，是循环结构的循环体。它可以是单语句也可以是复合语句，且该语句中必须包含有对循环条件进行修改的语句。

(4)无限循环：while(1)

　　　　　　　循环体；

(5)下列情况，退出while循环：

①条件表达式不成立(为0)；

②循环体内遇break，return，goto语句时。

**【例3.12】** 用while语句实现引例中的案例，求1+2+……+100。

分析：

本题流程如图3-13所示，确定其循环初值是1，循环终值是100，循环条件是i≤100，循环体是s=s+i和i++。

```
/*
    源文件名:Li3_12.c
    功能:用while语句实现求1+2+……+100
*/
#include <stdio.h>
main()
```

```
{
    int i,s=0;
    i=1;
    while(i<=100)
    {
      s=s+i;
      i++;
    }
    printf("%d",s);
}
```

编译、连接、运行程序。程序运行后,屏幕显示:

```
5050
```

注意:

(1)如果循环体中包含一个以上的语句,应该用"{}"括起来,以复合语句的形式出现。如果不加大括号,则 while 语句的范围只到 while 后的第一个分号处。

(2)在循环体中应该有使循环趋向结束的语句,否则会导致死循环。

如上例中的语句改写成如下形式:

```
i=1;
while(i<=100)
    s+=i;
i++;
```

则 while 语句的循环体语句为"s+=i;",循环变量 i 的值没有改变,循环不能终止,陷入死循环。

## 3.6.2　do...while 语句

循环结构 do...while

一般形式:

```
do
    循环体语句;
while(表达式);
```

执行过程:执行内嵌循环体语句,再判断小括号中的表达式(条件),若为真,则继续执行内嵌循环体语句,再判断表达式(条件)……直到表达式的值为假时,跳出循环,执行 do...while 后面的语句。执行流程如图 3-15 所示。

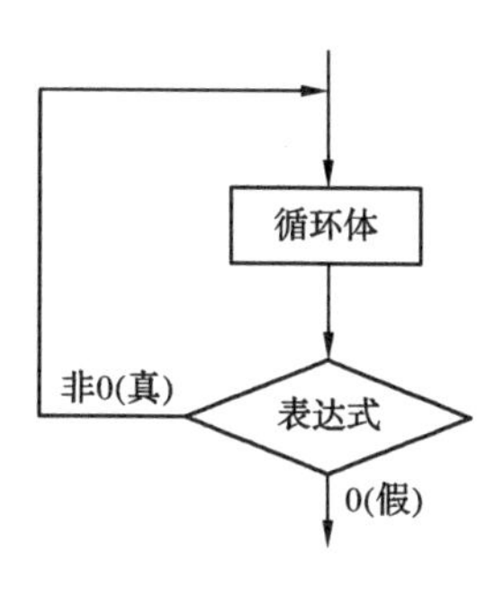


图 3-15　直到型循环

特点:先执行循环体,后判断表达式。

说明:

(1)至少执行一次循环体。

(2)do...while 可转化成 while 结构,如图 3-16 所示。

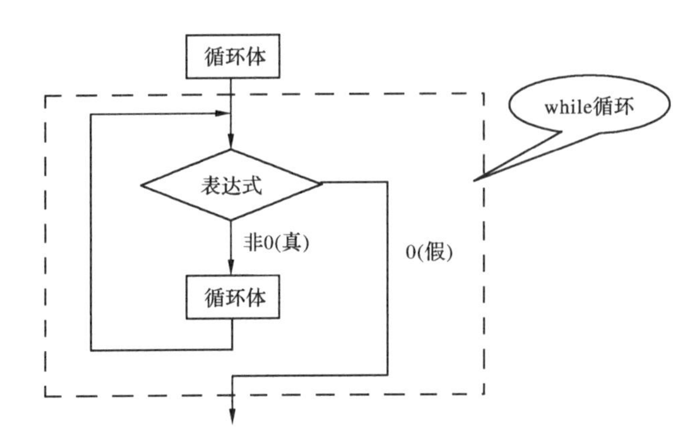


图 3-16 do...while 语句的另一种循环表示

**【例 3.13】** 用 do...while 语句实现引例中的案例,求 1+2+……+100。

```
/*
    源文件名:Li3_13.c
    功能:用 do...while 语句求 1+2+……+100
*/
#include <stdio.h>
main()
{
    int i,sum=0;
    i=1;
    do
    {    sum+=i;
         i++;
    } while(i<=100);
    printf("%d",sum);
}
```

编译、连接、运行程序。程序运行后,屏幕显示:

```
5050
```

(3)与 while 语句的不同:do...while 语句至少执行一次循环体,但 while 语句可以一次也不执行循环体(当开始条件就不成立时)。

**【例 3.14】** 对比 while 与 do...while 的区别。

```
#include<stdio.h>
main()
{
  int i=65;
  while(i<'A')
    { putchar(i);
      i++; }
}
```

程序运行结果:无输出

```
#include<stdio.h>
main()
{
  int i=65;
  do{putchar(i);
     i++;
  }while(i<'A');
}
```

程序运行结果:A

根据 do... while 语句先执行后判断的特点，它有个典型应用就是用于验证密码，其特点是无论密码是否正确都允许先输入一个密码，然后再判断正确与否。因此大家在编程过程中一旦遇到先执行一个操作之后才判断的情况应联想到 do... while 语句。

## 3.6.3　for 语句

循环结构 for

一般形式：

```
for(表达式 1;表达式 2;表达式 3)
    语句;
```

各部分的作用：

表达式 1：给循环变量赋初值，指定循环的起点。

表达式 2：给出循环的条件，决定循环的继续或结束。

表达式 3：设置循环的步长，改变循环变量的值，从而改变表达式 2 的真假性。

语句：循环体。

执行过程如图 3-17 所示。执行流程：

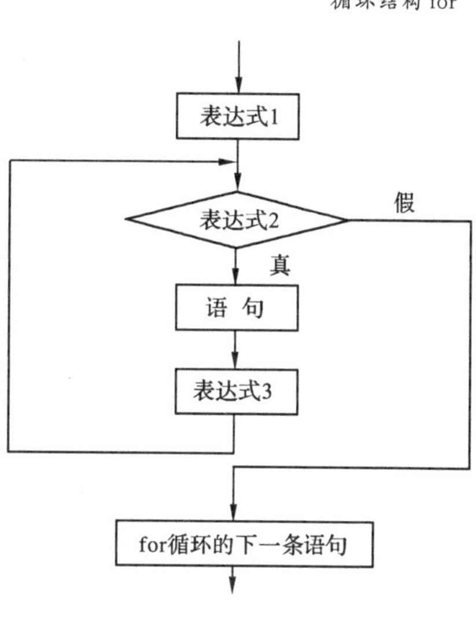

图 3-17　for 语句流程图

(1)计算表达式 1 的值。

(2)判断表达式 2，若表达式 2 的值为真，则执行循环体，转第(3)步；若表达式 2 的值为假，则跳出循环体继续执行 for 循环之后的语句。

(3)计算表达式 3。

(4)转到第(2)步继续执行。

说明：

(1)for 语句中表达式 1、表达式 2、表达式 3 类型任意，都可省略，但分号“;”不可省。

(2)无限循环：for(;;)。

(3)for 语句可以转换成 while 结构。

```
表达式 1;
while(表达式 2)
{
    循环体语句;
    表达式 3;
}
```

(4)for 语句的表达方式灵活多样，总结列举出以下七种特例：

①可以省略初始化表达式 1，但须保留分号且要在 for 之前给循环变量赋值。

如：

```
i=a; j=b;
for(; i<=j; i++)
    sum=sum+i;
```

②增量表达式 3 亦可省略,但在循环体中必须有语句来修改循环变量,使之能够正常循环结束。如:

```
for(i=1; i<100;)
{sum=sum+i; i++;}                    /* 在循环体内修改循环变量,循环可以正常终止 */
```

③条件表达式 2 一般不可省略,否则为无限循环,循环体内应设法结束循环。如:

```
for(i=0; ;i++)
{   s+=a[i];
    if(i>=10) break;
}                                    /* 用 break 语句跳出循环 */
```

④若同时省略初始表达式和增量表达式,则相当于 while 语句。如:

```
i=1;
for(;i<100;)                         /* 循环语句前给循环变量赋初值 */
{ sum=sum+i; i++;}                   /* 循环体内修改循环变量 */
```

相当于:

```
i=1;
while(i<100)
{ sum=sum+i; i++;}
```

⑤三个表达式均省略,即 for(;;)语句相当于 while(1)语句,为无限循环。如:

```
i=1;
for(;;)
{sum=sum+i;i++;}
```

相当于:

```
i=1;
while(1)
{ sum=sum+i;i++; }                   /* 该循环是死循环 */
```

⑥初始表达式、循环表达式可以是逗号表达式,以在修改循环变量时可以对其他变量赋值。如:

```
for(sum=0,i=1; i<=100; i++,i++)
```

相当于:

```
sum=0;
for(i=1; i<=100; i=i+2)
```

⑦循环体可以为空。如:

```
for(i=0;(c=getchar())!='\n'; i+=c); /* 此句合法,后面的分号表示循环体为空语句 */
```

**【例 3.15】** 用 for 语句求 1+2+……+100。

算法:抽取具有共性的算式:sum=sum+i。sum 初值为 0,该算式重复 100 次,i 从 1 变到 100。

设 i 为循环变量,则:

指定循环起点的表达式 1:i=1

给出循环条件的表达式 2:i≤100

设置循环步长的表达式 3:i++

循环体语句:sum=sum+i;

```
/*
    源文件名:Li3_15.c
    功能:用 for 语句求 1+2+……+100
*/
#include <stdio.h>
main()
{
    int i,sum;
    sum=0;                              /* 置累加和 sum 的初值为 0 */
    for(i=1; i<=100; i++)               /* 循环重复 100 次 */
        sum=sum+i;                      /* 反复累加 */
    printf("sum=%d\n",sum);             /* 输出累加和 */
}
```

编译、连接、运行程序。程序运行后,屏幕显示:

```
sum=5050
```

三种循环的比较:

(1)三种循环可以相互转换。

(2)for、while 循环属当型循环,do... while 循环属直到型循环。

(3)使用场合:三种循环都可以用来处理同一问题,一般情况下可以互相代替。

①for 循环一般用于具有明确循环次数的情况。

②while 和 do... while 循环常用在事先只知道循环控制条件,循环次数要在循环过程中才能确定的情况。

(4)循环初始条件:while、do... while 循环在循环前指定;for 循环一般在"表达式 1"中指定。

(5)循环条件:while、do... while 循环在 while 后面指定;for 循环在"表达式 2"中指定。

(6)判断循环条件的时机:while、for 循环先判断循环条件,后执行;do... while 循环先执行,后判断循环条件。

(7)在 for 循环的循环体中无须对循环变量进行修改,其他两种循环则必须在循环体中对循环变量进行修改。

### 3.6.4 循环语句的嵌套

循环结构和选择结构一样,也可以嵌套使用,也允许多层嵌套。一个循环体内又包含另一个完整的循环结构,称为循环的嵌套,内嵌的循环中还可以嵌套循环,即多层循环。例如 while 语句中包含 for 语句,for 语句中包含 for 语句或其他循环语句等。

不仅循环结构之间可以嵌套,循环结构和选择结构之间也可以嵌套使用,既可以在循环结构中嵌套选择结构,也可以在选择结构中嵌套循环结构。例如:for 语句中嵌套 if 语句,if 语句中嵌套 while 语句。

嵌套的原则:

①不允许交叉,循环与分支可以相互嵌套但不允许交叉。

②三种循环可互相嵌套,层数不限。

循环的嵌套

③外层循环可包含两个以上内循环，但不能相互交叉。

**【例 3.16】** 输出九九乘法表。

1＊1=1

1＊2=2　2＊2=4

1＊3=3　2＊3=6　3＊3=9

……

1＊9=9　2＊9=18　……　9＊9=81

算法分析：九九乘法表中的每一个式子都涉及被乘数和乘数两个数，其中被乘数和乘数很有规律，都是从 1 变到 9，可以用两条 for 循环语句分别控制被乘数和乘数，并且使两条 for 循环语句嵌套，这样被乘数是 1 时，乘数从 1 变到 9，被乘数是 2 时乘数再从 1 变到 9……这样就会输出九九乘法表。

流程图如图 3-18 所示。

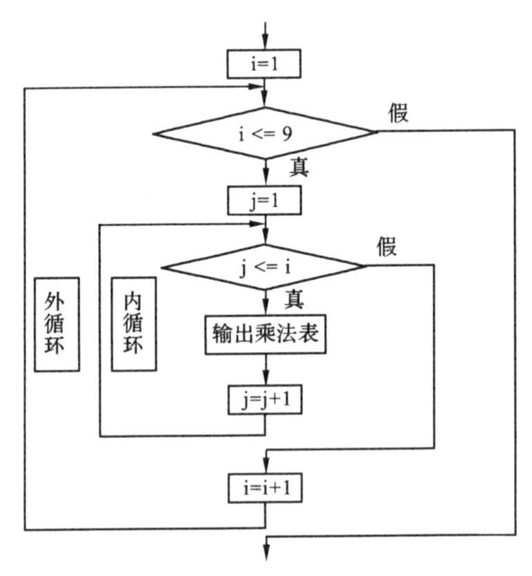


图 3-18　例 3.16 流程图

```
/*
    源文件名：Li3_16.c
    功能：用 for 循环语句嵌套输出九九乘法表
*/
#include <stdio.h>
main()
{
    int i,j;
    for(i=1; i<=9; i++)
    {
        for(j=1; j<=i; j++)
            printf("%d*%d=%2d ",j,i,i*j);
        printf("\n");
    }
}
```

编译、连接、运行程序。程序运行后，屏幕显示：

```
1*1=1
1*2=2  2*2=4
1*3=3  2*3=6  3*3=9
……
1*9=9  2*9=18  ……  9*9=81
```

## 3.6.5 break 语句和 continue 语句

为了使循环控制更加灵活，C 语言提供了 break 语句和 continue 语句。

**1. break 语句**

在学习 switch 语句时就接触到了 break 语句，它可以使程序跳出所在的 switch 结构。如果 break 语句用在循环结构中，可以跳出其所在的循环结构。

格式：break；

功能：循环体中遇见 break 语句，立即结束循环，跳到循环体外，执行循环结构后面的语句。

break 语句在各结构中的执行情况用流程图表示如图 3-19～图 3-22 所示。

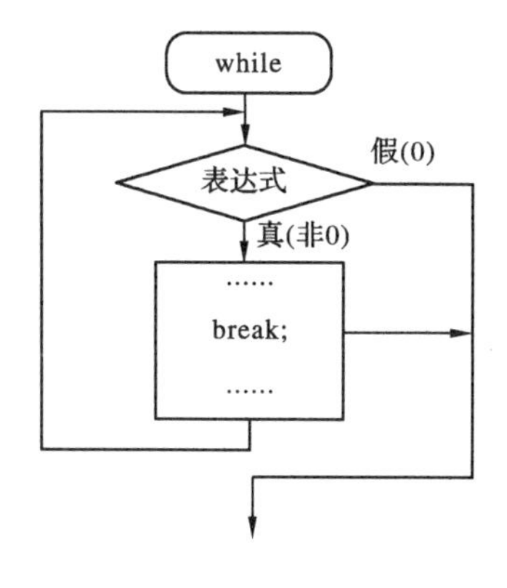


图 3-19　在 while 语句中的流程图

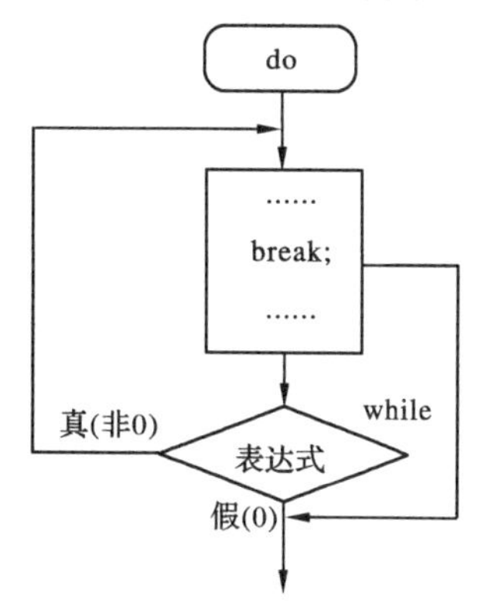


图 3-20　在 do... while 语句中的流程图

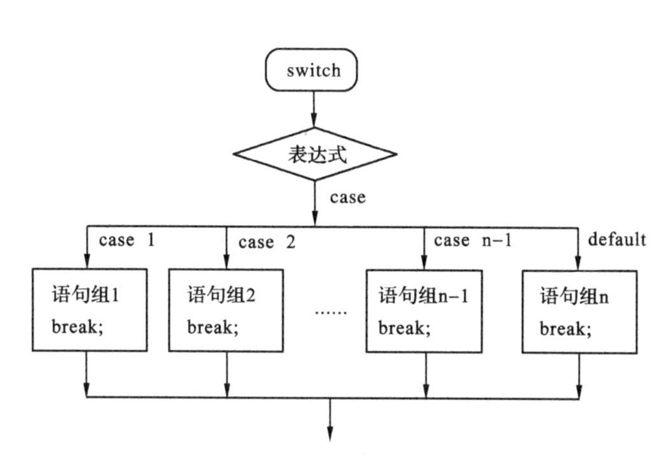


图 3-21　在 switch 语句中的流程图

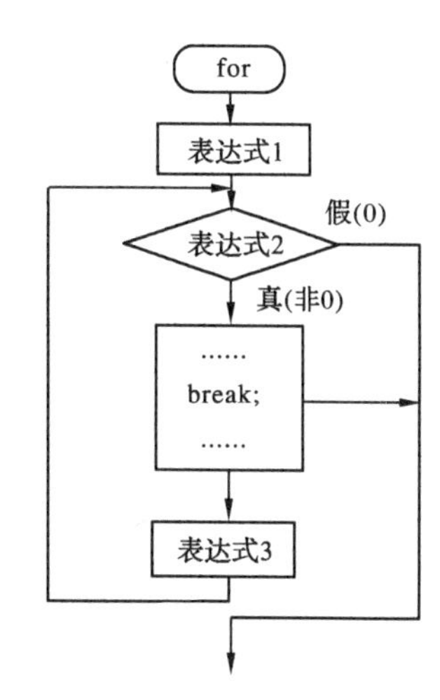


图 3-22　在 for 语句中的流程图

【语句说明】

(1)break 语句只能用在 switch 语句和循环语句中。

(2)break 只能跳出一层循环(或者一层 switch 语句结构)。

**【例 3.17】** 输出圆半径在 10 以内自然数的圆的面积,面积大于 100 时停止。

```
/*
    源文件名:Li3_17.c
    功能:输出圆半径在 10 以内自然数的圆的面积,面积大于 100 时停止
*/
#include <stdio.h>
#define PI 3.14159
main()
{
    int r;
    float area;
    for(r=1;r<=10;r++)
    {
        area=PI*r*r;
        if(area>100)
            break;
        printf("r=%d,area=%.2f\n",r,area);
    }
}
```

编译、连接、运行程序。程序运行后,屏幕显示:

```
r=1,area=3.14
r=2,area=12.57
r=3,area=28.27
r=4,area=50.27
r=5,area=78.54
```

**2. continue 语句**

一般情况下,流程进入循环体以后,程序在进行下一次循环条件测试之前将执行循环体内的所有语句,但如果需要在本次循环正常结束之前提前结束本次循环,这时就可以用 continue 语句。

格式:continue;

功能:结束本次循环,使程序回到循环条件,判断是否进入下一次循环。

continue 语句在各结构中的执行情况用流程图表示如图 3-23～图 3-25 所示。

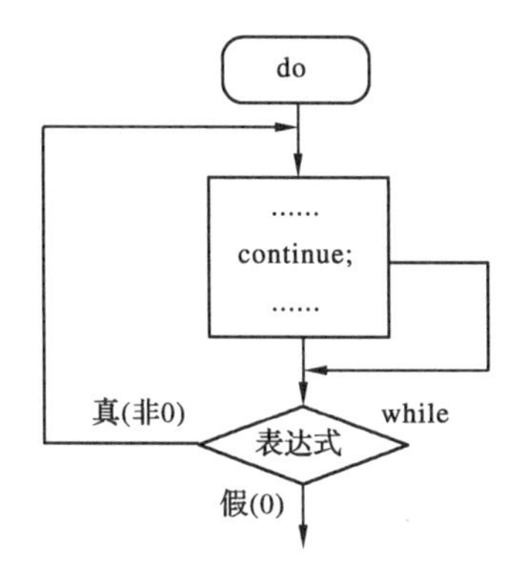


图 3-23　在 do...while 语句中的流程图

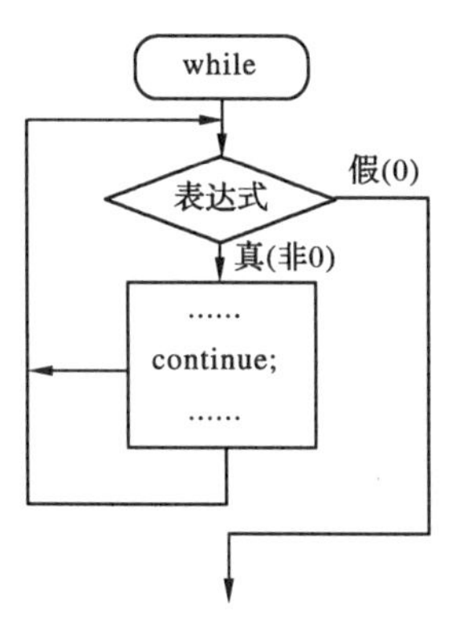


图 3-24　在 while 语句中的流程图

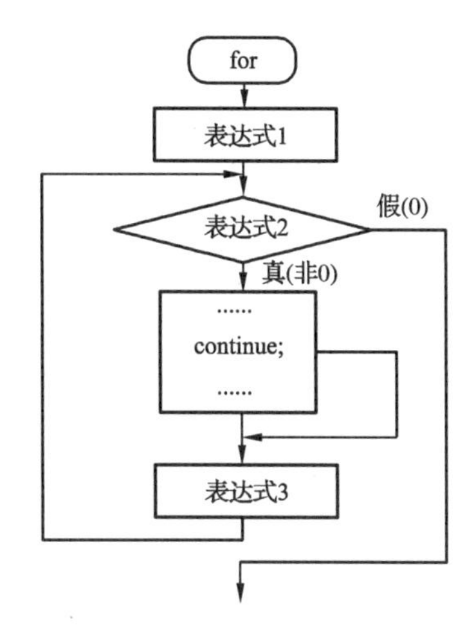


图 3-25　在 for 语句中的流程图

说明：continue 语句只用于循环结构的内部，常与 if 语句联合起来使用，以便在满足条件时提前结束本次循环。

**【例 3.18】**　求输入的 10 个整数中正数的个数及其平均值。

```
/*
    源文件名：Li3_18.c
    功能：求输入的 10 个整数中正数的个数及其平均值
*/
#include <stdio.h>
main()
{
    int i,num=0,a;
    float sum=0;
    for(i=0;i<10;i++)
    {
        scanf("%d",&a);
        if(a<=0) continue;
        num++;
```

```
        sum+=a;
    }
    printf("%d plus integer's sum :%6.0f\n",num,sum);
    printf("Mean value:%6.2f\n",sum/num);
}
```

编译、连接、运行程序。程序运行后,屏幕显示:

```
34 45 67 -8 -9 23 -78 -45 37 -90
5 plus integer's sum:206
Mean value:41.20
```

除以上两个跳转语句外,对流程的转移控制语句还有:

(1)goto语句:无条件转移语句。goto语句不符合结构化程序设计原则,一般不主张使用。

一般形式:

goto 语句标号;

……

语句标号:……

或

语句标号:……

……

goto 语句标号;

作用:

①与if语句构成循环结构。

②从循环体中强制退出。

(2)return语句:函数返回语句,多用于函数调用。

(3)标准库函数exit()。

①exit(0)正常终止,exit(非0)非正常终止。

②作用是终止整个程序的执行,强制返回操作系统。

③调用该函数需要嵌入头文件stdio.h。

**思政小贴士**

循环的本质是重复执行某些相同代码的程序,将程序员从大量重复编写相同代码的工作中解放出来,提高了程序编写的工作效率,还减少了程序源代码的存储空间,提高了程序的质量。遇到问题时,不要退缩,要做坚强的人。人生的终极循环:艰难的日子造就坚强的人,坚强的人造就轻松的日子,轻松的日子造就软弱的人,软弱的人造就艰难的日子。

## 3.7 实例解析

**【例3.19】** 输入一个整数,判断该数是奇数还是偶数。

```
/*
    源文件名:Li3_19.c
```

```
    功能:输入一个整数,判断该数是奇数还是偶数
*/
#include <stdio.h>
int main()
{
    int number;
    printf("Enter a number: ");
    scanf("%d", &number);
    if(number % 2==0){
        printf("The number is even. \n");
    }
    else{
        printf("The number is odd. \n");
    }
    return 0;
}
```

编译、连接、运行程序。程序运行后,屏幕显示:

```
Enter a number:1028
The number is even.
Enter a number:329
The number is odd.
```

**【例 3.20】** 求解简单表达式:输入一个形式如"操作数 运算符 操作数"的四则运算表达式,输出运算结果。

```
/*
    源文件名:Li3_20.c
    功能:求解简单的四则运算表达式
*/
#include <stdio.h>
int main(void)
{
    double value1, value2;
    char operator;
    printf("Type in an expression: ");          /* 提示输入一个表达式 */
    scanf("%lf%c%lf", &value1, &operator, &value2);
    switch(operator){
        case '+':
            printf("%.2f\n", value1+value2);
            break;
        case '-':
            printf("%.2f\n", value1-value2);
            break;
        case '*':
```

```
            printf("%.2f\n",value1 * value2);
            break;
        case '/':
            printf("%.2f\n",value1/value2);
            break;
        default:
            printf("Unknown operator\n");
            break;
    }
    return 0;
}
```

编译、连接、运行程序。程序运行后，屏幕显示：

```
Type in an expression:3.1+4.8
7.90
Type in an expression:7\9
Unknown operator
```

**【例 3.21】** 求 1000 以内的水仙花数，即这个数等于它的百位、十位和个位数的立方和。例如 153 是一个水仙花数，因为 $153=1^3+5^3+3^3$。

算法：用循环结构在 1000 以内的数中查找，每查一个数都分别求出这个数的个位、十位、百位，然后判断其是否满足条件（数字等于它百位、十位、个位的立方和），若满足则此数即水仙花数，如此循环查找下去直到找完 1000 个数为止。

分别用三种循环语句编写该程序。

程序一：用 while 语句实现。

```
/*
    源文件名:Li3_21_1.c
    功能:用 while 语句实现求 1000 以内的水仙花数
*/
#include <stdio.h>
main()
{
    int n=100,i,j,k;                    /* i、j、k 用来放这个数的百位、十位和个位 */
    printf("水仙花数是:");
    while(n<1000)
    {
        i=n/100;
        j=(n/10)%10;
        k=n%10;
        if(n==i*i*i+j*j*j+k*k*k)
            printf("%6d",n);
        n=n+1;
    }
```

```
}
```

程序二:用 do...while 语句实现。

```
/*
    源文件名:Li3_21_2.c
    功能:用 do...while 语句实现求 1000 以内的水仙花数
*/
#include <stdio.h>
main()
{
    int n=100,i,j,k;
    printf("水仙花数是:");
    do {
        i=n/100;
        j=(n/10)%10;
        k=n%10;
        if(n==i*i*i+j*j*j+k*k*k)
            printf("%6d",n);
        n=n+1;
    }while(n<1000);
}
```

程序三:用 for 语句实现。

```
/*
    源文件名:Li3_21_3.c
    功能:用 for 语句实现求 1000 以内的水仙花数
*/
#include <stdio.h>
main()
{
    int n,i,j,k;
    printf("水仙花数是:");
    for(n=100;n<1000;n++)
    {
        i=n/100;
        j=(n/10)%10;
        k=n%10;
        if(n==i*i*i+j*j*j+k*k*k)
            printf("%6d",n);
    }
}
```

以上三种循环程序运行后,屏幕显示的结果一样,都为:

```
水仙花数是:153   370   371   407
```

# 3.8 结构化程序设计方法与综合实训

**【例 3.22】** 输出 3～100 中的所有素数。

分析：

(1)对于某个数 n,如果从 2 到 n－1 都不能被 n 整除,则该数为素数。此处,除数 2 到 n 可以用一个 for 语句来表示：

for(i=2;i<=n-1;i=i+1)

(2)对于 3～100 的数,可以表示如下：

for(n=3;n<=100;n=n+1)

程序：

```
/*
    源文件名:Li3_22.c
    功能:输出 3～100 中的所有素数
*/
#include <stdio.h>
main()
{
    int n,i;
    for(n=3;n<=100;n=n+1)
    {
        for(i=2;i<=n-1;i=i+1)
            if(n%i==0) break;
        if(i>=n) printf("%d\t",n);
    }
}
```

编译、连接、运行程序。程序运行后,屏幕显示：

```
3   5   7   11   13   17   19   23   29   31
37   41   43   47   53   59   61   67   71   73
79   83   89   97
```

**【例 3.23】** 输出如下图形：

```
    *
   * * *
  * * * * *
 * * * * * * *
* * * * * * * * *
```

分析:共有 5 行,外循环变量 i:1～5

第一行输出 4 个空格,1 个星号

第二行输出 3 个空格,3 个星号

第三行输出 2 个空格,5 个星号

……

第五行输出 0 个空格,9 个星号

空格用循环变量 j 控制,j=5－i,星号用循环变量 k 控制,k=2i－1。

程序:

```
/*
    源文件名:Li3_23.c
    功能:输出图形
*/
#include <stdio.h>
main()
{
    int i,j,k;
    for(i=1;i<=5;i++)
    {   for(j=1;j<=5-i;j++) printf(" ");
        for(k=1;k<=2*i-1;k++) printf("*");
        printf("\n");
    }
}
```

**【例 3.24】** 输入 10 个字符,统计其中英文字母、数字字符和其他字符的个数。

```
/*
    源文件名:Li3_24.c
    功能:输入 10 个字符,统计其中英文字母、数字字符和其他字符的个数
*/
#include <stdio.h>
int main(void)
{
    int digit,i,letter,other;                /* 定义 3 个变量分别存放统计结果 */
    char ch;                                 /* 定义 1 个字符变量 ch */
    digit=letter=other=0;                    /* 置存放统计结果的 3 个变量的初值为 0 */
    printf("Enter 10 characters: ");         /* 输入提示 */
    for(i=1; i<=10; i++){                    /* 循环执行了 10 次 */
        ch=getchar();                        /* 从键盘输入一个字符,赋值给变量 ch */
        if((ch >='a' && ch<='z') ||(ch >='A' && ch<='Z'))
            letter++;                        /* 如果 ch 是英文字母,累加 letter */
        else if(ch >='0' && ch<='9')
            digit++;                         /* 如果 ch 是数字字符,累加 digit */
        else
            other++;                         /* ch 是除字母、数字字符以外的其他字符,累
                                                加 other */
    }
```

```
    printf("letter=%d,digit=%d,other=%d\n",letter,digit,other);
    return 0;
}
```

编译、连接、运行程序。程序运行后，屏幕显示：

```
Enter 10 characters：Reold 123?
letter=5,digit=3,other=2
```

**【例 3.25】** 输入某年某月某日，判断这一天是这一年的第几天。

(1)程序分析：以 3 月 5 日为例，应该先把前两个月的天数加起来，然后再加上 5 天，即本年的第几天，特殊情况，闰年且输入月份大于 2 时需考虑多加一天。

(2)程序源代码：

```
/*
    源文件名：Li 3_25.c
    功能：输入某年某月某日，判断这一天是这一年的第几天
*/
#include <stdio.h>
int main(void)
{
    int day,month,year,sum,leap;
    printf("\nplease input year,month,day\n");
    scanf("%d,%d,%d",&year,&month,&day);
    switch(month) /* 先计算某月以前月份的总天数 */
    {
        case 1: sum=0; break;
        case 2: sum=31; break;
        case 3: sum=59; break;
        case 4: sum=90; break;
        case 5: sum=120; break;
        case 6: sum=151; break;
        case 7: sum=181; break;
        case 8: sum=212; break;
        case 9: sum=243; break;
        case 10: sum=273; break;
        case 11: sum=304; break;
        case 12: sum=334; break;
        default: printf("data error");break;
    }
    sum=sum+day; /* 再加上某天的天数 */
    if(year==0 ||(year % 4==0 && year % 100 !=0)) /* 判断是不是闰年 */
        leap=1;
    else
        leap=0;
```

```
    if(leap==1 &&month > 2) /* 如果是闰年且月份大于2,总天数应该加一天 */
        sum;
    printf("It is the %dth day.",sum);
}
```

编译、连接、运行程序。程序运行后,屏幕显示:

```
please input year,month,day
2008,5,17
It is the 137th day.
```

## 小　　结

本项目主要讲述了结构化程序设计提供的三种基本结构:顺序结构、分支选择结构和循环结构。C语言提供了十分完善的结构化流程控制结构,采用结构化程序设计能够设计出容易理解、测试、调试和修改的程序。正确使用这些结构将有助于设计出高度结构化的程序。利用这三种基本结构可以组合出复杂的程序设计。

在执行顺序结构时,程序的执行顺序就是语句的书写顺序。尽管一个C语言程序可以包含多种结构,但从主体上讲,都是顺序结构。由main()的第一行开始执行语句,顺序执行到main()的函数体的最后一行语句,也就是说,main()的函数体是一个顺序结构。

选择结构由三种语句格式实现:if、if... else(if... else if... else)和switch语句。特点是:程序的流程由多路分支组成,在程序的一次执行过程中,根据不同的情况,只有一条支路被选中执行,而其他分支上的语句被直接跳过。

循环结构同样由三种语句实现:while、do... while、for语句。特点是:当满足某个条件时,程序中的某个部分需要重复执行多次。

一个程序通常不是仅由一种结构实现,而是对三种结构的综合应用,这三种结构之间通过某种形式的连接,完成一个复杂的程序设计。

**思政小贴士**

程序的调试,需要有足够的细心与耐心,要不怕挫折、不畏困难、坚韧不拔,要发扬注重细节、精益求精的工匠精神。程序也好,人也罢,存在问题隐患并不可怕,关键是能否有效地去预防潜在的问题,并在问题出现的时候,可以有效地进行解决,降低损失。

## 实验　结构化程序设计

### 实验一　顺序结构程序设计

**一、实验目的**

熟悉顺序结构的程序设计方法。

**二、实验内容**

1. 分析、修改、运行程序,分析结果。

(1)输入程序。

```
1  #include <stdio.h>
2  void main()
3  {
4      int a,b;
5      float d,e;
6      char c1,c2;
7      double f,g;
8      long m,n;
9      unsigned int p,q;
10     a=61; b=62;
11     c1='a'; c2='b';
12     d=3.56; e=-6.87;
13     f=3157.890121; g=0.123456789;
14     m=50000; n=-60000;
15     p=32768; q=40000;
16     printf("a=%d,b=%d\nc1=%c,c2=%c\nd=%6.2f,e=%6.2f\n",a,b,c1,c2,d,e);
17     printf("f=%15.6f,g=%15.12f\nm=%ld,n=%ld\np=%u,q=%u\n",f,g,m,n,p,q);
18 }
```

(2)运行此程序并分析结果。

(3)在此基础上,修改程序的第10～15行:

```
a=61;b=62;
c1='a'; c2='b';
f=3157.890121; g=0.123456789;
d=f; e=g;
p=a=m=50000; q=b=n=-60000;
```

(4)运行程序,分析结果。

改用scanf函数输入数据而不用赋值语句,scanf函数如下:

```
scanf("%d,%d,%c,%c,%f,%f,%lf,%lf,%ld,%ld,%u,%u",&a,&b,&c1,&c2,&d,&e,
&f,&g,&m,&n,&p,&q);
```

输入的数据如下:

<u>61,62,a,b,3.56,-6.87,3157.890121,0.123456789,50000,-60000,32768,40000</u>

(说明:lf和ld格式符分别用于输入double型和long型数据)

分析运行结果。

(5)在(4)的基础上将printf语句改为:

```
printf("a=%d,b=%d\nc1=%c,c2=%c\nd=%15.6f,e=%15.12f\n",a,b,c1,c2,d,e);
printf("f=%f,g=%f\nm=%d,n=%d\np=%d,q=%d\n",f,g,m,n,p,q);
```

运行程序,分析结果。

(6)将p、q改用%o格式符输出。

(7)将scanf函数中的%lf和%ld改为%f与%d,运行程序并分析结果。

2.要求编写程序,题目为:

(1)设圆半径r=1.5,圆柱高h=3,求圆周长、圆面积、圆球表面积、圆球体积、圆柱体积。用 scanf 输入数据，输入计算结果。输出时要有文字说明，取小数点后两位数字。

(2)编程序，用 getchar 函数读入两个字符给 c1、c2，然后分别用 putchar 函数和 printf 函数输出这两个字符。

上机运行程序，比较用 printf 和 putchar 函数输出字符的特点。

## 实验二 选择结构程序设计

### 一、实验目的

1. 了解 C 语言表示逻辑量的方法(以 0 代表“假”，以非 0 代表“真”)。

2. 熟练掌握 if 语句和 switch 语句。

3. 结合程序掌握一些简单的算法。

### 二、实验内容

本实验要求事先编好解决下面问题的程序，然后上机输入程序并调试运行程序。

1. 有一个函数：

$$y=\begin{cases} x & (x<1) \\ 2x-1 & (1\leqslant x<10) \\ 3x-11 & (x\geqslant 10) \end{cases}$$

用 scanf 函数输入 x 的值，求 y 值。

运行程序，输入 x 的值(分别为 $x<1$、$1\leqslant x<10$、$x\geqslant 10$ 三种情况)，检查输出的 y 值是否正确。

2. 给出一个百分制成绩，要求输出成绩等级 A、B、C、D、E。90 分以上为 A，80～89 分为 B，70～79 分为 C，60～69 分为 D，60 分以下为 E。

(1)事先编好程序，要求分别用 if 语句和 switch 语句实现。运行程序，并检查结果是否正确。

(2)再运行一次程序，输入分数为负值(如－70)，这时显然是输入时出错，不应给出等级。修改程序，使之能正确处理任何数据。当输入数据大于 100 或小于 0 时，通知用户“输入数据错”，程序结束。

3. 给出一个不多于 5 位的正整数，要求：

(1)求出它是几位数。

(2)分别打印出每一位数字。

(3)逆序打印出各位数字，例如原数为 321，应输出 123。

应准备以下测试数据：

- 要处理的数为 1 位正整数。
- 要处理的数为 2 位正整数。
- 要处理的数为 3 位正整数。
- 要处理的数为 4 位正整数。
- 要处理的数为 5 位正整数。

除此之外，程序还应当对不合法的输入做必要的处理。例如：

- 输入负数。
- 输入的数超过 5 位(如 123456)。

4.输入四个整数，要求按由小到大的顺序输出。得到正确结果后，修改程序使之按由大到小的顺序输出。

5.根据输入的三角形的三边判断是否能组成三角形，若可以则输出它的面积和三角形的类型。

6.现有十二个小球，其中一个球的重量与其他十一个球的重量不相同，但不知道是轻还是重。试用天平称三次，把这个非标准球找出来，并指出它比标准球是轻还是重。要求：

(1)用嵌套的选择结构编写程序。

(2)调试程序时，必须把十二个球或轻或重共24种可能性都找出来。

## 实验三　循环结构程序设计

### 一、实验目的

1.熟悉掌握用while语句、do...while语句和for语句实现循环的方法。

2.掌握在程序设计中用循环的方法实现一些常用算法(如穷举、迭代、递推等)。

### 二、实验内容

编写程序并上机调试运行。

1.输入两个正整数m和n，求它们的最大公约数和最小公倍数。

在运行时，输入的值m>n，观察结果是否正确。

在输入时，使m<n，观察结果是否正确。

修改程序，不论m和n为何值(包括负整数)，都能得到正确结果。

2.输入一行字符，分别统计出其中的英文字母、空格、数字和其他字符的个数。

在得到正确结果后，请修改程序使之能分别统计大小写字母、空格、数字和其他字符的个数。

3.用牛顿迭代法求方程 $2x^3-4x^2+3x-6=0$ 在1.5附近的根。

在得到正确结果后，请修改程序使所设的x初值由1.5改变为100、1000、10000，再运行，观察结果，分析不同的x初值对结果有没有影响及其原因。

修改程序，使之能输出迭代的次数和每次迭代的结果，分析不同的x初值对迭代的次数有无影响。

4.猴子吃桃问题。猴子第一天摘下若干个桃子，当即吃了一半，还不过瘾，又多吃了一个；第二天早上又将剩下的桃子吃掉一半，又多吃了一个；以后每天早上都吃了前一天剩下的一半零一个；到第十天早上想再吃时，见只剩一个桃子了。求第一天共摘了多少桃子。

在得到正确结果后，修改题目，改为猴子每天吃了前一天剩下的一半后，再吃两个。请修改程序，并运行，检查结果是否正确。

# 习　　题

### 一、选择题

1.有如下程序：

```
main()
```

```
{
    int a=2,b=-1,c=2;
    if(a<b)
        if(b<0) c=0;
        else c++;
    printf("%d\n",c);
}
```

该程序的输出结果是(　　)。

A. 0　　B. 1　　C. 2　　D. 3

2. 对 do... while 语句错误的描述是(　　)。

A. 可构成多重循环结构　　B. 循环次数不可能为 0

C. 循环次数可能为 0　　D. 先执行后判断

3. 任何复杂的程序,都是由(　　)构成的。

A. 分支结构、顺序结构、过程结构　　B. 循环结构、分支结构、过程结构

C. 顺序结构、循环结构、分支结构　　D. 循环结构、分支结构

4. 设有 int x,y; 以下语句判断 x 和 y 是否相等,正确的说法是该语句(　　)。

```
if(x=y) printf(" x is equal to y.");
```

A. 语法错　　B. 不能判断 x 和 y 是否相等

C. 编译出错　　D. 能判断 x 和 y 是否相等

5. C 语言中规定,if 语句的嵌套结构中,else 总是(　　)配对。

A. 与最近的 if　　B. 与第一个 if

C. 与按缩进位置相同的 if　　D. 与最近的且尚未配对的 if

6. 以下有关 switch 语句的说法正确的是(　　)。

A. break 语句是语句中必需的一部分

B. 在 switch 语句中可以根据需要使用或不使用 break 语句

C. break 语句在 switch 语句中不可以使用

D. 在 switch 语句中的每一个 case 都要使用 break 语句

7. 当执行以下程序时,(　　)。

```
#include <stdio.h>
void main()
{
    int a;
    while(a=5)
        printf("%d ",a--);
}
```

A. 循环体将执行 5 次　　B. 循环体将执行 0 次

C. 循环体将执行无限次　　D. 系统会死机

8. 以下 if 语句错误的是(　　)。

A. if(x<y) x++; y++; else x--; y--;

B. if(x) x+=y;

C. if(x<y);

D. if(x!=y) scanf("%d",&x); else x++;

9. 以下说法错误的是(　　)。

A. do...while语句与while语句的区别仅是关键词"while"出现的位置不同

B. while语句是先进行循环条件判断,后执行循环体

C. do...while是先执行循环体,后进行循环条件判断

D. while、do...while和for语句的循环体都可以是空语句

**二、填空题**

1. 有程序段:

```
int i=0,a=1;
while(i<9)
{
    i++;
    ++a;
}
```

其中,循环条件是________,循环控制变量是________,循环体是________,修改循环条件的语句是________,该循环条件将执行________次,结束循环时,i的值是________,a的值是________。

2. 有程序段:

```
int i=0,a=1;
for(i=1;i<10;i++)
{
    a++;
}
```

其中,循环条件是________,循环控制变量是________,循环体是________,修改循环条件的语句是________,该循环条件将执行________次,结束循环时,i的值是________,a的值是________。

3. 以下程序的输出结果是____________。

```
#include <stdio.h>
main()
{
    int n=12345,d;
    while(n!=0){ d=n%10; printf("%d",d); n/=10;}
}
```

4. 以下程序判断输入的整数能否被3或7整除,请填空。

```
main()
{
    int x,f=0;
    scanf("%d",&x);
    if __(1)__
        __(2)__
```

```
    if(f==1) printf("YES\n");
    else printf("NO\n");
}
```

## 三、程序阅读题

1. 阅读以下程序，若输入 60，写出程序运行结果。

```
#include <stdio.h>
void main()
{
    int x;
    scanf("%d ",&x);
    if(x>=60)
        printf("pass");
    else
        printf("fail");
}
```

2. 阅读以下程序，若输入 5，写出程序运行结果。

```
#include <stdio.h>
int main()
{
    int i,n;
    double fact;
    scanf("%d",&n);
    fact=1;
    for(i=1;i<=n;i++)
        fact *=i;
    printf("%.0f\n",fact);
}
```

## 四、程序设计题

1. 输入一个整数，输出它的绝对值。
2. 编写程序，统计从键盘输入的一行字符的个数。
3. 编写程序，用穷举法输出 100 以内的素数。
4. 求 1！－2！＋3！－4！＋……＋49！－50！的和。
5. 输入 10 个字符，分别统计出其中空格或回车键、数字和其他字符的个数。

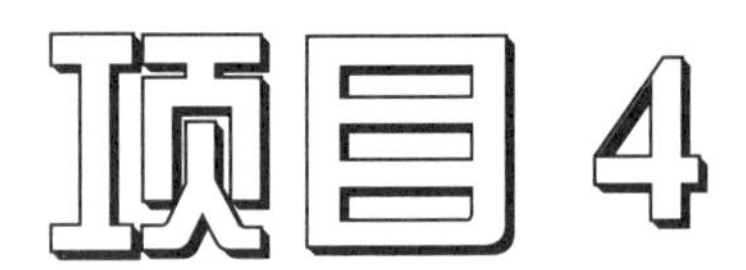

# 学生成绩的分组汇总

知识目标：

- 了解字符数组与字符串。
- 理解和应用一维数组的定义和引用。
- 理解和应用二维数组的定义和引用。

技能目标：

通过本项目的学习，要求能熟练掌握数组的基本概念，熟练掌握一维数组、二维数组和字符数组的定义、赋值，熟练掌握数组的输入和输出方法，掌握字符串和字符数组的不同特点，掌握数组的排序、查询等基本操作方法。学习数组知识为后续项目做好准备，也为后续面向对象语言课程的学习打下基础。

素质目标：

掌握C语言程序设计中各类数组的应用和计算，引导学生善于发现问题，教育学生注重细节和规范，培养精益求精的理念，坚持对技能的全面学习，对每个知识点都能做到专注专心，增强对数据的安全防范意识，德智体美劳全面发展。

## 任务1　求一个小组学生成绩的总分及平均分

### 1. 问题情景与实现

(1)问题情景

辅导员张老师在使用小王设计的程序时，发现他要对一个小组学生成绩的总分及平均分进行计算，故张老师找来小王，说明了需求，小王根据张老师的需求，参考了相关的资料，完善了原来的程序，帮助张老师解决了该问题。

(2)实现

```
/*  功能：一个小组学生成绩的总分及平均分的计算   */
#include <stdio.h>
#define MAX 1000
void main()
```

```
{
    int i;
    float sum=0.0,ave;
    int count;
    int a[MAX];
    printf("请输入小组的人数:");
    scanf("%d",&count);
    printf("请输入小组的学生成绩:");
    for(i=0;i<count;i++)
    {
        scanf("%d",&a[i]);
    }
    for(i=0;i<count;i++)
    {
        sum=sum+a[i];
    }
    ave=sum/count;
    printf("该小组学生成绩的总分是%f 分\t 平均分是%f 分\n",sum,ave);
}
```

编译、连接、运行程序。程序运行后,屏幕显示:

```
请输入小组的人数:10
请输入小组的学生成绩:60 70 80 90 100 90 80 70 60 100
该小组学生成绩的总分是 800.000000 分　　平均分是 80.000000 分
```

**2. 相关知识**

要完成上面的任务,小王必须熟练掌握数组的基本概念,一维数组的定义、赋值,以及数组的输入和输出方法。

## 4.1　数组引例

下面引入一个简单的一维数组的例子,说明数组的定义和使用方法。和变量一样,数组在使用之前也要先定义,但定义的内容要比变量多,不仅要定义数组的类型,还要定义数组的大小和维数。一维数组的输入和输出经常使用循环语句。

**【例 4.1】**　一个简单的 C 程序数组实例。

```
/*
    源文件名:Li4_1.c
    功能:从键盘输入一个不长于 20 个字符的字符串,按与输入顺序相反的次序输出此字符串,
例如输入 dimension,输出 noisnemid
*/
#include <stdio.h>
```

```
void main()
{
    char ch,s[20];int i;                    /* 定义 s 字符数组,它最多可以容纳 20 个字符 */
    printf("输入字符串:");                  /* 打印输出一串字符串 */
    i=0                                     /* i 用于统计字符个数 */
    do
    {
        ch=getchar();                       /* 从键盘上输入字符 */
        if(ch!='\n') s[i++]=ch;             /* 读取的字符存在 s[0],s[1]…… */
    } while(i<20&&ch!='\n');                /* 超过 20 个字符或输入回车结束字符输入 */
    printf("反向顺序:");                    /* 打印输出一串字符串 */
    for(--i; i>=0;--i) putchar(s[i]);       /* 反向输出这些字符 */
    putchar('\n');
}
```

编译、连接、运行程序。程序运行后,屏幕显示:

```
输入字符串:dimension
反向顺序:noisnemid
```

# 4.2 一维数组的定义和引用

数组

## 4.2.1 一维数组的定义

一个班学生的学习成绩或一行文字等这些数据的特点是:

(1)具有相同的数据类型。

(2)使用过程中需要保留原始数据。

C 语言为这些数据提供了一种构造数据类型:数组。所谓数组就是一组具有相同数据类型的数据的有序集合。

**1. 一般定义**

一维数组的定义方法一般为:

类型说明符　数组名[元素个数]

其中类型可以是任何的 C 语言数据类型,例如:char、int、long、float、double 等;数组名与普通变量名一样;数组的每个元素占的字节数就是对应类型占的字节数,显然数组占的总字节数是:元素个数 * sizeof(类型)。

例如:

```
char s[20];                                 /* 定义能存储 20 个字符的数组 */
int n[20];                                  /* 定义能存储 20 个整数的数组 */
float f[20];                                /* 定义能存储 20 个浮点数的数组 */
```

数组定义中常见的错误举例说明如下:

```
float a[0];                          /* 数组大小为 0 没有意义 */
int b(2);                            /* 不能使用小括号 */
int k,a[k];                          /* 不能用变量说明数组大小 */
```

**2. 定义及初始化**

数组在定义时还可以同时为各个单元设置初始值。

微课

一维数组的初始化

(1)定义时给所有元素赋值,例如:

```
char s[5]={'a','b','c','d','e'};
```

定义数组 s[5],并且设置 s[0]='a',s[1]='b',s[2]='c',s[3]='d',s[4]='e'。

(2)定义时给部分元素赋值,例如:

```
char s[5]={ 'a','b'};
```

定义数组 s[5],并且设置 s[0]='a',s[1]='b',s[2]='\0',s[3]='\0',s[4]='\0',即后面没有赋值的元素全部设置为'\0'。

```
int a[5]={1,3};
```

定义数组 a[5],并且设置 a[0]=1,a[1]=3,后面没有赋值的元素全部设置为 0。

(3)定义时给所有的元素赋值,则可以不设置数组的大小,例如:

```
char s[]={'a','b','c','d','e'};
char s[5]={'a','b','c','d','e'};
```

以上两个定义语句是等价的。

## 4.2.2 一维数组的引用

**1. 一维数组元素的引用方式**

数组名[下标]

下标可以是整型常量或整型表达式。例如:a[0]=a[5]+a[7]-a[2*3]。

**2. 一维数组元素引用的程序实例**

**【例 4.2】** 用数组来求解 Fibonacci 数列前 20 项的值。

```
/*
    源文件名:Li4_2.c
    功能:求解 Fibonacci 数列前 20 项的值
*/
#include <stdio.h>
void main()
{
    int i,f[20]={1,1};                   /* 定义 f 数组,第 1 项和第 2 项的值都为 1 */
    for(i=2;i<20;i++)
        f[i]=f[i-2]+f[i-1];              /* 给 f 数组第 3 项到第 20 项赋值 */
    for(i=0;i<20;i++)
    {
        if(i%5==0) printf("\n");         /* 用来控制换行,每行输出 5 个数据 */
        printf("%12d",f[i]);             /* 输出 f 数组的值 */
```

```
    }
}
```

编译、连接、运行程序。程序运行后,屏幕显示:

```
1        1       2       3       5
8       13      21      34      55
89     144     233     377     610
987   1597    2584    4181    6765
```

**【例4.3】** 用随机函数产生10个0~100的整数,按从小到大排序输出。

分析:使数组从小到大排序的规则如下:

(1)设数组为a[0],a[1]……a[n-1],构造i循环从0,1……n-2变化,构造j循环从i+1,i+2……n-1变化,即j>i。

(2)对于任何一个a[i],如果a[i]>a[j],表明前面有一个元素a[i]比它后面的元素a[j]大,a[i]应该在后面,a[j]应该在前面,交换a[i]与a[j]。

(3)对于任何一个a[i],都循环一次j,j循环完成后a[i]必不大于a[i+1]……a[n-1],重复i循环,i循环结束后数组从小到大排序。

```
/*
    源文件名:Li4_3.c
    功能:用随机函数产生10个0~100的整数,按从小到大排序输出
*/
#include <stdio.h>
#include <stdlib.h>
void main()
{
    int a[10],i,j,k;                      /*定义a数组,i,j为循环变量,k为临时变量*/
    for(i=0;i<10;i++)
        a[i]=rand()%100;                  /*给a数组随机赋0~100的整数*/
    printf("排序之前的数据\n");
    for(i=0;i<10;i++)
        printf("%d ",a[i]);               /*输出a数组的值,未排序*/
    putchar('\n');
    for(i=0;i<9;i++)
        for(j=i+1;j<10;j++)
            if(a[i]>a[j])
            { k=a[i]; a[i]=a[j]; a[j]=k; }      /*数组排序*/
    printf("排序后的数据\n");
    for(i=0;i<10;i++)
        printf("%d ",a[i]);               /*输出a数组的值,已排序*/
    putchar('\n');
}
```

编译、连接、运行程序。程序运行后,屏幕显示:

```
排序之前的数据
34  45  26  15  76  84  98  29  67  11
排序后的数据
11  15  26  29  34  45  67  76  84  98
```

# 任务2　求每个小组学生成绩的总分及平均分

**1.问题情景与实现**

(1)问题情景

辅导员张老师在使用小王设计的程序时，发现他要对多个小组学生成绩的总分及平均分进行计算，故张老师找来小王，说明了需求，小王根据张老师的需求，参考了相关的资料，完善了原来的程序，帮助张老师解决了该问题。

(2)实现

```
/*  功能:多个小组学生成绩的总分及平均分的计算   */
#include <stdio.h>
#define MAX 1000
#define M 100
void main()
{
    int i,j;
    float sum[M],ave[M];
    int count;
    int group;
    int a[M][MAX];
    printf("请输入小组的组数:");
    scanf("%d",&group);
    printf("请输入小组的人数:");
    scanf("%d",&count);
    printf("请输入小组的学生成绩:");
    for(i=0;i<group;i++)
    {
        for(j=0;j<count;j++)
        {
            scanf("%d",&a[i][j]);
        }
    }
    for(i=0;i<group;i++)
    {
        sum[i]=0.0;
        for(j=0;j<count;j++)
```

```
        {
            sum[i]=sum[i]+a[i][j];
        }
        ave[i]=sum[i]/count;
    }
    for(i=0;i<group;i++)
        printf("第%d个小组学生成绩的总分是%f分\t平均分是%f分\n",i+1,sum[i],ave[i]);
}
```

编译、连接、运行程序。程序运行后,屏幕显示:

```
请输入小组的组数:3
请输入小组的人数:10
请输入小组的学生成绩:60 70 80 90 100 90 80 70 60 100
                    60 70 80 70 80 70 60 70 60 80
                    60 70 70 80 100 80 70 70 60 90
第1个小组学生成绩的总分是800.000000分    平均分是80.000000分
第2个小组学生成绩的总分是700.000000分    平均分是70.000000分
第3个小组学生成绩的总分是750.000000分    平均分是75.000000分
```

**2. 相关知识**

要完成上面的任务,小王必须熟练掌握数组的基本概念,二维数组的定义、赋值,以及数组的输入和输出方法。

# 4.3 二维数组的定义和引用

微课

二维数组

## 4.3.1 二维数组的定义

二维数组实际上是一维数组的一维数组,即它的每一行都是一个一维数组,定义如下:

类型说明符 数组名[行数][列数];

例如:int a[3][5];

a是一个二维数组,其中a[0]、a[1]、a[2]都是一个一维数组,它们各有5个元素,分别是:

a[0][0]、a[0][1]、a[0][2]、a[0][3]、a[0][4]

a[1][0]、a[1][1]、a[1][2]、a[1][3]、a[1][4]

a[2][0]、a[2][1]、a[2][2]、a[2][3]、a[2][4]

其中a[i][j](i=0、1、2,j=0、1、2、3、4)是一个整数单元,这个数组共有15个整数单元,它们在内存中的分布是先按行排列再按列排列,a[0][0]是第1个元素,a[1][0]是第6个元素……a[2][4]是第15个元素,见表4-1。

表 4-1　　数组示意

| a[0][0] | a[0][1] | a[0][2] | a[0][3] | a[0][4] |
|---|---|---|---|---|
| a[1][0] | a[1][1] | a[1][2] | a[1][3] | a[1][4] |
| a[2][0] | a[2][1] | a[2][2] | a[2][3] | a[2][4] |

二维数组在定义时也可以对各个元素初始化，例如：

```
int a[3][5]={1,2,3,4,5,6,7,8,9,10,11,12,13,14,15};
```

初始化的数据按先排列行再排列列的顺序为每一个元素赋值，赋值的结果见表 4-2。

表 4-2　　数组初始化举例 1

| a[0][0]=1 | a[0][1]=2 | a[0][2]=3 | a[0][3]=4 | a[0][4]=5 |
|---|---|---|---|---|
| a[1][0]=6 | a[1][1]=7 | a[1][2]=8 | a[1][3]=9 | a[1][4]=10 |
| a[2][0]=11 | a[2][1]=12 | a[2][2]=13 | a[2][3]=14 | a[2][4]=15 |

在初始化时如提供的数据不够，则后面的元素自动为 0，例如：

```
int a[3][5]={1,2,3,4,5,6,7,8,9,10,11};
```

赋值的结果见表 4-3。

表 4-3　　数组初始化举例 2

| a[0][0]=1 | a[0][1]=2 | a[0][2]=3 | a[0][3]=4 | a[0][4]=5 |
|---|---|---|---|---|
| a[1][0]=6 | a[1][1]=7 | a[1][2]=8 | a[1][3]=9 | a[1][4]=10 |
| a[2][0]=11 | a[2][1]=0 | a[2][2]=0 | a[2][3]=0 | a[2][4]=0 |

也可以用大括号来划分初始化的值，例如：

```
int a[3][5]={{1,2,3,4,5},{6},{7,8}};
```

其中{1,2,3,4,5}对 a[0]数组赋初值，{6}对 a[1]数组赋初值，{7,8}对 a[2]数组赋初值，赋值的结果见表 4-4。

表 4-4　　数组初始化举例 3

| a[0][0]=1 | a[0][1]=2 | a[0][2]=3 | a[0][3]=4 | a[0][4]=5 |
|---|---|---|---|---|
| a[1][0]=6 | a[1][1]=0 | a[1][2]=0 | a[1][3]=0 | a[1][4]=0 |
| a[2][0]=7 | a[2][1]=8 | a[2][2]=0 | a[2][3]=0 | a[2][4]=0 |

在明确了括号的对数后，数组的第一维可以不写，但第二维不能不写，例如：

```
int a[ ][5]={{1,2,3,4,5},{6},{7,8}};
```

系统也会知道第一维是 3，等价于：

```
int a[3][5]={{1,2,3,4,5},{6},{7,8}};
```

二维数组的数值数组被广泛应用于数学的矩阵计算中，二维数组的字符数组可用来存储一组字符串，例如：

```
char s[3][8]={ "one","two","three"};
```

其中，s[0]、s[1]、s[2]都是一个长度为 8 的一维字符数组，分别存储"one"、"two"、"three"字符串，赋值的结果见表 4-5。

表 4-5 数组初始化举例 4

| | | | | | | | |
|---|---|---|---|---|---|---|---|
| s[0] | 'o' | 'n' | 'e' | '\0' | | | |
| s[1] | 't' | 'w' | 'o' | '\0' | | | |
| s[2] | 't' | 'h' | 'r' | 'e' | 'e' | '\0' | |

## 4.3.2 二维数组的引用

**1. 二维数组元素的表示形式**

数组名[下标][下标]

例如：a[2][3]。

下标可以是整型表达式，如 a[2－1][2＊2－1]。

数组元素可以出现在表达式中，也可以被赋值。

例如：b[1][2]＝a[2][3]/2。

在使用数组元素时，注意下标值应在已定义的数组大小的范围内。

**2. 二维数组元素引用的程序实例**

**【例 4.4】** 将一个二维数组行和列元素互换，存到另一个二维数组中，例如：

```
    1  2  3        1  4
a=4  5  6     b=2  5
                   3  6
```

```
/*
    源文件名:Li4_4.c
    功能:将一个二维数组行和列元素互换,存到另一个二维数组中
*/
#include <stdio.h>
void main()
{
    int a[2][3]={{1,2,3},{4,5,6}};          /*定义a二维数组*/
    int b[3][2],i,j;                        /*定义b二维数组*/
    printf("数组a:\n");
    for(i=0;i<=1;i++)
    {
        for(j=0;j<=2;j++)
        {
            printf("%5d",a[i][j]);          /*输出a二维数组*/
            b[j][i]=a[i][j];                /*a数组行和列元素互换,存到b数组*/
        }
        printf("\n");
    }
    printf("数组b:\n");
```

```
    for(i=0;i<=2;i++)
    {
        for(j=0;j<=1;j++)
        printf("%5d",b[i][j]);          /* 输出 b 二维数组 */
        printf("\n");
    }
}
```

编译、连接、运行程序。程序运行后，屏幕显示：

```
数组 a:
1    2    3
4    5    6
数组 b:
1    4
2    5
3    6
```

**【例 4.5】** 定义一个整数数组 a[5][6]，用随机函数值填写每个单元，找出存放最大值的单元，输出其行号及列号。

```
/*
    源文件名:Li4_5.c
    功能:找出二维数组中最大值的单元,输出其行号及列号
*/
#include <stdio.h>
#include <stdlib.h>
void main()
{
    int a[5][6];                        /* 定义 a 二维数组 */
    int i,j,k,l,max;                    /* 定义 i、j 为循环变量,k、l 为最大值所在的行和
                                           列,max 为最大值 */
    for(i=0;i<5;i++)
        for(j=0;j<6;j++)
            a[i][j]=rand()%100;         /* 给 a 二维数组赋值 */
    max=a[0][0];k=0;l=0;                /* 把 a[0][0]假设为最大值 */
    for(i=0;i<5;i++)
        for(j=0;j<6;j++)
            if(a[i][j]>max)
            { k=i; l=j; max=a[i][j];}   /* 保存最大值及其行号 k 及列号 l */
    printf("数组是\n");
    for(i=0;i<5;i++)
    {
```

```
        for(j=0;j<6;j++)
            printf("%4d",a[i][j]);          /*输出a二维数组的值*/
        printf("\n");
    }
    printf("最大值是a[%d][%d]=%d\n",k,l,max);
}
```

编译、连接、运行程序。程序运行后,屏幕显示:

```
数组是
52    65    2    88    53    52
95    46    65    14    85    41
35    35    27    47    74    14
59    91    26    27    51    59
83    56    12    40    32    49
最大值是a[1][0]=95
```

# 任务3 将小组学生按条件筛选

**1.问题情景与实现**

(1)问题情景

辅导员张老师在使用小王设计的程序时,发现他要对小组学生的英文姓名按照字典的顺序排列输出它们,故张老师找来小王,说明了需求,小王根据张老师的需求,参考了相关的资料,完善了原来的程序,帮助张老师解决了该问题。

(2)实现

```
/*  功能:将小组学生的英文姓名按字典的顺序排列  */
#include <stdio.h>
#include <string.h>
void main()
{
    char names[5][20],tmp[20];          /*定义字符数组names和临时变量tmp*/
    int i,j;
    for(i=0;i<5;i++)
    {
        printf("输入第%d个学生的英文姓名:",i+1);
        gets(names[i]);                 /*从键盘上输入学生的英文姓名*/
    }
    for(i=0;i<4;i++)
        for(j=i+1;j<5;j++)
            if(strcmp(names[i],names[j])>0)
            {
```

```
                strcpy(tmp,names[i]);
                strcpy(names[i],names[j]);
                strcpy(names[i],tmp);        /* 交换 names[i]与 names[j] */
            }
    puts("字典排序的学生英文姓名");
    for(i=0;i<5;i++) puts(names[i]);
}
```

设学生的英文姓名存储在 names[5][20]的字符数组中，排序方法按比较法进行，这里比较的是学生的英文姓名字符串的大小。

编译、连接、运行程序。程序运行后，屏幕显示：

```
输入第 1 个学生的英文姓名:lily
输入第 2 个学生的英文姓名:lucy
输入第 3 个学生的英文姓名:kate
输入第 4 个学生的英文姓名:tom
输入第 5 个学生的英文姓名:tony
字典排序的学生英文姓名
kate
lily
lucy
tom
tony
```

**2. 相关知识**

要完成上面的任务，小王必须熟练掌握数组的基本概念，字符数组的定义、赋值，数组的输入和输出方法，字符串和字符数组的不同特点，以及数组的排序、查询等基本操作方法。

**思政小贴士**

二维数组编程经典案例杨辉三角形是我国南宋数学家杨辉 1261 年在所著的《详解九章算法》一书中提出的，而欧洲的帕斯卡(1623—1662)在 1654 年才发现这一规律，比杨辉迟了足足 393 年，表明中华民族灿烂文化源远流长。

# 4.4　字符数组和字符串

字符数组

## 4.4.1　一维字符数组

一维字符数组是 char 型的数组，因为它的每一个元素是一个 char 型变量，可以用来存放字符串，因此比较特别，例如：

```
char a[5];
```

定义了一个字符数组，它有 a[0]、a[1]、a[2]、a[3]、a[4]共 5 个元素，可以为它们赋值，例如：

a[0]='H';a[1]='e';a[2]='l';a[3]='l';a[4]='o';

也可以在定义时就对各个元素赋值，例如：

char a[5]={'H','e','l','l','o'};

### 4.4.2 字符串

字符串

字符串是一组字符，这些字符在内存中连续分布，在最后一个字节单元中用'\0'表示结束，这种结构与字符数组十分相似，实际上字符数组可以用来表示和存储字符串。例如：

char b[6]={"Hello"};

char b[6]={'H','e','l','l','o','\0'};

以上两种定义方法是完全等价的。

### 4.4.3 字符数组的引用

**1. 字符数组元素的引用**

字符数组元素的引用方式和一维数组元素的引用方式相同：

数组名[下标]

下标可以是整型常量或整型表达式。

例如：a[0]=a[2*3]+4。

**2. 字符数组元素引用的程序实例**

**【例 4.6】** 用字符数组输出一个字符串。

```
/*
    源文件名:Li4_6.c
    功能:用字符数组输出一个字符串
*/
#include <stdio.h>
void main()
{
    char c[10]={'I',' ','a','m',' ','a',' ','b','o','y'};    /*定义c字符数组并赋初值*/
    int i;
    for(i=0;i<10;i++)
        printf("%c",c[i]);                                  /*输出c字符数组的值*/
    printf("\n");
}
```

编译、连接、运行程序。程序运行后，屏幕显示：

```
I am a boy
```

### 4.4.4 字符串输入和输出函数

gets是用来输入字符串的函数，使用方法是：

gets(字符数组名);

gets()函数从输入流中读取一行字符，一直读到“\n”，但不包括“\n”字符，最后在末尾自动加上'\0'的结束标志。如果字符串的长度超过字符数组的容量，C 程序不会自动停止读取字符，程序设计人员应设法保证读取的字符数不要超过字符数组的容量，不然数组越界会带来预想不到的错误。

puts 函数用来输出字符串，使用方法是：

puts(字符数组名)；

puts 函数输出一个字符串，之后输出“\n”换行。

**【例 4.7】** 用 gets()函数读取字符串并用 puts()函数输出。

```
/*
    源文件名：Li4_7.c
    功能：用 gets()函数读取字符串并用 puts()函数输出
*/
#include <stdio.h>
void main()
{
    char s[18];                             /*定义 s 字符数组的初值*/
    printf("输入字符串：");
    gets(s);                                /*读取字符串*/
    puts(s);                                /*输出字符串*/
    printf("读取的字符串是\"%s\"\n",s);     /*输出 s 字符数组的值*/
}
```

编译、连接、运行程序。程序运行后，屏幕显示：

```
输入字符串：How are you?
How are you?
读取的字符串是"How are you?"
```

## 4.4.5 常用字符串函数

字符串在程序中大量用到，关于字符串有一些常用的函数，这些函数在 string.h 头文件中说明，在使用时程序的开始部分要包含下面的语句：

```
#include <string.h>
```

**1. strlen 函数**

strlen 的意思是 string length。strlen 函数用来测试字符串的长度，即从第一个字符开始一直到'\0'之前的字符的总字符数，方法是：

strlen(字符数组名或字符串)；

该函数返回一个整数表示字符串的长度，例如：

```
strlen("How");                  /*值为 3*/
strlen("How about?");           /*值为 10*/
strlen("C 语言");               /*值为 5,一个汉字占两个字节*/
```

**2. strcpy 函数**

strcpy 的意思是 string copy。strcpy 函数把一个字符串或字符数组复制到另一个字符数组中，方法是：

strcpy(字符数组名，字符数组或字符串)；

例如：

```
char s[18],t[18];
strcpy(s,"Hello");                    /* s 数组中存储了"Hello" */
strcpy(t,s);                          /* t 数组中也存储了"Hello" */
```

在字符串的使用中千万不能把一个字符数组直接赋值给另外一个字符数组，例如以下语句是错误的：

```
char s[]={"Hello"};
char t[10];
t=s;                                  /* 错误！应该是 strcpy(t,s); */
```

在使用 strcpy 时一定要保证存储字符串的数组空间要足够大，能容纳所复制的字符串，不然也会导致越界，例如下面的语句是不合适的：

```
char s[5];
strcpy(s,"123456");
```

strcpy 的作用就是把字符串中的字符连同'\0'一起复制给另外一个字符数组。

**3. strcat 函数**

strcat 的意思是 string catenate。strcat 函数完成两个字符串的连接，方法是：

strcat(字符数组名，字符数组名或字符串)；

执行后会把另一个字符串连接在已有字符串后面，形成一个更长的字符串，例如：

```
char s[18];
strcpy(s,"How");                      /* s 为"How" */
strcat(s," are");                     /* s 为"How are" */
strcat(s," you?");                    /* s 为"How are you?" */
```

在使用 strcat 函数时一定要保证存储字符串的数组空间要足够大，能容纳所连接后的字符串，不然也会导致越界，例如下面的语句是不合适的：

```
char s[4];
char s[]={"How"};
strcat(s," are");                     /* s 只有 4 个字节的空间，不能容纳"How are" */
```

**4. strcmp 函数**

strcmp 函数是用来比较两个字符串大小的，方法是：

strcmp(字符串 1，字符串 2)；

当字符串 1>字符串 2 时，返回一个正整数。

当字符串 1=字符串 2 时，返回 0。

当字符串 1<字符串 2 时，返回一个负整数。

两个字符串的比较是按字母的 ASCII 码或汉字内码的值来比较的，程序把字符串在内存中的每一个字节看成一个无符号二进制数，比较在两个字符串的字节之间进行，比较规则如下：

(1)比较两个字符串的字节值，如两个对应字节一样，则继续比较下一个字节。

(2)如两个对应的字节不同，则字节值大的字符串大。

(3)如比较时其中一个字符串结束,字节值都一样,则字符串长的那一个大。

(4)两个字符串相等:当且仅当它们一样长,而且每一个字节值完全相等。

根据 ASCII 码规则,字符比较一般有以下原则:

空格<'0'<'1'<……<'9'<'A'<'B'<……<'Z'<'a'<'b'<……<'z'<汉字

**5. 字符串函数应用**

**【例 4.8】** 输入一组字符串,以输入空串结束输入,找出最大的字符串(设串长不超过 80 个字符)。

分析:可以用 gets 函数读取字符串,设置一个最大字符串数组 smax,第一次设置 smax 为空串,每读一个字符串 s 就把它与保存在 smax 中的字符串比较,如 s>smax 则用 s 替换 smax,不然 smax 保持不变,这样当所有的字符串输入完毕后,smax 中存储的就是最大字符串。

```
/*
    源文件名:Li4_8.c
    功能:输入一组字符串,找出最大的字符串
*/
#include <stdio.h>
#include <string.h>
void main()
{
    char smax[80],s[80];            /*定义数组 smax 和数组 s*/
    strcpy(smax,"");                /*设置数组 smax 为空,也可以设置 smax[0]='\0'*/
    do
    {
        printf("输入字符串:");
        gets(s);                    /*读取字符串*/
        if(strcmp(s,smax)>0)
            strcpy(smax,s);         /*s 数组比 smax 数组大的话,把 s 数组赋值给 smax 数组*/
    }while(s[0]!='\0');
    puts("最大的字符串是");
    puts(smax);
}
```

编译、连接、运行程序。程序运行后,屏幕显示:

```
输入字符串:How
输入字符串:to
输入字符串:compare
输入字符串:strings
输入字符串:
最大的字符串是
to
```

**【例 4.9】** 输入一个字符串,把其中的所有大写字母变成小写字母,其余不变。

分析:输入的字符串为 s,逐个去考察它的每一个字符 s[i],i=0、1…strlen(s)−1,看看s[i]是不是大写,如是则把它转为小写,否则不变。

```
/*
    源文件名:Li4_9.c
    功能:输入一个字符串,把其中的所有大写字母变成小写字母,其余不变
*/
#include <stdio.h>
#include <string.h>
void main()
{
    char s[80];                          /* 定义 s 数组 */
    int i=0;
    printf("输入字符串:");
    gets(s);                             /* 读取字符串 */
    while(s[i])                          /* s[i]='\0'时条件才为假 */
    {
        if(s[i]>='A'&&s[i]<='Z')
            s[i]=s[i]+32;                /* 把大写字母转化为小写字母 */
        i++;
    }
    puts("变换后的字符串是");
    puts(s);
}
```

编译、连接、运行程序。程序运行后,屏幕显示:

```
输入字符串:To Learn C Program
变换后的字符串是
to learn c program
```

## 4.5 实例解析

**【例 4.10】** 输入一个字符串,判断它是不是一个回文串。所谓的回文串是指这个字符串从左到右及从右到左的字母排列是一样的,例如"pop"、"legel"等。

分析:判断一个字符串 s 左右顺序是否一样,可以设计一个从左到右的下标 i,i=0、1、……、strlen(s)−1,同时设计一个从右到左的下标 j,j=strlen(s)−1、strlen(s)−2、……、1、0,每次比较 s[i]和 s[j],如 s[i]==s[j],则++i,−−j,再比较下一对,如 s[i]!=s[j],则 s 肯定不是回文串,如对所有的 i<j,都有 s[i]==s[j],则 s 是回文串。

```
/*
    源文件名:Li4_10.c
    功能:输入一个字符串,判断它是不是一个回文串
```

```
*/
#include <stdio.h>
#include <string.h>
void main()
{
    char s[80];                              /*定义s数组*/
    int i=0,j=0;
    printf("输入字符串:");
    gets(s);                                 /*读取字符串*/
    i=0; j=strlen(s)-1;
    while(i<j)
    {
        if(s[i]==s[j])
        { ++i; --j; }                        /*s[i]==s[j],则++i,--j */
        else { puts("不是回文串"); break;}    /*s[i]!=s[j],则打印"不是回文串",结束循环 */
    }
    if(i>=j) puts("是回文串");
}
```

编译、连接、运行程序。程序运行后,屏幕显示:

```
输入字符串:pop
是回文串
```

**【例 4.11】** 输入一个日期,计算这一天是当年的第几天。

```
/*
    源文件名:Li4_11.c
    功能:输入一个日期,计算这一天是当年的第几天
*/
#include <stdio.h>
void main()
{
    int i,y,m,d,days,k;                      /*y为年,m为月,d为日,days为总天数*/
    int months[12]={31,28,31,30,31,30,31,31,30,31,30,31};
    printf("输入日期(Y-M-D):");
    scanf("%d-%d-%d",&y,&m,&d);              /*从键盘上输入年、月、日*/
    if(y>0&&m>=1&&m<=12)
    {
        if(y%4==0&&y%100!=0||y%400==0)
            months[1]=29;                    /*闰年2月份为29天*/
        if(d>=1&&d<=months[m-1])
        {
            days=d;
            for(k=0;k<m-1;k++)
```

```
                days=days+months[k];  /*累计1到m-1月份的天数*/
            printf("%d-%d-%d是当年第%d天\n",y,m,d,days);         /*输出天数*/
        }
        else puts("无效日期!");
    }
    else puts("无效日期!");
}
```

设输入的日期是 y 年 m 月 d 日，这一日期首先要合法，其次才能计算是该年的第几天（例如 2008-2-19 为该年的第 50 天），计算是第几天可以根据 m 是第几月来计算，它包含 1、2、……、m－1 月的天数及当月的 d 天。注意如果是闰年的话，2 月份天数是 29。

编译、连接、运行程序。程序运行后，屏幕显示：

```
输入日期(Y-M-D):2007-10-6
2007-10-6 是当年第 279 天
```

**【例 4.12】** 输入 5 个英文单词（长度不超过 20 个字符），按字典顺序排列输出它们。

```
/*
    源文件名:Li4_12.c
    功能:输入5个英文单词,按字典顺序排列输出它们
*/
#include <stdio.h>
#include <string.h>
void main()
{
    char words[5][20],tmp[20];            /*定义字符数组words和临时变量tmp*/
    int i,j;
    for(i=0;i<5;i++)
    {
        printf("输入第%d个单词:",i+1);
        gets(words[i]);                   /*从键盘上输入单词*/
    }
    for(i=0;i<4;i++)
        for(j=i+1;j<5;j++)
            if(strcmp(words[i],words[j])>0)
            {
                strcpy(tmp,words[i]);
                strcpy(words[i],words[j]);
                strcpy(words[j],tmp);     /*交换words[i]与words[j]*/
            }
    puts("字典排序单词");
    for(i=0;i<5;i++)
        puts(words[i]);
}
```

设单词存储在 words[5][20]的字符数组中,排序方法按比较法进行,这里比较的是单词字符串的大小。

编译、连接、运行程序。程序运行后,屏幕显示:

```
输入第 1 个单词:art
输入第 2 个单词:about
输入第 3 个单词:like
输入第 4 个单词:music
输入第 5 个单词:and
字典排序单词
about
and
art
like
music
```

**【例 4.13】** 数字中有一个很有趣的现象,任何一个 4 位整数 n,只要它的 4 位数字不完全相同,把它的 4 位数字从大到小排序生成另外一个数 p,再把它的 4 位数字从小到大排序生成另外一个数 q,计算 p 与 q 的差 r=p-q,那么 r 可能等于 6174。如果 r 不是 6174,则再把 r 看成 4 位数(不足高位补 0),重复同样的操作,最终 r 必等于 6174,编程序验证这一现象。

分析:设计一个 d[4]的整数数组,负责分解每一个数字,把这个数组从大到小排序,则 p 的值为:

p=d[0]*1000+d[1]*100+d[2]*10+d[3];

q=d[3]*1000+d[2]*100+d[1]*10+d[0];

```
/*
    源文件名:Li4_13.c
    功能:任何一个 4 位整数 n,只要它的 4 位数字不完全相同,把它的 4 位数字从大到小排序生成另外一个数 p,再把它的 4 位数字从小到大排序生成另外一个数 q,计算 p 与 q 的差 r=p-q,那么 r 可能等于 6174。如果 r 不是 6174,则再把 r 看成 4 位数(不足高位补 0),重复同样的操作,最终 r 必等于 6174
*/
#include <stdio.h>
void main()
{
    int n,p,q,r,d[4];                    /*定义 d 数组存储每个数字*/
    int i,j,m;
    printf("输入一个 4 位数:");
    scanf("%d",&n);                      /*从键盘上输入一个 4 位整数*/
    m=0;
    do
```

```
    {
        for(i=0;i<4;i++)
        { d[i]=n%10; n=n/10;}              /* 分解各位数字到 d[0],d[1],d[2],d[3] */
        for(i=0;i<3;i++)
            for(j=i+1;j<4;j++)
                if(d[i]<d[j])
                    {r=d[i]; d[i]=d[j]; d[j]=r;}        /* 从大到小排序 */
        p=d[0]*1000+d[1]*100+d[2]*10+d[3];
        q=d[3]*1000+d[2]*100+d[1]*10+d[0];
        r=p-q;
        if(r==0)
            { printf("4 位数字不能完全相同! \n"); break; }   /* r==0 表示 4 位数字相同 */
        n=r;
        printf("第%2d 步:%4d-%4d=%d \n",++m,p,q,r); /* 打印每一步 */
    } while(r!=6174);
}
```

编译、连接、运行程序。程序运行后,屏幕显示:

```
输入一个 4 位数:2324
第 1 步:4322-2234=2088
第 2 步:8820-0288=8532
第 3 步:8532-2358=6174
```

**思政小贴士**

张邱建,北魏清河(今邢台市清河县)人,著名的数学家。从小聪明好学,酷爱算术。一生从事数学研究,造诣很深。"百鸡问题"是中国古代数学史上,关于不定方程整数的典型问题,张邱建对此有精湛和独到的见解。著有《张邱建算经》3 卷。后世学者北周甄鸾、唐李淳风相继为该书做了注释。刘孝孙为算经撰了细草。算经的体例为问答式,条理精密,文辞古雅,是中国古代数学史上的杰作,也是世界数学资料库中的一份宝贵遗产。

# 小　　结

所谓数组就是一组具有相同数据类型的数据的有序集合。

一维数组的定义:

类型说明符 数组名[元素个数];

其中类型可以是任何的 C 语言数据类型,例如:char、int、long、float、double 等;数组名与普通变量名一样;元素个数是数组在内存中的单元数,在定义时元素个数必须是一个常数,不能是变量。

一维数组元素的引用:

数组名[下标]

注意在引用的时候下标不能超出,否则会引起意想不到的问题。

二维数组的定义：

类型说明符 数组名[行数][列数]；

二维数组实际上就是一维数组的一维数组，即它的每一个一维元素都是一个一维数组。

二维数组元素的引用：

数组名[下标][下标]

二维数组的数值数组被广泛应用于数学的矩阵计算中，二维数组的字符数组可用来存储一组字符串。

常用字符串函数：

1. strlen 函数用来测试字符串的长度，即从第一个字符开始一直到'\0'之前的字符的总字符数。

2. strcpy 函数把一个字符串或字符数组复制到另一个字符数组中。

3. strcat 函数完成两个字符串的连接。

4. strcmp 函数用来比较两个字符串的大小。

**思政小贴士**

不管哪种数组类型，其目的都是使得软件开发者开发出高质量的软件。一个人要实现自己的人生目标：成长为一名优秀人才，也必然要有一个正确的世界观、价值观和人生观的引导。遵纪守法是每个公民的基本职责，法网恢恢疏而不漏。每一个社会成员，都必须遵守宪法的神圣，都必须敬畏法律，维护法律的尊严。

# 实验 数 组

**一、实验名称**

数组

**二、实验目的**

1. 掌握一维数组的定义与引用。

2. 掌握二维数组的定义与引用。

3. 掌握字符数组和字符串的应用。

**三、实验内容**

1. 用选择法对 10 个整数排序。

2. 找出一个二维数组中的鞍点，即该位置上的元素在该行最大，在该列最小，也可能没有鞍点。

3. 有一篇文章，共有 3 行文字，每行有 80 个字符。要求分别统计出其中英文大写字母、小写字母、数字、空格以及其他字符的个数。

# 习 题

**一、选择题**

1. 执行下面的程序段后，变量 k 中的值为(　　)。

```
int k=3,s[2];
s[0]=k; k=s[1]*10;
```

A. 不定值　　B. 33　　C. 30　　D. 10

2. 执行下列程序时输入:123<空格>456<空格>789<回车>,输出结果是(　　)。

```
void main()
{
    char s[100];
    int c,i;
    scanf("%c",&c);
    scanf("%d",&i);
    scanf("%s",s);
    printf("%c,%d,%s \n",c,i,s);
}
```

A. 123,456,789　　B. 1,456,789　　C. 1,23,456,789　　D. 1,23,456

3. 有如下程序:

```
void main()
{
    int n[5]={0,0,0},i,k=2;
    for(i=0;i<k;i++)
        n[i]=n[i]+1;
    printf("%d\n",n[k]);
}
```

该程序的输出结果是(　　)。

A. 不确定的值　　B. 2　　C. 1　　D. 0

4. 有如下程序:

```
void main()
{
    int a[3][3]={{1,2},{3,4},{5,6}},i,j,s=0;
    for(i=1;i<3;i++)
        for(j=0;j<i;j++) s+=a[i][j];
    printf("%d\n",s);
}
```

该程序的输出结果是(　　)。

A. 14　　B. 15　　C. 16　　D. 17

5. 以下程序的输出结果是(　　)。

```
void main()
{
    int i,x[3][3]={1,2,3,4,5,6,7,8,9};
    for(i=0;i<3;i++)
        printf("%d,",x[i][2-i]);
}
```

A. 1,5,9　　B. 1,4,7　　C. 3,5,7　　D. 3,6,9

6. 以下程序的输出结果是(　　)。

```
main()
{
    char w[][10]={ "ABCD","EFGH","IJKL","MNOP"},k;
    for(k=1;k<3;k++)
        printf("%s\n",w[k]);
}
```

A. ABCD<br>FGH<br>KL

B. ABCD<br>EFG<br>IJ<br>M

C. EFG<br>JK<br>O

D. EFGH<br>IJKL

7. 下面语句中不正确的是(　　)。

A. static int a[5]={1,2,3,4,5 };　　B. static int a[5]={1,2,3 };

C. static int a[ ]={0,0,0,0,0 };　　D. static int a[5]={0 * 5};

8. 若有说明:int a[ ][4]={1,2,3,4,5,6,7,8,9 },则数组第一维的大小为(　　)。

A. 2　　B. 3　　C. 4　　D. 不确定的值

9. 若定义 static int a[2][2]={1,2,3,4};则 a 数组的各数组元素分别为(　　)。

A. a[0][0]=1,a[0][1]=2,a[1][0]=3,a[1][1]=4

B. a[0][0]=1,a[0][1]=3,a[1][0]=2,a[1][1]=4

C. a[0][0]=4,a[0][1]=3,a[1][0]=2,a[1][1]=1

D. a[0][0]=4,a[0][1]=2,a[1][0]=3,a[1][1]=1

10. 下列语句中,不正确的是(　　)。

A. static int a[2][3]={1,2,3,4,5,6};

B. static int a[2][3]={{1},{ 4,5}};

C. static int a[ ][3]={{1},{4}};

D. static int a[ ][ ]={{1,2,3 },{4,5,6}};

## 二、填空题

1. 设有数组定义为:

char array [ ]="China";

则数组 array 所占的空间为________。

2. 有以下程序段:

```
main()
{
    char arr[2][4];
    strcpy(arr[1],"you"); strcpy(arr[1],"me");
    arr[0][3]='&';
    printf("%s\n",arr);
}
```

程序执行后的输出结果是________。

3. 有以下程序段:

```
main()
{
    int i,k,a[10],p[3];
    k=5;
    for(i=0;i<10;i++) a[i]=i;
    for(i=0;i<3;i++) p[i]=a[i*(i+1)];
    for(i=0;i<3;i++) k=k+p[i]*2;
    printf("%d\n",k);
}
```

程序执行后的输出结果是________。

4.有以下程序段：

```
main()
{
    char ch[7]={"65ab21"};
    int i,s=0;
    for(i=0;ch[i]>='0' && ch[i]<='9';i+=2)
        s=10*s+ch[i]-'0';
    printf("%d\n",s);
}
```

程序运行的结果是________。

**三、程序设计题**

1.从键盘上输入10个整数，并放入一个一维数组中，然后将其前5个元素与后5个元素对换，即：第1个元素和第10个元素互换，第2个元素和第9个元素互换……分别输出数组原来的值和对换后各元素的值。

2.设有如下两组数组：

A:2,8,7,6,4,28,70,25

B:79,27,32,41,57,66,78,80

编写一个程序，把上面两组数据分别读入两个数组中，然后把两个数组中对应的元素相加，即2+79,8+27……并把相应的结果放入第三个数组中，最后输出第三个数组的值。

3.编写程序，把下面的数据输入一个二维数组中：

25 36 78 13

12 26 88 93

75 18 22 32

56 44 36 58

然后执行以下操作：

(1)输出矩阵两条对角线上的数；

(2)交换第一行和第三行的位置，然后输出。

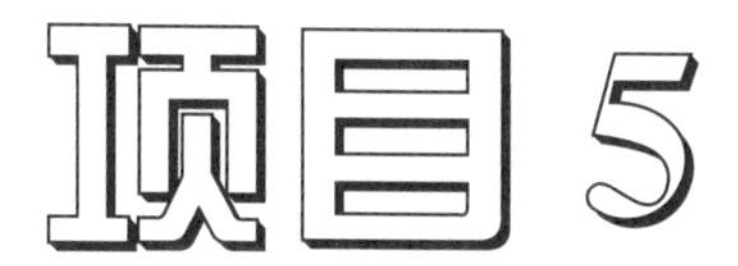

# 使用函数调用各功能模块

知识目标：

- 了解编译预处理，包括文件包含、宏定义、条件编译。
- 理解和应用函数，包括函数的定义、函数调用、变量的作用域和存储类别、内部函数和外部函数。

技能目标：

通过本项目的学习，要求能熟练掌握函数的定义和调用方法，以及函数的嵌套调用和递归调用，理解变量的作用域和存储类别，掌握内部函数和外部函数，并能够在不同情况下灵活选择函数来解决实际问题，掌握编译预处理命令的使用方法。函数和预处理命令是编写模块化程序的重要方法，这将为编写比较复杂的程序设计的学习打下基础。

素质目标：

掌握C语言程序设计中函数参数、函数调用、嵌套调用和递归调用等知识，激励学生团结协作、合作共赢，增强法治观念，坚持民族自尊、文化自信，激发爱国热情。

## 任务　使用函数统计课程分数信息

**1.问题情景与实现**

(1)问题情景

辅导员张老师在使用小王设计的程序时，发现他分别要对每门课程学生成绩的总分及平均分进行计算，如果这样的计算过程需要重复使用或者在其他场合中多次使用，使用以前的方法将使得程序代码重复书写，故张老师找来小王，说明了需求，小王根据张老师的需求，参考了相关的资料，完善了原来的程序，帮助张老师解决了该问题。

(2)实现

```
/*  功能:使用函数统计课程分数信息  */
#include <stdio.h>
#define MAX 1000
#define M 100
float sum[M],ave[M];
```

```
int i,j;
int count;
int course;
float a[MAX][M];

void input()
{
    printf("请输入课程的门数:");
    scanf("%d",&course);
    printf("请输入学生总人数:");
    scanf("%d",&count);
    printf("请输入每个学生的课程成绩:");
    for(i=0;i<count;i++)
    {
        for(j=0;j<course;j++)
        {
            scanf("%f",&a[i][j]);
        }
    }
}

void sum_ave(int s,int r)
{
    for(i=0;i<r;i++)
    {
        sum[i]=0.0;
        for(j=0;j<s;j++)
        {
            sum[i]=sum[i]+a[j][i];
        }
        ave[i]=sum[i]/s;
    }
}

void output()
{
    for(i=0;i<course;i++)
        printf("第%d门课程学生成绩的总分是%f分\t平均分是%f分\n",i+1,sum[i],ave[i]);
}
void main()
{
```

```
    input();
    sum_ave(count,course);
    output();
}
```

编译、连接、运行程序。程序运行后，屏幕显示：

```
请输入课程的门数:3
请输入学生总人数:10
请输入每个学生的课程成绩:60 70 80
90 100 90
80 70 60
100 60 70
80 70 80
70 60 70
60 80 60
70 70 80
100 80 70
70 60 90
第 1 门课程学生成绩的总分是 780.000000 分        平均分是 78.000000 分
第 2 门课程学生成绩的总分是 720.000000 分        平均分是 72.000000 分
第 3 门课程学生成绩的总分是 750.000000 分        平均分是 75.000000 分
```

**2. 相关知识**

要完成上面的任务，小王必须熟练掌握函数的定义和调用方法，理解变量的定义域和存储类别，掌握内部函数和外部函数，并能够在不同情况下灵活选择函数来解决实际问题。此外还要掌握编译预处理命令的使用方法等。

## 5.1 函数应用实例

### 5.1.1 模块化设计

程序员在设计一个复杂的应用程序时，往往将整个程序划分为若干个功能较为单一的程序模块，然后分别予以实现，最后将所有的程序模块像积木一样装配起来，这种在程序设计中逐步分解、分而治之的方法，称之为模块化程序设计。

在C语言中，一个函数实现一个特定的功能。一个C语言程序可以由一个主函数和若干个其他函数构成，由主函数调用其他函数，其他函数也可以相互调用。同一个函数可以被一个函数或多个函数调用任意次。因此，在设计时，往往将一些常用的功能模块编写成为函数，放在函数库中，供大家选用或多次调用，以减少重复性地编写程序。程序员可以方便地利用函数作为程序模块，来实现C语言程序设计的模块化。

## 5.1.2 函数的基本概念

在项目1中已经介绍过,C源程序是由函数组成的。虽然在前面各项目的程序中都只有一个主函数main(),但实用程序往往由多个函数组成。函数是C源程序的基本模块,通过对函数模块的调用实现特定的功能。C语言中的函数相当于其他高级语言的子程序。C语言不仅提供了极为丰富的库函数(如Turbo C,MS C都提供了三百多个库函数),还允许用户建立自己定义的函数。用户可把自己的算法编成一个个相对独立的函数模块,然后用调用的方法来使用函数。

可以说C程序的全部工作都是由各式各样的函数完成的,所以也把C语言称为函数式语言。由于采用了函数模块式的结构,C语言易于实现结构化程序设计。使程序的层次结构清晰,便于程序的编写、阅读、调试。

## 5.1.3 函数的引入实例

先举两个函数调用的简单例子。(该例子引自本书配套案例"学生成绩管理系统")

**【例5.1】** 函数调用的简单例子。

```
/*
    源文件名:Li5_1.c
    功能:在屏幕输出显示一个菜单
*/
#include "stdio.h"
void main()
{
    void printstart();                    /*对printstart()函数进行声明*/
    void menu();                          /*对menu()函数进行声明*/
    printstart();                         /*调用printstart()函数*/
    menu();                               /*调用menu()函数*/
    printstart();                         /*调用printstart()函数*/
}

void menu()
{
    printf("*************************************\n");
    printf("\t1 登记学生成绩\t \t\t2 删除学生信息\n");
    printf("\t3 查询学生信息\t \t\t4 修改学生资料\n");
    printf("\t5 保存学生信息\t \t\t6 学生成绩排序\n");
    printf("\t7 统计学生成绩\t \t\t8 输出学生信息\n");
    printf("\t0 退出系统\n");
    printf("*************************************\n");
}
```

```
void printstart()
{
    printf("-------------------------------------------\n");
}
```

编译、连接、运行程序。程序运行后，屏幕显示：

```
---------------------------------------------
* * * * * * * * * * * * * * * * * * * * * * * * * * * * * * * * * * * *
1 登记学生成绩          2 删除学生信息
3 查询学生信息          4 修改学生资料
5 保存学生信息          6 学生成绩排序
7 统计学生成绩          8 输出学生信息
0 退出系统
* * * * * * * * * * * * * * * * * * * * * * * * * * * * * * * * * * * *
---------------------------------------------
```

printstart()和 menu()都是用户定义的函数，分别用来输出一行中划线和一个菜单信息。在定义这两个函数时，函数名前面加上 void，表示该函数无类型，也就是函数没有返回值。而函数名后面的括号里面是空的，说明该函数没有参数。

**【例 5.2】** 函数调用的简单例子。

```
/*
    源文件名:Li5_2.c
    功能:求两个整数的和
*/
#include "stdio.h"
void main()
{
    int sum(int x,int y);                    /*对 sum()函数进行声明*/
    int a,b,s;
    scanf("%d%d",&a,&b);
    s=sum(a,b);                              /*对 sum()函数进行调用*/
    printf("the sum is %d\n",s);
}

int sum(int x,int y)                         /*对函数 sum()进行定义*/
{
    int z;                                   /*函数体中的声明部分*/
    z=x+y;
    return z;
}
```

编译、连接、运行程序。程序运行后，屏幕显示：

```
3 5
the sum is 8
```

程序中 sum(int x,int y) 函数带有两个整型参数 x 和 y,表示 sum 是个有参函数,而在函数名前面加上 int,表示该函数会返回一个整型的数值。

说明:

(1)C 源程序是由函数组成的。函数是 C 源程序的基本模块,通过对函数模块的调用实现特定的功能。C 语言中的函数相当于其他高级语言的子程序。C 语言不仅提供了极为丰富的库函数,还允许用户建立自己定义的函数。用户可把自己的算法编成一个个相对独立的函数模块,然后用调用的方法来使用函数。可以说 C 程序的全部工作都是由各式各样的函数完成的,所以也把 C 语言称为函数式语言。

由于采用了函数模块式的结构,C 语言易于实现结构化程序设计,使程序的层次结构清晰,便于程序的编写、阅读、调试。

(2)一个程序总是从 main()函数开始执行,调用其他函数后,流程回到 main 主函数结束。main 主函数是系统定义的,必须有且只能有一个名为 main 的主函数。

(3)所有函数都是平行的,它们的定义都是相互独立的。一个函数并不从属于另外一个函数,即函数不能嵌套定义。函数间可以互相调用,即函数可以嵌套调用。但不能调用 main 函数,main 函数是系统调用的。

### 5.1.4 函数的分类

从函数使用的角度看,函数可分为库函数和用户定义函数两种。

(1)库函数:由编译系统提供的已设计好的函数,用户只需调用而无须实现它,在编译 C 程序时,应尽可能地使用库函数,这样可以提高编程效率和编程的质量。在前面各项目的例题中反复用到的 printf、scanf、getchar、putchar、gets、puts、strcat 等函数均属于库函数。

使用库函数时应注意:

①函数的功能。

②函数参数的数目、顺序以及每个参数的意义和类型。

③函数返回值的意义和类型。

④需要使用的包含文件。要调用某个库函数,则需在程序的头部用包含命令(#include)将说明该函数原型的头文件包含进本程序中。

(2)用户定义函数:顾名思义,就是程序员自行定义和设计的函数。库函数一般只能提供一些底层服务的功能,而用户自定义的函数则能针对具体的应用实现一些特殊的功能。用自定义函数需要程序员自己来编写函数功能的实现代码。用户自定义函数是由用户按需要写的函数。对于用户自定义函数,不仅要在程序中定义函数本身,而且在主调函数模块中还必须对该被调函数进行类型声明,然后才能使用。

C 语言的函数兼有其他语言中的函数和过程两种功能,从这个角度看,又可把函数分为有返回值函数和无返回值函数两种。

(1)有返回值函数:此类函数被调用执行完后将向调用者返回一个执行结果,称为函数返回值,如数学函数即属于此类函数。由用户定义的这种要返回函数值的函数,必须在函数定义和函数说明中明确返回值的类型。

(2)无返回值函数:此类函数用于完成某项特定的处理任务,执行完成后不向调用者返回函数值。这类函数类似于其他语言的过程。由于函数无须返回值,用户在定义此类函数时可指定它的返回为“空类型”,空类型的说明符为“void”。

从主调函数和被调函数之间数据传送的角度看又可分为无参函数和有参函数两种。

(1)无参函数:函数定义、函数说明及函数调用中均不带参数。主调函数和被调函数之间不进行参数传送。此类函数通常用来完成一组指定的功能,可以返回或不返回函数值。例 5.1 中的 printstart()和 menu()函数就是无参函数。

(2)有参函数:也称为带参函数。在函数定义及函数说明时都有参数,称为形式参数(简称为形参)。在函数调用时也必须给出参数,称为实际参数(简称为实参)。进行函数调用时,主调函数将把实参的值传送给形参,供被调函数使用。例 5.2 中的 sum()函数就是有参函数,且具有两个参数。

## 5.2 函数的定义

任何函数都是由函数说明和函数体两部分组成的。函数说明包括函数类型、函数名、函数参数;函数功能的实现代码写在函数体中。根据函数有无参数,可以把函数分为无参函数和有参函数。

### 5.2.1 无参函数定义的一般形式

函数的定义与调用

定义无参函数的一般形式为:

```
[函数类型]函数名()
{
    声明语句部分
    可执行语句部分
}
```

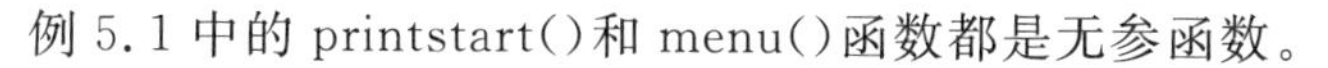
例 5.1 中的 printstart()和 menu()函数都是无参函数。

在定义函数时要用类型标识符来指定函数类型,即函数返回值的类型。如例 5.1 中的 printstart()和 menu()函数的函数类型都为 void,表示不需要返回函数值。而例 5.2 中的 sum()函数的函数类型为 int,表示该函数会返回一个整型数值。

注意:在函数类型缺省的情况下,系统一律按 int 型处理。

### 5.2.2 有参函数定义的一般形式

定义有参函数的一般形式为:

```
[函数类型] 函数名(数据类型 参数1[,数据类型 参数2…]){
```

```
    声明语句部分
    可执行语句部分
}
```

例 5.2 中的 sum(int x,int y)就是一个有参函数。

详细分析一下 sum 函数：

```
int sum(int x,int y)                    /* 对函数 sum()进行定义 */
{
    int z;                              /* 函数体中的声明部分 */
    z=x+y;
    return z;
}
```

这是一个求两个整型数据之和的函数。第一行中的 int 表示函数返回值是整型的，sum 为函数名，括号中的两个形式参数 x 和 y 都是整型的。在调用该函数的时候，主调函数把实际参数的值传递给被调用函数中的形式参数 x 和 y。大括号内是函数体，通过函数体中语句的执行求出 x 与 y 的和，通过"return z;"语句把 z 作为函数值返回到主调函数中。return 后面的 z 也称为函数返回值。

注意：一般情况下，函数返回值的类型和函数类型是一致的。如果不一致，则以函数类型为准。

### 5.2.3 空函数

一个较大的程序一般应分为若干个程序模块，每一个模块用来实现一个特定的功能。而在第一个阶段只设计最基本的模块，功能可以在设计好框架以后慢慢补上。在编写程序的开始阶段，往往是先写上一个空函数，占个位置，以后再用编写好的函数来替换它。这样，程序的结构比较清楚，可读性比较好，以后扩充新功能也比较方便，对程序结构影响不大。在程序设计中空函数常常被使用到，它的定义形式为：

```
[函数类型]函数名()
{           }
```

例如，在设计一个学生成绩管理系统的开始阶段，可以运用空函数设计如下的程序框架：

```
……
void main()
{
    ……
    ……
    ……
}
void addscore()                         /* addscore()函数实现成绩的添加 */
{           }
```

```
void alterscore()                    /* alterscore()函数实现成绩的修改 */
{        }
void deletescore()                   /* deletescore()函数实现成绩的删除 */
{        }
```

之后编写程序的时候，在设计好的框架上完善就可以了。

## 5.3 函数的参数和返回值

### 5.3.1 形式参数和实际参数

函数的参数分为形式参数和实际参数两种。形参出现在函数定义中，在整个函数体内都可以使用，离开该函数则不能使用。实参出现在主调函数中，进入被调函数后，实参变量也不能使用。形参和实参的功能是做数据传送。发生函数调用时，主调函数把实参的值传送给被调函数的形参，从而实现主调函数向被调函数的数据传送。

函数的形参和实参具有以下特点：

1.形参变量只有在被调用时才分配内存单元，在调用结束时，所分配的内存单元也将被释放。因此，形参只有在函数内部有效，函数调用结束返回主调函数后则不能再使用该形参变量。

2.实参可以是常量、变量、表达式、函数等，无论实参是何种类型的量，在进行函数调用时，它们都必须具有确定的值，以便把这些值传送给形参。因此应预先用赋值、输入等办法使实参获得确定值。

3.实参和形参在数量、类型、顺序上应严格一致，否则会发生类型不匹配的错误。

4.函数调用中发生的数据传送是单向的，即只能把实参的值传送给形参，而不能把形参的值反向地传送给实参。因此在函数调用过程中，形参的值发生改变，而实参中的值不会变化。

下面的实例可以说明这个问题。

```
void main()
{
    int n;
    printf("input number\n");
    scanf("%d",&n);
    s(n);
    printf("n=%d\n",n);
}
void s(int n)
{
    int i;
    for(i=n-1;i>=1;i--)
        n=n+i;
```

```
    printf("n=%d\n",n);
}
```

本程序中定义了一个函数 s，该函数的功能是求 1+2+3+……+n 的值。在主函数中输入 n 值，并作为实参，在调用时传送给 s 函数的形参变量 n(注意，本例的形参变量和实参变量的标识符都为 n，但这是两个不同的变量，各自的作用域不同)。在主函数中用 printf 语句输出一次 n 值，这个 n 值是实参 n 的值。在函数 s 中也用 printf 语句输出了一次 n 值，这个 n 值是形参最后取得的 n 值。如果输入 n 值为 100，即实参 n 的值为 100，把此值传给函数 s 时，形参 n 的初值也为 100，在执行函数过程中，形参 n 的值变为 5050。返回主函数之后，输出实参 n 的值仍为 100。可见实参的值不随形参的变化而变化。

## 5.3.2 函数的返回值

函数的返回值是指函数被调用之后，执行函数体中的程序段所取得的并通过 return 语句返回给主调函数的值。如调用 sqrt()函数取得开根号的值，调用例 5.2 的 sum 函数取得的两数之和等。对函数的返回值(或称函数的值)有以下一些说明：

1. 函数的值只能通过 return 语句返回主调函数。

return 语句的一般形式为：

return 表达式；

或者为：

return(表达式)；

该语句的功能是计算表达式的值，并返回给主调函数。在函数中允许有多个 return 语句，但每次调用只能有一个 return 语句被执行，因此一个函数最多只能返回一个函数值。

例如：

```
sign(int x)
{
    if(x>0) return(1);
    if(x==0) return(0);
    if(x<0) return(-1);
}
```

2. 函数返回值的类型和函数定义中的函数类型应保持一致。如果两者不一致，则以函数类型为准，自动进行类型转换。

3. 如果函数返回值为整型，在函数定义时可以省去类型说明。

4. 没有返回值的函数，可以明确定义为“空类型”，类型说明符为“void”。如例 5.1 中函数 printstart()并不向主函数返回值，因此可定义为：

```
void printstart()
{
    ……
}
```

一旦函数被定义为空类型后，就不能在主调函数中使用被调函数的函数值了。例如，在定义 printstart()为空类型后，如果在主函数中写下述语句：

```
sum=printstart();
```

就是错误的。

为了使程序有良好的可读性并减少出错，凡不要求返回值的函数都应定义为空类型。

关于函数定义时的几点说明：

(1)最好在参数列表中列出每个参数的类型，即使参数是默认的 int 型。

(2)如果参数的类型声明放在“()”内的形参表中，则对每个形参都要进行对应的类型说明，不能省略。如：

float max(float x,float y)不能写成 float max(float x,y)。此时 y 为系统缺省的 int 型。

(3)无论有无形参，函数名后的括号都不能省略。

(4)函数不能嵌套定义，即一个函数的定义不能从属于另外一个函数。

(5)应尽可能多地使用系统提供的库函数。

(6)为避免混淆，传递给函数的参数和函数定义中的相应的参数尽量不使用相同的名字。

(7)选择有意义的参数名和函数名可以使程序具有良好的可读性，这可以避免过多地使用注释。

(8)需要大量参数的函数可能包含较多的功能(任务)，这种情况应该考虑将该函数分成完成单个任务的较小的函数。

(9)函数原型、函数头部和函数调用应该具有一致的参数个数、参数类型、参数顺序和返回值类型。

**思政小贴士**

定义函数时，根据不同业务需求，用户自己定义实现，可以有多种思路和实现方式。在平时的学习生活中，青年大学生也要发挥这种多思维、多思路的创新精神。在使用系统函数过程中，若输入错误，就得不到正确的结果。任何一个小失误都可能导致严重的后果。所以我们要发挥工匠精神，做事严谨细致、认真负责、精益求精，付出努力，做好每件事，不留遗憾。

# 5.4　函数调用

## 5.4.1　函数调用的一般形式

函数调用的一般形式为：

函数名(实参列表);

如果调用无参函数，则“实参列表”是空的，但括号不能省略，见例 5.1。如果实参列表包含多个实参，则各参数间用逗号隔开。实参和形参的个数应相等，类型应匹配。实参与形参按顺序对应，一一传递数据。当实参列表包括多个值时，对实参求值的顺序并不确定。有的系统按自左向右求实参的值，有的则按自右向左的顺序。要注意的是，Visual C++ 2010编译器是按自右向左的顺序求实参列表的值的，例如：

**【例 5.3】** 测试多个实参的求值顺序(从右向左)。

```
/*
    源文件名:Li5_3.c
    功能:测试多个实参的求值顺序
*/
#include "stdio.h"
void main()
{
    //int compare(int a,int b);            /*函数声明*/
    int i=2,p;
    p=compare(i,++i);                      /*函数调用*/
    printf("%d\n",p);
}
int compare(int a,int b)                   /*函数定义*/
{
    int c;
    if(a>b)
        c=1;
    else if(a==b)
        c=0;
    else
        c=-1;
    return c;
}
```

编译、连接、运行程序。程序运行后,屏幕显示:

```
0
```

如果按自左向右顺序求实参的值,则函数调用相当于 compare(2,3),程序运行的结果应为"-1"。若按自右向左顺序求实参的值,则相当于 compare(3,3),程序运行结果为"0"。如果不清楚自己所用的编译器对实参的求值顺序,用上述代码上机一试就清楚了。

注意:由于不同的编译器对实参的求值顺序不一样,为了使程序的通用性不受影响以及避免大家对同一段代码产生不同的理解,应尽量避免使用这种容易混淆的用法。

## 5.4.2 函数调用的方式

按函数在程序中出现的位置来分,可以有以下三种函数调用的方式。

**1. 函数语句**

把函数调用作为一个语句。如例 5.1 中的 printstart();这时不要求函数带返回值,只要求函数完成一些操作。

**2. 函数表达式**

函数出现在一个表达式中,这种表达式称为函数表达式。这时要求函数带回一个确定的值以参加表达式的运算,例如:

```
s=sum(a,b)+sum(x,y);
```

函数 sum 是表达式的一部分，将 sum(a,b)与 sum(x,y)的值相加的和赋值给 s。

**3. 函数参数**

函数调用作为一个函数的参数，例如：

```
s=sum(a,sum(b,c));
```

其中，sum(b,c)是一次函数调用，它的值作为 sum 另一次调用的参数。s 的值为 a、b、c三数的总和。

其实，函数调用作为函数的参数，也是函数表达式调用的一种形式，因为函数参数本身就是一个表达式的形式。

## 5.4.3 对被调用函数的声明和函数原型

如果一个函数要调用另外一个函数，首先是被调用的函数必须存在。其次还应在主调函数中对所有被调函数加以声明，否则，在连接时会出现找不到所调用函数的错误信息。同变量一样，函数的调用也应遵循“先定义，后使用”的原则。

对被调函数的声明分为两种情况：

(1)如果被调函数是 C 语言系统提供的标准库函数，则在源程序文件的开头处，使用 #include 命令，将存放所调用库函数的有关“头文件”包含到该程序文件中来。

#include 命令的一般形式为：

#include <math.h>或#include "stdio.h"

(2)如果被调用函数为用户自己定义的函数，一般情况下，应在主调函数中对被调用函数(返回值)的类型进行说明。函数的说明方法是：在主调函数的声明部分对被调函数进行声明。在主调函数中对被调函数做说明的目的是使编译系统知道被调函数返回值的类型，以便在主调函数中按此种类型对返回值做相应的处理。

其一般形式为：

类型说明符 被调函数名(类型 形参，类型 形参……)；

或者：

类型说明符 被调函数名(类型，类型……)；

括号内给出了形参的类型和形参名，或只给出形参类型。这便于编译系统进行检错，以防止可能出现的错误。

例 5.1 中 main 函数对 printstart()函数的说明为：

```
void printstart();
```

例 5.2 中 main 函数对 sum()函数的说明为：

```
int sum(int x,int y);
```

也可以写成：

```
int sum(int,int);
```

C 语言中规定在以下几种情况时可以省去在主调函数中对被调函数的函数说明。

(1)当被调函数的返回值是整型或字符型时，可以不对被调函数做说明。这时系统会自动对被调函数返回值按整型处理。例 5.3 的主函数中把函数声明语句 int compare(int a,int b); 注释掉而直接调用就属于这种情况。

(2)当被调函数的函数定义出现在主调函数之前时，在主调函数中也可以不对被调函数再做说明而直接调用。例如例 5.1 中，函数 printstart()的定义放在 menu() 函数之前，因此可在 menu()函数中省去对 printstart()函数的函数说明 void printstart()；

(3)如在所有函数定义之前，在函数外预先说明了各个函数的类型，则在以后的各主调函数中，可以不再对被调函数做说明。例如：

```
long factor(int a);
long sum(int b);
void main()
{
    ……
}
long factor(int a)
{
    ……
}
long sum(int b)
{
    ……
}
```

其中第一、二行对 factor 函数和 sum 函数预先做了说明，因此在以后各函数中无须对 factor 和 sum 函数再做说明就可直接调用。

# 5.5 函数的嵌套调用和递归调用

微课

函数的嵌套调用

## 5.5.1 函数的嵌套调用实例

【例 5.4】 计算 $\Sigma = 1! + 2! + \cdots + n!$ ($n \in [1,20]$的整数，从键盘输入)。

算法设计要点：

本案例可以设计两个函数：factor()用于求 n!；sum()通过调用 factor()来实现求Σ。

```
/*
    源文件名:Li5_4.c
    功能:求阶乘和
*/
#include "stdio.h"
long factor(int n)                          /*定义求阶乘函数 factor()*/
{
    int i;
    long f=1;
    for(i=1;i<=n;i++)
        f=f*i;
    return f;
}
```

```
long sum(int m)                         /* 定义求和函数 sum() */
{
    int i;
    long s=0;
    for(i=1;i<=m;i++)
        s+=factor(i);                   /* 调用 factor()函数 */
    return s;
}
void main()
{
    int n;
    long s;
    printf("please input a number:");
    scanf("%d",&n);
    s=sum(n);                           /* 调用 sum()函数 */
    printf("1! +2! +.... +%d!=%ld\n",n,s);
}
```

编译、连接、运行程序。程序运行后，屏幕显示：

```
please input a number:5
1! +2! +.... +5!=153
```

在该案例中，主函数 main()调用求和函数 sum()，sum()又调用求阶乘函数 factor()。其调用关系如图 5-1 所示。

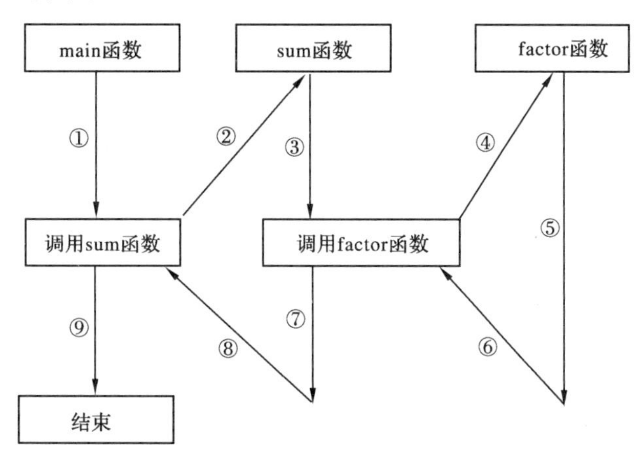


图 5-1 嵌套调用

### 5.5.2 函数的嵌套调用说明

一般来说，函数的嵌套调用是指在执行被调用函数时，该函数又调用其他函数的情形。

C 语言中不允许做嵌套的函数定义。因此各函数之间是平行的，不存在上一级函数和下一级函数的问题。但是 C 语言允许在一个函数的定义中出现对另一个函数的调用，这样就出现了函数的嵌套调用，即在被调函数中又调用其他函数。这与其他语言的子程序嵌套的情形是类似的。

注意：被调用函数执行完毕后，将返回到调用函数的断点继续执行。

简言之，谁调用返回到谁的断点继续执行。

### 5.5.3 函数的递归调用实例

**【例 5.5】** 用递归方法计算 n!（1!＝1，n!＝(n－1)! * n(n≥2)）。

算法分析：

(1)根据计算 n! 的递归定义可知，为了计算 n!，必须首先计算(n－1)!，依此类推，直至 1!（1!＝1）。

(2)依据 1! 求 2!＝1! *2，再依据 2! 求 3!＝2! *3；同理，依据(n－1)! 求n!＝(n－1)! *n。

```
/*
    源文件名：Li5_5.c
    功能：利用递归求一个数的阶乘
*/
#include "stdio.h"
long factor(int n)                          /*定义求阶乘函数 factor()*/
{
    int i;
    long f;
    if(n>1)
        f=n*factor(n-1);
    else
        f=1;
    return f;
}
void main()
{
    int n;
    long s;
    printf("please input a number:");
    scanf("%d",&n);
    s=factor(n);                            /*调用 factor()函数*/
    printf("%d!=%ld\n",n,s);
}
```

编译、连接、运行程序。程序运行后，屏幕显示：

```
please input a number:5
5!=120
```

其中，factor 函数在定义的过程中调用了本身，这种情况叫作函数的递归调用。

### 5.5.4 函数的递归调用说明

一个函数在它的函数体内调用它自身称为递归调用，这种函数称为递归函数。C 语言允许函数的递归调用。在递归调用中，主调函数又是被调函数。执行递归函数将反复调用其自身，每调用一次就进入新的一层。

下面以例 5.5 说明一下递归的执行过程。

设执行本程序时输入为 5，即求 5!。在主函数中的调用语句为“s=factor(5);”，进入 factor 函数后，由于 n=5，大于 1，故应执行 f=n * factor(n-1)，即 f=factor(5-1) * 5。该语句对 factor 函数做递归调用，即 factor(4)。

进行四次递归调用后，factor 函数形参取得的值变为 1，故不再继续递归调用而开始逐层返回主调函数。factor(1)的函数返回值为 1，factor(2)的返回值为 2 * 1=2，factor(3)的返回值为 3 * 2=6，factor(4)的返回值为 4 * 6=24，最后 factor(5)的返回值为 5 * 24=120。

注意：为了防止递归调用无终止地进行，必须在函数内有终止递归调用的手段。常用的方法是加条件对递归是否继续进行判断，满足某种条件后就不再做递归调用，而是逐层返回。如例 5.5 中的条件 if(n>1)就是控制递归继续的条件，当 n 不大于 1 的时候递归就终止，开始回溯的过程。

**思政小贴士**

一个复杂的程序，通常由很多函数共同组成，每个成员完成一个或多个函数的编写，统一由主函数调用和运行。成员设计的函数越优秀，对开发团队的贡献就会越大，其他成员编程就会越方便，因此，软件开发团队是共享共建的集体，需要每个程序员发扬团结协作乐于奉献的精神。良好的人际沟通是相互依存的，是团队工作效率的保证。函数模块间的数据交换也是如此。

## 5.6 内部函数和外部函数

C 语言程序中的函数是通过调用而执行的，所以一个函数需要被其他函数调用。但是，当一个程序由多个源文件组成时，在一个源文件中定义的函数，是否能被其他源文件中的函数调用呢？C 语言据此将函数分为内部函数和外部函数。

### 5.6.1 内部函数

一个函数如果只能被本文件中其他函数所调用，称为内部函数。内部函数又称静态函数。在定义内部函数时在函数名和函数类型前面加 static。即：

```
static 函数类型 函数名(形参列表)
{
    函数体
}
```

例如：static int fun(int a,int b)。

特点：只能被本文件中的函数所调用。

优点：不用担心与其他源文件中的函数同名，因为即使同名也没关系。

## 5.6.2 外部函数

一个函数可以被其他文件中的其他函数所调用，就称为外部函数。在定义函数时可冠以关键字 extern(省略也可)，表示此函数是外部函数。即：

```
extern 函数类型 函数名(形参列表)
{
    函数体
}
```

例如：extern int fun(int a,int b)。

特点：允许被所有源文件中的函数所调用。

注意：调用其他源文件中的外部函数时，需要对其进行说明。

**【例 5.6】** 以多文件的形式实现加、减、乘、除和求余数运算程序。

说明：将实现加、减、乘、除和求余数运算的程序段分别作为一个独立的函数，存储在一个独立的源文件中。

程序框架如下(完整程序详见例 5.6 源代码)：

分别创建 addition.c 源文件、subtraction.c 源文件、multiplication.c 源文件、division.c源文件和 remainder.c 源文件，分别在各源文件中实现相应的加、减、乘、除和求余数函数的功能。具体过程如下：

```
/* 案例代码文件名:addition.c
   功能:加法运算程序 */
void addition(int n1,int n2)
{
    int result;
    printf("%2d + %2d=",n1,n2); scanf("%d",&result);
    if(result==n1 + n2)                     /* 计算正确 */
        printf("\nGreat! Your answer is correct.");
    else                                    /* 计算不正确 */
        printf("\nSorry! Correct answer: %2d + %2d=%d",n1,n2,n1 + n2);
}
/* 案例代码文件名:subtraction.c
   功能:减法运算程序 */
void subtraction(int n1,int n2)
{
    int result;
    printf("%2d - %2d=",n1,n2); scanf("%d",&result);
    if(result==n1 - n2)                     /* 计算正确 */
        printf("\nGreat! Your answer is correct.");
    else                                    /* 计算不正确 */
```

```
        printf("\nSorry! Correct answer: %2d - %2d=%d",n1,n2,n1 - n2);
}
/* 案例代码文件名:multiplication. c
   功能:乘法运算程序 */
void multiplication(int n1,int n2)
{
     int result;
     printf("%2d * %2d=",n1,n2); scanf("%d",&result);
     if(result==n1 * n2)                        /* 计算正确 */
        printf("\nGreat! Your answer is correct.");
     else                                       /* 计算不正确 */
        printf("\nSorry! Correct answer: %2d * %2d=%d",n1,n2,n1 * n2);
}
/* 案例代码文件名:division. c
   功能:除法运算程序 */
void division(int n1,int n2)
{
     int result;
     printf("%2d / %2d=",n1,n2); scanf("%d",&result);
     if(result==n1 / n2)                        /* 计算正确 */
        printf("\nGreat! Your answer is correct.");
     else                                       /* 计算不正确 */
        printf("\nSorry! Correct answer: %2d / %2d=%d",n1,n2,n1 / n2);
}
/* 案例代码文件名:remainder. c
   功能:求余数运算程序 */
void remainder(int n1,int n2)
{
     int result;
     printf("%2d %% %2d=",n1,n2); scanf("%d",&result);
     if(result==n1 % n2)                        /* 计算正确 */
        printf("\nGreat! Your answer is correct.");
     else                                       /* 计算不正确 */
        printf("\nSorry! Correct answer: %2d %% %2d=%d",n1,n2,n1 % n2);
}
```

再创建一个 Li5_6. c 源文件,在其中写入如下外部函数说明语句:

```
/* 外部函数说明 */
#include "stdio. h"
#include "conio. h"
```

```
#include "stdlib.h"                              /* srand 的函数原型在"stdlib.h"和"time.h"中 */
#include "time.h"
extern void addition(int n1,int n2);
extern void subtraction(int n1,int n2);
extern void multiplication(int n1,int n2);
extern void division(int n1,int n2);
extern void remainder(int n1,int n2);
void main()
{
    char options;                                /* options 存储用户选择的运算符 */
    int n1,n2;                                   /* n1,n2 存储随机产生的两个操作数 */
    for(; 1;)                                    /* 无限循环:因为循环条件表达式恒为"真" */
    {
        srand(time(NULL));
        n1=rand()%100+1;
        n2=rand()%100+1;                         /* 随机产生两个 100 以内的整数 */
        fflush(stdin);                           /* 清空键盘缓冲区 */
        printf("     加、减、乘、除和求余数运算练习程序        \n");
        printf("------------------------\n");
        printf("     +(Addition)      ------ + / a      \n");
        printf("     -(Subtraction) ------ - / s      \n");
        printf("     *(Multiplication) ------ * / m   \n");
        printf("     /(Division)      ------ / / d      \n");
        printf("     %%(Remainder) ------%% / r     \n");
        printf("     Exit             ------         /e      \n");
        printf("------------------------\n");
        printf("Please choose one option: ");
        scanf("%1c",&options);
        fflush(stdin);                           /* 清空键盘缓冲区 */
        printf("\n\n");                          /* 空 1 行 */
        /* */
        switch(options)
        {   case 'e': exit(0);                   /* exit(0):库函数,终止程序运行 */
            case '+':
            case 'a': addition(n1,n2);break;     /* 加法运算 */
            case '-':
            case 's': subtraction(n1,n2); break;         /* 减法运算 */
            case '*':
            case 'm': multiplication(n1,n2); break;      /* 乘法运算 */
            case '/':
            case 'd': division(n1,n2); break;            /* 除法运算 */
            case '%':
            case 'r': remainder(n1,n2); break;           /* 求余运算 */
```

```
            default: printf("Sorry! Incorrect option."); /* 不正确选项 */
        }                                                /* switch 语句尾 */
      getch();                                           /* 按任意键继续 */
    }                                                    /* for 循环语句尾 */
}
```

编译、连接、运行程序。程序运行后,屏幕显示:

```
    加、减、乘、除和求余数运算练习程序
--------------------------
    +(Addition)       ------ + / a
    -(Subtraction) ------ - / s
    *(Multiplication) ------ * / m
    /(Division)       ------ / / d
    %(Remainder) ------% / r
    Exit              ------      /e
--------------------------
Please choose one option:+

49+84=133
Great! Your answer is correct.
```

## 5.6.3 多个源文件的编译与连接

在软件工程项目中,采用结构化方法进行程序设计与编程,通常会产生多个源文件(例如源程序文件、数据结构定义文件等)。那么,如何将这些源文件编译、连接成一个统一的可执行文件呢?一般有两种方法:

**1. 分别编译,一并连接**

C 编译程序是以源文件为编译单位。当一个程序中的函数和数据结构分放在多个源文件中时,先将各文件分别编译,再通过 link 命令产生一个可执行文件(. exe)。

**2. 集中编译、连接**

利用编译预处理命令 #include,将其他源文件包含到主函数 main()所在的源文件的开头,然后直接编译该文件即可。

**【例 5.7】** 先通过添加源文件的操作将 addition. c 源文件、subtraction. c 源文件、multiplication. c 源文件、division. c 源文件和 remainder. c 源文件添加到本工程中(加、减、乘、除、求余数)来,然后在其主函数 main()里添加如下几行:

```
/* 源文件名:Li5_7.c
   功能:以多文件的形式实现加、减、乘、除和求余数运算
   将其他各源文件包含进来
*/
#include "addition.c"
#include "subtraction.c"
```

```
#include "multiplication.c"
#include "division.c"
#include "remainder.c"
void main()
{
}
```

变量的作用域

# 5.7 变量的作用域

在讨论函数的形式参数和实际参数时曾经提到，形参变量只有在被调用期间才分配内存单元，调用结束后空间立即被释放。这一点表明形参变量只有在函数内才是有效的，离开该函数就不能再使用了。这种变量有效性的范围称为变量的作用域。不仅对于形参变量，C 语言中所有的变量都有自己的作用域。变量说明的方式不同，其作用域也不同。C 语言中的变量，按作用域范围可分为两种，即局部变量和全局变量。

## 5.7.1 局部变量

局部变量也称为内部变量。局部变量是在函数内（包括函数说明和函数体）做定义说明的，其作用域仅限于函数内，离开该函数后再使用这种变量是非法的。

**【例 5.8】** 局部变量的作用域。

```
/*
    源文件名：Li5_8.c
    功能：测试局部变量的作用域
*/
#include "stdio.h"
void test(int a)                 ┐
{                                │
      int b=20;                  ├a,b 在此范围有效
      printf("%d\n",a+b);        ┘
}
void main()                                        ┐
{                                                  │
    int i=2,j=3,k;                                 │
    k=i+j;                                         │
    {                                              │
        int k=8;                 ┐                 ├i,j,k 在此范围有效
        printf("%d\n",k);        ┘k 在此范围有效     │
    }                                              │
    printf("%d\n",k);                              │
    test(k);                                       ┘
}
```

编译、连接、运行程序。程序运行后,屏幕显示:

```
8
5
25
```

在函数 test 内定义了三个变量,a 为形参,b 为一般变量。在 test 的范围内 a、b 有效,或者说 a、b 变量的作用域限于 test 内。同理,i、j、k 的作用域限于 main 内。

关于局部变量的作用域还要说明以下几点:

(1)主函数中定义的变量只能在主函数中使用,不能在其他函数中使用。同时,主函数中也不能使用其他函数中定义的变量。因为主函数也是一个函数,它与其他函数是平行关系。这一点是与其他语言不同的,应予以注意。

(2)形参变量是属于被调函数的局部变量,实参变量是属于主调函数的局部变量。

(3)允许在不同的函数中使用相同的变量名,它们代表不同的对象,分配不同的单元,互不干扰,也不会发生混淆。

(4)在复合语句中也可定义变量,其作用域只在复合语句范围内。

如例 5.8 中在 main 中定义了 i、j、k 三个变量,其中 k 未赋初值。而在复合语句内又定义了一个变量 k,并赋初值为 8。应该注意这两个 k 不是同一个变量。在复合语句外由 main 定义的 k 起作用,而在复合语句内则由在复合语句内定义的 k 起作用。因此程序中的赋值语句 k=i+j;中的 k 为 main 所定义,其值应为 5。第一个输出语句输出的 k 值由于该行在复合语句内,是复合语句内定义的 k 起作用,其初值为 8,故输出值为 8,第二个输出语句输出的 k 值已在复合语句之外,输出的 k 应为 main 所定义的 k,此 k 值由前面的赋值语句 k=i+j 更新已获得为 5,故输出为 5。

## 5.7.2 全局变量

全局变量也称为外部变量,它是在函数外部定义的变量。它不属于哪一个函数,而是属于整个源程序文件,其作用域是整个源程序。在函数中使用全局变量,一般应做全局变量说明。只有在函数内经过说明的全局变量才能使用。全局变量的说明符为 extern。但在一个函数之前定义的全局变量,在该函数内使用时可不再加以说明。

**【例 5.9】** 要求设计一个函数 cuboid(double length,double width,double height)(三个参数依次为长方体的长、宽、高),用于求长方体的体积及正、侧、顶三个面的面积。

算法设计要点:函数 cuboid(double length,double width,double height)本身只能返回一个值(本案例选定体积),正、侧、顶三个面的面积就只能通过外部变量来进行数据共享。

```
/*
    源文件名:Li5_9.c
    功能:求长方体的体积及正、侧、顶三个面的面积
*/
#include "stdio.h"
double area1,area2,area3;                    /* 定义 3 个外部变量,用于数据共享 */
```

```
double cuboid(double length,double width,double height);          /* 函数说明 */
void main()
{
    double volume,length,width,height;
    printf("please input the cuboid's length,width and height:");
    scanf("%lf%lf%lf",&length,&width,&height);
    volume=cuboid(length,width,height);
    printf("\n volume=%.2lf,area1=%.2lf,area2=%.2lf,area3=%.2lf\n",volume,area1,
    area2,area3);
}
double cuboid(double length,double width,double height)
{
    double volume;
    volume=length * width * height;             /* 计算体积 */
    area1=length * width;                       /* 计算 3 个面的面积 */
    area2=width * height;
    area3=length * height;
    return(volume);                             /* 返回体积值 */
}
```

编译、连接、运行程序。程序运行后,屏幕显示:

```
please input the cuboid's length,width and height:3  5  7
volume=105.00,area1=15.00,area2=35.00,area3=21.00
```

注意:

(1)外部变量的作用域:从定义点到本文件结束。

为方便使用,建议将外部变量的定义放在文件开头,如例 5.9 所示。

(2)在同一源文件中,允许外部变量和内部变量同名。

在内部变量的作用域内,外部变量不起作用。

(3)外部变量可实现函数之间的数据共享,但又使这些函数依赖这些外部变量,因而使得这些函数的独立性降低。

从模块化程序设计观点来看,这是不利的。因此不是非用不可时,不要使用外部变量。

## 5.8 变量的存储类别

### 5.8.1 动态存储和静态存储

C 语言中的变量,不仅有类型特性,还有存储特性,从变量存在的时间(生存期)角度来分,可以分为静态存储方式和动态存储方式。

1. 动态存储方式：是在程序运行期间根据需要进行动态地分配存储空间的方式。

自动内部变量(auto)、寄存器变量(register)。

2. 静态存储方式：是指在程序运行期间分配固定的存储空间的方式。

静态内部变量(static)、外部变量(extern)。用户存储空间可以分为三个部分，如图5-2所示。

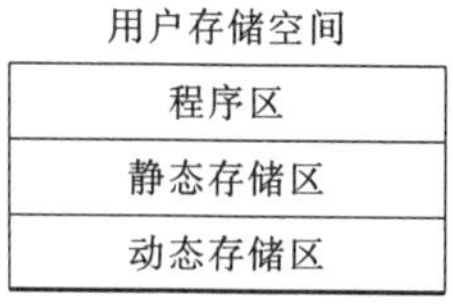

| 用户存储空间 |
| --- |
| 程序区 |
| 静态存储区 |
| 动态存储区 |

图5-2　用户存储空间情况

(1)程序区。

(2)静态存储区。

(3)动态存储区。

全局变量全部存放在静态存储区，在程序开始执行时给全局变量分配存储区，程序运行结束就释放。在程序执行过程中它们占据固定的存储单元，而不动态地进行分配和释放。

动态存储区存放以下数据：

(1)函数形式参数。

(2)自动变量(未加 static 声明的局部变量)。

(3)函数调用时的现场保护和返回地址。

对以上这些数据，在函数开始调用时分配动态存储空间，函数结束时释放这些空间。

## 5.8.2　动态存储

**【例5.10】**　动态存储举例。

```
/*
    源文件名:Li5_10.c
    功能:测试动态存储变量的空间分配情况
*/
#include "stdio.h"
void test()
{
    int m=10;
    m++;
    printf("m=%d\n",m);
}
void main()
{
    printf("the first time:");
    test();
    printf("the second time:");
    test();
    printf("the third time:");
```

```
    test();
}
```

编译、连接、运行程序。程序运行后,屏幕显示:

```
the first time:m=11
the second time:m=11
the third time:m=11
```

函数中的局部变量,如不特别声明为 static 存储类别,都是动态地分配存储空间的,数据存储在动态存储区中。函数中的形参和在函数中定义的变量(包括在复合语句中定义的变量)都属此类,在调用该函数时系统会给它们分配存储空间,在函数调用结束时就自动释放这些存储空间。这类局部变量称为自动变量。自动变量用关键字 auto(auto 可以省略)做存储类别的声明。如例 5.10 中,test 函数中的 m 没有用 static 声明,说明它是一个自动变量,所以,在主函数中调用了三次 test 函数,每次得到的 m 的输出值都是一样的,这是因为自动变量只有在函数被调用的时候分配空间,当函数调用结束,空间也就自动释放了,所以每次调用 m 都是被重新赋初始值 10。

## 5.8.3 用 static 声明的局部变量

**【例 5.11】** 静态局部变量例题。

```
/*
    源文件名:Li5_11.c
    功能:测试静态局部变量的空间分配情况
*/
#include "stdio.h"
void test()
{
    static int m=10;                    /*定义 m 为静态局部变量*/
    m++;
    printf("m=%d\n",m);
}
void main()
{
    printf("the first time:");
    test();
    printf("the second time:");
    test();
    printf("the third time:");
    test();
}
```

编译、连接、运行程序。程序运行后，屏幕显示：

```
the first time:m=11
the second time:m=12
the third time:m=13
```

有时希望函数中的局部变量的值在函数调用结束后不消失而保留原值，这时就应该指定局部变量为"静态局部变量"，用关键字 static 进行声明。如例 5.11 中，test 函数中的 m 变量用 static 声明为静态局部变量。由于静态变量在程序运行期间被分配的存储空间是固定的，所以第一次调用 test 函数的时候，m 变量空间被分配，并且赋予初值 10，然后执行 m++操作，所以 m 的值就为 11。但调用结束的时候 m 的空间仍然存在，没有因函数调用结束而被释放，所以在 test 函数第二次被调用的时候，m 不再重新分配空间，不再初始化为 10，而是使用原来的空间，沿用上一次的值 11，故第二次调用的时候输出的 m 值为 12，第三次为 13。

对静态局部变量的说明：

(1)静态局部变量属于静态存储类别，在静态存储区内分配存储单元。在程序整个运行期间都不释放。而自动变量(动态局部变量)属于动态存储类别，占动态存储空间，函数调用结束后即释放。

(2)静态局部变量在编译时赋初值，即只赋初值一次；而对自动变量赋初值是在函数调用时进行，每调用一次函数重新给一次初值，相当于执行一次赋值语句。

(3)如果在定义局部变量时不赋初值的话，则对静态局部变量来说，编译时自动赋初值 0(对数值型变量)或空字符(对字符变量)。而对自动变量来说，如果不赋初值，则它的值是一个不确定的值。

## 5.8.4 register 变量

为了提高效率，C 语言允许将局部变量的值放在 CPU 的寄存器中，这种变量叫"寄存器变量"，用关键字 register 做声明。

**【例 5.12】** 使用寄存器变量。

```
/*
    源文件名:Li5_12.c
    功能:测试寄存器存储变量的空间分配情况
*/
#include "stdio.h"
int factor(int n)
{
    register int i,f=1;
    for(i=1;i<=n;i++)
        f=f*i;
```

```
    return f;
}
void main()
{
    int i;
    for(i=0;i<=5;i++)
        printf("%d!=%d\n",i,factor(i));
}
```

编译、连接、运行程序。程序运行后,屏幕显示:

```
0!=1
1!=1
2!=2
3!=6
4!=24
5!=120
```

注意:

(1)只有局部动态变量和形式参数可以作为寄存器变量。

(2)一个计算机系统中的寄存器数目有限,不能定义任意多个寄存器变量。

(3)局部静态变量不能定义为寄存器变量。

(4)register 型变量不能为 long、double、float 型。

### 5.8.5 文件级外部变量和程序级外部变量

前面介绍过,在函数外部定义的变量称为外部变量。如果一个程序由多个源文件构成,根据某个源文件中定义的外部变量能否被其他源文件中的函数所引用,将外部变量分为两个作用域级别:

(1)文件级外部变量:只允许被本源文件中的函数引用,其定义方式如下:

static 数据类型 外部变量表;

(2)程序级外部变量:允许被程序中各源文件内的函数引用,其定义方式如下:

extern 数据类型 外部变量表;

同一程序中的其他源文件内的函数如果想引用程序级外部变量时,需要对其进行说明。

有效范围:从定义变量的位置开始到本源文件结束,及有 extern 说明的其他源文件。

注意:

(1)extern 不是变量定义,但可扩展外部变量作用域。

(2)若外部变量与局部变量同名,则外部变量被屏蔽。

下面用图表对变量的存储类型进行一个系统的归纳,见表 5-1。

表 5-1 变量的存储类型

| | 局部变量 | | | 外部变量 | |
|---|---|---|---|---|---|
| 存储类别 | auto | register | 局部 static | 外部 static | 外部 |
| 存储方式 | 动态 | | 静态 | | |
| 存储区 | 动态区 | 寄存器 | 静态存储区 | | |
| 生存期 | 函数调用开始至结束 | | 程序整个运行期间 | | |
| 作用域 | 定义变量的函数或复合语句内 | | | 本文件 | 其他文件 |
| 赋初值 | 每次函数调用时 | | 编译时赋初值，只赋一次 | | |
| 未赋初值 | 不确定 | | 自动赋初值 0 或空字符 | | |

# 5.9 编译预处理

在前面各项目中，已多次使用过以“#”开头的预处理命令，如包含命令 #include、宏定义命令 #define 等。在源程序中这些命令都放在函数之外，而且一般都放在源文件的前面，它们称为编译预处理部分。所谓编译预处理是指在进行编译的第一遍扫描(词法扫描和语法分析)之前所做的工作。预处理是 C 语言的一个重要功能，它由预处理程序负责完成。当对一个源文件进行编译时，系统将自动引用预处理程序对源程序中的预处理部分做处理，处理完毕自动进入对源程序的编译。C 语言提供了多种预处理功能，如宏定义、文件包含、条件编译等。合理地使用预处理功能编写的程序便于阅读、修改、移植和调试，也有利于模块化程序设计。本节主要介绍常用的几种预处理功能。

## 5.9.1 #include 命令

文件包含由 #include 命令来说明，编译预处理时，系统将包含文件的内容插入程序中引用它的地方，即程序中相应的 #include 命令所在处，文件包含是指一个源文件可以将另一个源文件的全部内容包含进来，有两种形式：#include <文件名> 和 #include "文件名"。

注意：

(1)每行写一句，只能写一个文件名，结尾不加分号“;”。被包含的文件必须是源文件而不能是目标文件。

(2)一个 #include 命令只能指定一个被包含文件，若有多个文件要包含，则需用多个 #include 命令。

(3)文件包含可以嵌套。即一个被包含文件中，可以包含另一个被包含文件。

(4)在 #include 命令中，文件名可以用尖括号或双引号括起来，二者都是合法的。其区别是用尖括号时，系统到存放 C 库函数头文件所在的目录中去寻找要包含的文件。用双引号时，系统先在用户当前目录中寻找要包含的文件，若找不到，再按标准方式查找。

在程序设计中，文件包含是很有用的。一个大的程序可以分为多个模块，由多个程序员分别编程。有些公用的符号常量或宏定义等可单独组成一个文件，在其他文件的开头用包含命令包含该文件即可使用。这样可避免在每个文件开头都去书写那些公用量，从而节省时间，并减少出错。

## 5.9.2 宏定义

在C语言源程序中允许用一个标识符来表示一个字符串，称为"宏"。被定义为"宏"的标识符称为"宏名"。在编译预处理时，对程序中所有出现的"宏名"都用宏定义中的字符串去代换，这称为"宏代换"或"宏展开"。

宏定义是由源程序中的宏定义命令完成的，宏代换是由预处理程序自动完成的。

在C语言中，"宏"分为有参数和无参数的两种。下面分别讨论这两种"宏"的定义和调用。

**1. 无参宏定义**

无参宏的宏名后不带参数。其定义的一般形式为：

#define 标识符 字符串

其中的"#"表示这是一条预处理命令，凡是以"#"开头的均为预处理命令。"define"为宏定义命令，"标识符"为所定义的宏名，"字符串"可以是常数、表达式或格式串等。

不带参数的宏定义的应用举例如下：

**【例5.13】** 不带参数的宏的使用举例。

```
/*
    源文件名:Li5_13.c
    功能:利用无参宏求圆的周长和面积
*/
#include "stdio.h"
#define PI 3.1415926
void main()
{
    double r,circle,area;
    printf("\nPlease input radius: ");
    scanf("%lf",&r);
    circle=2*PI*r;
    area=PI*r*r;
    printf("\ncircle=%lf,area=%lf\n",circle,area);
}
```

编译、连接、运行程序。程序运行后，屏幕显示：

```
Please input radius:3
circle=18.849556,area=28.274333
```

使用中应注意以下几点：

(1)习惯上宏名一般用大写字母表示。

(2)宏定义不是C语句，书写时行末不应加分号。

(3)在进行宏定义时,可以引用已定义的宏名。

(4)当宏体是表达式时,为稳妥起见常将它用括号括起来。

(5)宏名在源程序中若用引号括起来,则预处理程序不对其做宏代换。例如:

```
#include "stdio.h"
#define OK 100
void main()
{
    printf("OK");
    printf("\n");
}
```

上例中定义宏 OK 表示 100,但在 printf 语句中 OK 被引号括起来,因此不做宏代换。程序的运行结果为 OK 而不是 100,这表示把"OK"当字符串处理。

(6)若宏名出现在标识符内,则预处理时它也不被替换。

(7)同一个宏名可以重复定义,如果不一致,编译时会发出警告,并以最后一次的定义为准。

(8)当宏定义在一行中写不下时,可在行尾用反斜杠"\"进行续行。

(9)宏定义通常放在源程序文件的开头,其作用域是整个源程序,也可以在函数内部做宏定义,这时宏名字的作用域只在本函数,可用#undef 终止宏定义的作用域。例如:

```
#include "stdio.h"
#define PI 3.1415926
void main()
{
    ……
}
#undef PI
f1()
{
    ……
}
```

表示 PI 只在 main 函数中有效,在 f1 函数中无效。

(10)与变量定义不同,宏定义只做字符替换,不分配内存空间,也不做正确性检查。

(11)宏定义时可以不包含宏体,即写成:

#define 宏名

这种写法也是合法的,此时仅说明宏名已被定义。

**2. 带参宏定义**

C 语言允许宏带有参数。在宏定义中的参数称为形式参数,在宏调用中的参数称为实际参数。对带参数的宏,在调用中不仅要宏展开,而且要用实参去代换形参。

带参宏定义的一般形式为:

#define 宏名(形参表) 字符串

在字符串中含有各个形参。

带参宏调用的一般形式为：

宏名(实参表)；

例如：

```
#define M(y) y*y+3*y                    /*宏定义*/
……
k=M(5);                                 /*宏调用*/
……
```

在宏调用时，用实参 5 去代替形参 y，经预处理宏展开后的语句为：

```
k=5*5+3*5;
```

**【例 5.14】** 带参数的宏的使用举例。

```
/*
    源文件名：Li5_14.c
    功能：利用有参宏求两个数中的最大值
*/
#include "stdio.h"
#define MAX(a,b) (a>b)? a:b
void main()
{
    int x,y,max;
    printf("input two numbers: ");
    scanf("%d%d",&x,&y);
    max=MAX(x,y);
    printf("max=%d\n",max);
}
```

编译、连接、运行程序。程序运行后，屏幕显示：

```
input two numbers:3  6
max=6
```

例 5.14 中的第二行进行带参宏定义，用宏名 MAX 表示条件表达式(a>b)? a:b，形参 a、b 均出现在条件表达式中。程序中语句 max=MAX(x,y)；为宏调用，实参 x、y 将代换形参 a、b。宏展开后该语句为“max=(x>y)? x:y;”，用于计算 x、y 中的大数。

对于带参的宏定义有以下问题需要说明：

(1)在带参宏定义中，宏名和形参表之间不能有空格出现。

例如把#define MAX(a,b)  (a>b)? a:b 写为#define MAX  (a,b) (a>b)? a:b 将被认为是无参宏定义，宏名 MAX 代表字符串(a,b)(a>b)? a:b。宏展开时，宏调用语句：

max=MAX(x,y)；将变为 max=(a,b) (a>b)? a:b(x,y)；

这显然是错误的。

(2)在带参宏定义中，形式参数不分配内存单元，因此不必做类型定义。而宏调用中的实参有具体的值，要用它们去代换形参，因此必须做类型说明。这与函数中的情况是不同的。在函数中，形参和实参是两个不同的量，各有自己的作用域，调用时要把实参值赋予形参，进行“值传递”。而在带参宏中，只是符号代换，不存在值传递的问题。

(3)在宏定义中的形参是标识符，而宏调用中的实参可以是表达式。

**【例 5.15】** 用宏来实现平方。

```
/*
    源文件名:Li5_15.c
    功能:利用有参宏求数的平方
*/
#include "stdio.h"
#define TEST(y) (y)*(y)                    /*用宏来实现平方*/
void main()
{
    int a,test;
    printf("input a number: ");
    scanf("%d",&a);
    test=TEST(a+1);
    printf("test=%d\n",test);
}
```

编译、连接、运行程序。程序运行后，屏幕显示：

```
input a number:3
test=16
```

上例中第二行为宏定义，形参为 y。语句 test=TEST(a+1);宏调用中实参为 a+1，是一个表达式，在宏展开时，用 a+1 代换 y，再用(y)*(y) 代换 TEST，得到如下语句：

```
test=(a+1)*(a+1);
```

这与函数的调用是不同的，函数调用时要把实参表达式的值求出来再赋予形参。而宏代换中对实参表达式不做计算，直接原样替换。

(4)在宏定义中，字符串内的形参通常要用括号括起来以避免出错。在上例中的宏定义中，(y)*(y)表达式的 y 都用括号括起来，因此结果是正确的。如果去掉括号，把程序改为例 5.16 形式：

**【例 5.16】** 在带参数宏的定义中不使用括号。

```
/*
    源文件名:Li5_16.c
    功能:说明有参宏中括号的重要性
*/
#include "stdio.h"
#define TEST(y) y*y
void main()
{
    int a,test;
    printf("input a number:");
```

```
    scanf("%d",&a);
    test=TEST(a+1);
    printf("test=%d\n",test);
}
```

编译、连接、运行程序。程序运行后，屏幕显示：

```
input a number:3
test=7
```

同样输入3，但结果却是不一样的。问题在哪里呢？这是由于代换只做符号代换而不做其他处理而造成的。宏代换后将得到以下语句：

test=a+1*a+1;

由于a为3故test的值为7。这显然与题意相违，因此参数两边的括号是不能少的。即使在参数两边加括号还是不够的，请看例5.17的程序：

**【例5.17】** 在宏定义的参数两边加括号。

```
/*
    源文件名:Li5_17.c
    功能:说明有参宏中括号的重要性
*/
#include "stdio.h"
#define TEST(y) (y)*(y)                    /*用宏来实现平方*/
void main()
{
    int a,test;
    printf("input a number: ");
    scanf("%d",&a);
    test=160/TEST(a+1);
    printf("test=%d\n",test);
}
```

本程序与前例相比，只把宏调用语句改为:test=160/TEST(a+1);

运行本程序如输入值仍为3时，希望结果为10。但实际运行的结果如下：

```
input a number:3
test=160
```

为什么会得到这样的结果呢？分析宏调用语句，在宏代换之后变为：

test=160/(a+1)*(a+1);

a为3时，由于"/"和"*"运算符优先级和结合性相同，则先做160/(3+1)得40，再做40*(3+1)得160。为了得到正确答案，应在宏定义中的整个字符串外加括号，程序修改为例5.18。

**【例5.18】** 在宏定义的整个字符串外加括号。

```
/*
```

```
    源文件名:Li5_18.c
    功能:说明有参宏中括号的重要性
*/
#include "stdio.h"
#define TEST(y) ((y)*(y))                    /*用宏来实现平方*/
void main()
{
    int a,test;
    printf("input a number: ");
    scanf("%d",&a);
    test=160/TEST(a+1);
    printf("test=%d\n",test);
}
```

编译、连接、运行程序。程序运行后,屏幕显示:

```
input a number:3
test=10
```

以上讨论说明对于宏定义不仅应在参数两侧加括号,也应在整个字符串外加括号。

(5)带参的宏和带参函数很相似,但有本质上的不同,除上面已谈到的各点外,把同一表达式用函数处理与用宏处理两者的结果有可能是不同的。

**【例5.19】** 用带参数的函数求某个数的平方。

```
/*
    源文件名:Li5_19.c
    功能:利用带参数的函数求平方
*/
#include "stdio.h"
void main()
{
    int i=1;
    while(i<=5)
        printf("%d\n",test(i++));
}
test(int y)
{
    return((y)*(y));
}
```

编译、连接、运行程序。程序运行后,屏幕显示:

```
1
4
9
16
25
```

**【例 5.20】** 用带参数的宏求某个数的平方。

```
/*
    源文件名:Li5_20.c
    功能:利用带参数的宏求平方
*/
#include "stdio.h"
#define TEST(y) ((y)*(y))
void main()
{
    int i=1;
    while(i<=5)
        printf("%d\n",TEST(i++));
}
```

编译、连接、运行程序。程序运行后,屏幕显示:

```
1
9
25
```

在例 5.19 中,函数名为 test,形参为 y,函数体表达式为((y)*(y))。在例 5.20 中,宏名为 TEST,形参也为 y,字符串表达式为((y)*(y))。例 5.19 的函数调用为 test(i++),例 5.20 的宏调用为 TEST(i++),实参也是相同的。从输出结果来看,却大不相同。

分析如下:在例 5.19 中,函数调用是把实参 i 值传给形参 y 后自增 1,然后输出函数值,因而要循环 5 次,输出 1~5 的平方值。而在例 5.20 中宏调用时,只做替换,TEST(i++)被替换为((i++)*(i++))。从以上分析可以看出函数调用和宏调用二者在形式上相似,但在本质上是完全不同的。

## 5.9.3 条件编译

条件编译是指按照不同的条件去编译程序不同的部分,从而生成不同的目标代码,以实现程序的不同功能。条件编译可构造多种条件下运行的程序,提高程序的通用性和可移植性,便于程序的调试与纠错。大型 C 程序经常使用条件编译。

与条件编译相关的预处理指令有:#if、#else、#ifdef、#ifndef、#elif 和#endif。

条件编译指令的使用形式为:

**1. # if 的使用方法**

```
(1)# if 常量表达式
        程序段 1
   #else                              /*此部分可以没有*/
        程序段 2
   #endif
```

功能:如果常量表达式为真,编译程序段 1,否则编译程序段 2。

(2)＃ if 常量表达式 1
      程序段 1
   ＃ elif 常量表达式 2          /＊可有多个＃elif ＊/
      程序段 2
   ＃else
      程序段 3
   ＃endif

功能:常量表达式 1 为真,编译程序段 1;若常量表达式 1 为假,而常量表达式 2 为真,编译程序段 2;其他,编译程序段 3。

**2. ＃ ifdef 的使用方法**

形式:＃ ifdef 宏名
      程序段 1
   ＃else                    /＊此部分可以没有＊/
      程序段 2
   ＃endif

功能:如果宏名(标识符)已被定义过,则编译程序段 1,否则编译程序段 2。

**3. ＃ ifndef 的使用方法**

形式:＃ ifndef 宏名
      程序段 1
   ＃else                    /＊此部分可以没有＊/
      程序段 2
   ＃endif

功能:如果宏名(标识符)未被定义(通常用＃define),则编译程序段 1,否则编译程序段 2。与＃ ifdef 正好相反。

**【例 5.21】** 输入一个口令,根据需要设置条件编译,使之在调试程序时,按原码输出,在使用时输出"＊"号。

```
/*
    源文件名:Li5_21.c
    功能:利用宏来调试代码
*/
#include "stdio.h"
#define DEBUG
void main()
{
    char pass[80];
    int i=-1;
    printf("\n Please Input Password: ");
    do
    {
        i++;
```

```
            pass[i]=getchar();
            #ifdef DEBUG
                putchar(pass[i]);
            #else
                putchar('*');
            #endif
        }while(pass[i]!='\n');
    }
```

编译、连接、运行程序。程序运行后，屏幕显示：

```
Please Input Password:357
357
```

在调试程序时，常常希望输出一些所需要的信息，而在调试完成后不再输出这些信息。可以在源程序中插入#define DEBUG，当调试结束后再将该命令删除即可。

将#define DEBUG 删除后的运行结果如下：

```
Please Input Password:357
***
```

# 小　　结

本项目介绍C语言中函数的定义、调用、递归以及作用域的概念，还介绍了C语言编译预处理，包括宏替换、文件包含和条件编译。学习本项目应掌握如何编写函数，如何利用函数来把较大的问题分解后加以解决，应掌握作用域的概念，进而掌握C程序的结构。编译预处理指令是用来控制Turbo C编译程序的命令，它解释了怎样将一个源文件的内容插入另一个文件中，怎样在一个文件中进行正文替换以及怎样在不同情形下编译一个文件的不同部分。

**思政小贴士**

通过对函数的学习理解函数的作用、定义、函数的参数传递及调用，变量的作用域和生命周期，进而能够根据函数定义的格式编写函数程序，能够分析函数调用时的参数传递方法，实现程序模块化设计。面对问题团队之间要分工合作，团结协作，面对困难分而治之，逐个击破，要有积极向上、奋发有为的精神力量，在懂得函数功能的同时，增强团结、合作意识。

# 实验　函数的应用

## 一、实验目的

1. 理解和掌握多模块的程序设计与调试的方法。

2. 掌握函数的定义和调用的方法。

**二、实验内容**

1. 上机调试下面的程序，记录系统给出的出错信息，并指出出错原因，然后给出正确的代码。

```
#include "stdio.h"
void main()
{
    int x,y;
    printf("%d\n",sum(x+y));
    int sum(a,b)
    {
        int a,b;
        return(a+b);
    }
}
```

2. 通过输入两个加数给学生出一道加法运算题，如果输入答案正确，则显示“Right!”，否则显示“Not correct! Try again!”。

实验步骤与要求：

(1)编写一个函数 int add(int a,int b)，在函数内部判断一个学生输入的答案是否正确，正确返回 1，否则返回 0。

(2)编写一个函数 void output(int k)，判断 k 是否为真，如果为真，则输出“Right!”，否则输出“Not correct! Try again!”。

(3)编写一个主函数，调用上面两个函数。

# 习　　题

**一、选择题**

1. 以下函数定义形式正确的是(　　)。

A. double fun(int x,int y)　　B. double fun(int x?;int y)

C. double fun(int x,int y);　　D. double fun(int x,y);

2. 在 C 语言中，以下说法不正确的是(　　)。

A. 实参可以是常量、变量或表达式　　B. 形参可以是常量、变量或表达式

C. 实参可以为任意类型　　D. 形参应与其对应的实参类型一致

3. 以下说法正确的是(　　)。

A. 定义函数时，形参的类型说明可以放在函数体内

B. return 后边的值不能为表达式

C. 如果函数值的类型与返回值类型不一致，以函数值类型为准

D. 如果形参与实参的类型不一致，以实参类型为准

4. C 语言允许函数值类型缺省定义，此时该函数值默认的类型是(　　)。

A. float 型　　B. int 型　　C. long 型　　D. double 型

5. C语言规定,函数返回值的类型是由(　　)。

A. return语句中的表达式类型所决定

B. 调用该函数时的主调函数类型所决定

C. 调用该函数时系统临时决定

D. 在定义该函数时所指定的函数类型所决定

6. 以下描述错误的是(　　)。

A. 函数调用可以出现在执行语句中　　B. 函数调用可以出现在一个表达式中

C. 函数调用可以作为一个函数的实参　　D. 函数调用可以作为一个函数的形参

7. 以下描述正确的是(　　)。

A. 在C语言程序中函数的定义可以嵌套,但函数的调用不可以嵌套

B. 在C语言程序中函数的定义不可嵌套,但函数的调用可以嵌套

C. 在C语言程序中函数的定义和函数的调用均不可以嵌套

D. 在C语言程序中函数的定义和调用均可以嵌套

8. 在一个C源程序文件中,若要定义一个只允许本源文件中所有函数使用的全局变量,则该变量需要使用的存储类别是(　　)。

A. extern　　B. register　　C. auto　　D. static

9. 若有以下宏定义:

```
#define N 2
#define Y(n) ((N+1)*n)
```

则执行语句 Z=2*(N+Y(5));后结果是(　　)。

A. 语句有误　　B. Z=34　　C. Z=70　　D. Z无定值

10. 在宏定义#define PI 3.14159中,用宏名PI代替一个(　　)。

A. 常量　　B. 单精度数　　C. 双精度数　　D. 字符串

## 二、填空题

1. 以下程序的运行结果是________。

```
#include "stdio.h"
void main()
{
    int i=2,x=5,j=7;
    fun(j,6);
    printf("i=%d;j=%d;x=%d\n",i,j,x);
}
fun(int i,int j)
{
    int x=7;
    printf("i=%d;j=%d;x=%d\n",i,j,x);
}
```

2. 以下程序的运行结果是________。

```
#include "stdio.h"
void main()
{
```

```
    void increment();
    increment();
    increment();
    increment();
}
void increment()
{
    int x=0;
    x+=1;
    printf("%d ",x);
}
```

3. 以下程序的运行结果是________。

```
#include "stdio.h"
void main()
{
    int max(int x,int y);
    int a=1,b=2,c;
    c=max(a,b);
    printf("max is %d\n",c);
}
int max(int x,int y)
{
    int z;
    z=(x>y)? x:y;
    return(z);
}
```

4. 以下程序的运行结果是________。

```
#include "stdio.h"
void main()
{
    void add(int x,int y,int z);
    int x=2,y=3,z=0;
    printf("(1)x=%d y=%d z=%d\n",x,y,z);
    add(x,y,z);
    printf("(3)x=%d y=%d z=%d\n",x,y,z);
}
void add(int x,int y,int z)
{
    z=x+y;
    x=x*x;
    y=y*y;
    printf("(2)x=%d y=%d z=%d\n",x,y,z);
}
```

## 三、程序设计题

1. 编写一个函数，判断一个数是不是素数。在主函数中输入一个整数，输出是不是素数的信息。要求：

(1)编写一个函数 prime(n)，判断返回给定整数 n 是否为素数。

(2)编写一个主函数，输入一个整数，调用第(1)题中的函数，判断此整数是否为素数，并输出结果。

2. 函数 fun 的功能是：统计各年龄段的人数并存到 b 数组中，n 个人员的年龄放在 a 数组中。年龄为 1 到 9 的人数存到 b[0]中，年龄为 10 到 19 的人数存到 b[1]中，年龄为 20 到 29 的人数存到 b[2]中，年龄为 30 到 39 的人数存到 b[3]中，年龄为 40 到 49 的人数存到b[4]中，年龄为 50 岁以上的人数存到 b[5]中。

例如，当 a 数组中的数据为：

9、18、27、38、59、33、14、75、38。

调用该函数后，b 数组中存放的数据应是：

1、2、1、3、0、2。

请勿改动主函数 main 和其他函数中的任何内容，仅在函数 fun 的函数体中填入你编写的若干语句。

```
#include "stdio.h"
void fun(int a[],int b[],int n)
{









}
void main()
{
    int i,a[100]={9,18,27,38,59,33,14,75,38},b[6]={0};
    fun(a,b,9);
    printf("The result is: ");
    for(i=0; i<6;i++)
        printf("%d ",b[i]);
    printf("\n");
}
```

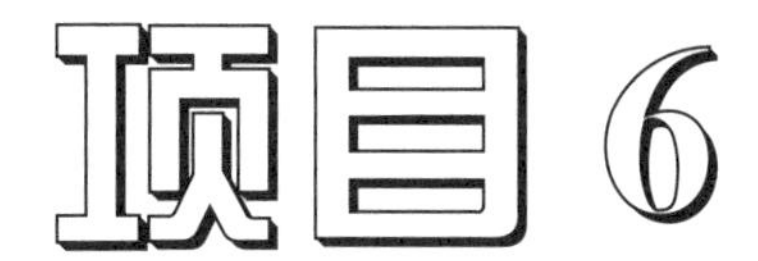

# 项目 6 用指针优化学生成绩排名

知识目标：

• 了解指针数组、多级指针。

• 了解指针与字符串，包括数组名和数组指针变量做函数参数、字符串指针变量的说明和使用、字符串指针变量与字符数组的区别。

• 理解指针的基本概念。

• 理解指针与函数，包括函数指针变量、指针型函数。

• 理解和应用指针与指针变量，包括指针变量的类型说明、指针变量的赋值和运算。

• 理解和应用指针与数组，包括一维数组的指针表示方法、二维数组的指针表示方法。

技能目标：

通过本项目的学习，要求能掌握指针的基本概念，熟练掌握指针变量的类型说明和指针变量的赋值与运算方法，熟练掌握一维数组的指针表示方法，掌握二维数组的指针表示方法，掌握指针在字符串和函数中的使用方法。本项目内容为后续结构体、文件及课程设计等的学习做好准备，同时，本项目的内容为后续课程数据结构的学习奠定了基础。

素质目标：

掌握C语言程序设计中指针与指针变量以及指针与数组、字符串和函数的应用，引导学生建立起保持初心、规范做事、踏实做人的行为准则，了解中国古代数学史上的杰作，激发民族自豪感。

## 任务 1 了解指针

**1. 问题情景与实现**

(1)问题情景

辅导员张老师在使用小王设计的程序时，发现他要在输入一个班级的学生成绩后，能够自动地得到最高分的那个学生的学号，即有个变量总是能够自动地指向最高分的那个学生的学号，在访问数据时可以通过变量直接访问，也可以通过变量的地址间接访问,也就是通过指针来访问,用这种方法更能够提高访问的效率,体现C语言在编程方面的强大功能。故张老师找来小王,说明了需求,小王根据张老师的需求,参考了相关的资料,完善了原来的程序,帮助张老师解决了该问题。

(2)实现

```
/*   功能:了解指针   */
#include <stdio.h>
#define MAX 1000
void main()
{
    int i;
    int *p;
    int xuehao;
    int count;
    int a[MAX];
    printf("请输入小组的人数:");
    scanf("%d",&count);
    printf("请输入小组的学生成绩:");
    for(i=0;i<count;i++)
    {
        scanf("%d",&a[i]);
    }
    p=a;
    xuehao=1;
    for(i=1;i<count;i++)
    {
        if(*p<a[i])
        {
            p=a+i;      /*p总是保存最高分学生的地址,即学生的学号*/
            xuehao=i+1;
        }
    }
    printf("该小组学生成绩的最高分是%d分\t学号是%d号\n",*p,xuehao);
}
```

编译、连接、运行程序。程序运行后,屏幕显示:

```
请输入小组的人数:10
请输入小组的学生成绩:70 70 80 90 100 90 80 70 60 90
该小组学生成绩的最高分是100分        学号是5号
```

**2. 相关知识**

要完成上面的任务,小王必须熟练掌握指针的基本概念、指针变量的类型说明,以及指针变量的赋值和运算方法。

# 6.1 关于指针的引例

指针是C语言中广泛使用的一种数据类型，运用指针编程是C语言最主要的风格之一。利用指针变量可以表示各种数据结构，能很方便地使用数组和字符串，并能像汇编语言一样处理内存地址，从而编出精练而高效的程序。指针极大地丰富了C语言的功能。学习指针是学习C语言最重要的一环，能否正确理解和使用指针是我们是否掌握C语言的一个标志。同时，指针也是C语言中最为困难的一部分，在学习中除了要正确理解基本概念，还必须多编程，上机调试。

**【例6.1】** 测字符串的长度。

```
/*  源文件名:Li6_1.c */
#include <stdio.h>
int strlenth(char *p)
{
    int len=0;
    while(*p!='\0')
    { len=len+1;p++; }
    return len;
}
void main()
{
    char *pstr="computer";
    int len;
    len=strlenth(pstr);
    printf("\n 字符串的长度是 %d\n",len);
}
```

编译、连接、运行程序。程序运行后，屏幕显示：

```
字符串的长度是 8
```

程序分析：在主函数中定义一个指向字符串的指针变量pstr，并将字符串的首地址赋值给pstr，然后调用求字符串长度的函数strlenth(char *p)，得到字符串的长度。在函数strlenth(char *p)中，判断*p是否为'\0'，如果不为'\0'，则进行len=len+1的操作，直到遇到'\0'为止，然后返回len值。

# 6.2 指针与指针变量

指针变量

## 6.2.1 指针与指针变量的基本概念

在计算机中，所有的数据都是存放在存储器中的。一般把存储器中的一个字节称为一个内存单元，不同数据类型所占用的内存单元数不等，如整型量占2个(Turbo C 2.0

中)或 4 个单元(VC++ 2010 中),字符量占 1 个单元等。为了正确地访问这些内存单元,必须为每个内存单元编上号。根据内存单元的编号即可准确地找到该内存单元。内存单元的编号也叫作地址。既然根据内存单元的编号或地址就可以找到所需的内存单元,所以通常也把这个地址称为指针。内存单元的指针和内存单元的内容是两个不同的概念。例如,把宾馆内的房间看成内存单元的话,那么房间号可以看成内存单元的指针,房间内住宿的旅客可以看成内存单元的内容,记录有房间号的卡片可以看成指针。对于一个内存单元来说,单元的地址即指针,其中存放的数据才是该单元的内容。在 C 语言中,允许用一个变量来存放指针,这种变量称为指针变量。因此,一个指针变量的值就是某个内存单元的地址或称为某内存单元的指针。

在图 6-1 中,设有字符变量 c,其内容为“K”(ASCII 码为十进制数 75),c 占用了 011A 号单元(地址用十六进制数表示)。设有指针变量 p,内容为 011A,这种情况称为 p 指向变量 c,或说 p 是指向变量 c 的指针。严格地说,一个指针是一个地址,是一个常量。而一个指针变量却可以被赋予不同的指针值,是变量。但常把指针变量简称为指针。为了避免混淆,我们约定:“指针”是指地址,是常量,“指针变量”是指取值为地址的变量。定义指针的目的是通过指针去访问内存单元。

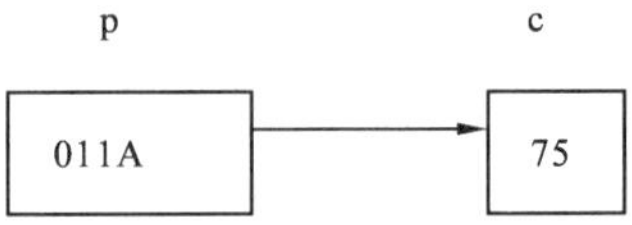

p c

011A → 75

图 6-1 内存单元的指针

既然指针变量的值是一个地址,那么这个地址不仅可以是变量的地址,也可以是其他数据结构的地址。在一个指针变量中存放一个数组或一个函数的首地址有何意义呢?因为数组或函数都是连续存放的,通过访问指针变量取得了数组或函数的首地址,也就找到了该数组或函数。这样一来,凡是出现数组、函数的地方都可以用一个指针变量来表示,只要该指针变量中赋予了数组或函数的首地址即可。这样做将会使程序的概念十分清楚,程序本身也精练、高效。在 C 语言中,一种数据类型或数据结构往往都占有一组连续的内存单元。用“地址”这个概念并不能很好地描述一种数据类型或数据结构,而“指针”虽然实际上也是一个地址,但它却是一个数据结构的首地址,它是“指向”一个数据结构的,因而概念更为清楚,表示更为明确。这也是引入“指针”概念的一个重要原因。

## 6.2.2 指针变量的类型说明

对指针变量的类型说明包括三个内容:

(1)指针类型说明,即定义变量为一个指针变量。

(2)指针变量名。

(3)变量值(指针)所指向的变量的数据类型。

指针变量的一般形式为:

类型说明符 * 变量名;

其中,“*”表示这是一个指针变量,变量名即定义的指针变量名,类型说明符表示本指针变量所指向的变量的数据类型。

例如:int *p1;表示 p1 是一个指针变量,它的值是某个整型变量的地址,或者说 p1 指向一个整型变量,至于 p1 究竟指向哪一个整型变量,由 p1 被赋予的地址来决定。

再如：

```
static int * p2;      /* p2 是指向静态整型变量的指针变量 */
float * p3;           /* p3 是指向浮点型变量的指针变量 */
char * p4;            /* p4 是指向字符型变量的指针变量 */
```

应该注意的是，一个指针变量只能指向同类型的变量，如 p3 只能指向浮点型变量，不能时而指向浮点型变量，时而又指向字符型变量。

## 6.2.3 指针变量的赋值

指针变量同普通变量一样，使用之前不仅要定义说明，而且必须赋予具体的值。未经赋值的指针变量不能使用，否则将造成系统混乱，甚至死机。指针变量只能赋予地址，绝不能赋予任何其他数据，否则将引起错误。C 语言中提供了地址运算符"&"来表示变量的地址。其一般形式为：& 变量名，如：&a 表示变量 a 的地址，&b 表示变量 b 的地址。变量本身必须预先说明。设有指向整型变量的指针变量 p，如要把整型变量 a 的地址赋给 p 可以用以下两种方式：

(1)指针变量初始化

```
int a=10;
int * p=&a;
```

或者直接使用：

```
int a=10, * p=&a;
```

(2)赋值语句

```
int a;
int * p;
p=&a;
```

不允许把一个数赋予指针变量，下面的赋值是错误的："int * p;p=1000;"。被赋值的指针变量前不能再加" * "说明符，如写为" * p=&a;"也是错误的。

## 6.2.4 指针变量的运算

指针变量可以进行某些运算，但其运算的种类是有限的。它只能进行赋值运算和部分算术运算及关系运算。

**1. 指针运算符**

(1)取地址运算符 &

取地址运算符 & 是单目运算符，其结合性为自右至左，其功能是取变量的地址。在 scanf 函数及前面介绍指针变量赋值中，我们已经了解并使用了 & 运算符。

(2)取内容运算符 *

取内容运算符 * 是单目运算符，其结合性为自右至左，用来表示指针变量所指的变量。在 * 运算符之后跟的变量必须是指针变量。需要注意的是，取内容运算符 * 和指针变量说明中的指针说明符 * 不是一回事。在指针变量说明中，" * "是类型说明符，表示其后的变量是指针类型。而表达式中出现的" * "则是一个运算符，用以表示指针变量所指的变量。

**【例 6.2】** 取内容运算符 * 的使用。

```
/*  源文件名:Li6_2.c  */
#include <stdio.h>
void main()
{
    int a=5,*p=&a;                  /*变量 p 取得了整型变量 a 的地址 */
    printf("%d\n",*p);              /*通过取内容运算符*,输出变量 a 的值 */
}
```

编译、连接、运行程序。程序运行后,屏幕显示:

```
5
```

**【例 6.3】** 使用指针变量的运算。

```
/*  源文件名:Li6_3.c  */
#include <stdio.h>
void main()
{
    int a=10,b=20,s,t,*pa,*pb;      /*pa、pb 为整型指针变量 */
    pa=&a;                          /*给指针变量 pa 赋值,pa 指向变量 a */
    pb=&b;                          /*给指针变量 pb 赋值,pb 指向变量 b*/
    s=*pa+*pb;                      /*求 a、b 之和(*pa 就是 a,*pb 就是 b) */
    t=*pa * *pb;                    /*求 a、b 之积 */
    printf("a=%d\tb=%d\t a+b=%d\t a*b=%d\n",a,b,a+b,a*b);
    printf("s=%d\t t=%d\n",s,t);
}
```

编译、连接、运行程序。程序运行后,屏幕显示:

```
a=10    b=20    a+b=30    a*b=200
s=30    t=200
```

**2. 指针变量的运算**

(1)赋值运算

指针变量的赋值运算有以下几种形式:

①指针变量初始化赋值,前面已做介绍。

②把一个变量的地址赋予指向相同数据类型的指针变量。例如:

```
int a,*pa;
pa=&a;                              /*把整型变量 a 的地址赋予整型指针变量 pa*/
```

③把一个指针变量的值赋予指向相同类型变量的另一个指针变量。例如:

```
int a,*pa=&a,*pb;
pb=pa;              /*把 a 的地址赋予指针变量 pb*/
```

由于 pa、pb 均为指向整型变量的指针变量,因此可以相互赋值。

④把数组的首地址赋予指向数组的指针变量。例如:

```
int a[5],*pa;
```

```
pa=a;                    /* 数组名表示数组的首地址,故可赋予指向数组的指针变量 pa */
```

也可写为:

```
pa=&a[0];                /* 数组第一个元素的地址也是整个数组的首地址,也可赋予 pa */
```

当然也可采取初始化赋值的方法:

```
int a[5], * pa=a;
```

⑤把字符串的首地址赋予指向字符类的指针变量。例如:

```
char * pc;
pc="C Language";
```

或用初始化赋值的方法写为:

```
char * pc="C Language";
```

这里应说明的是,并不是把整个字符串装入指针变量,而是把存放该字符串的字符数组的首地址装入指针变量。在后面还将详细介绍。

⑥把函数的入口地址赋予指向函数的指针变量。例如:

```
int( * pf)();
pf=f;                    /* f 为函数名 */
```

(2)加减算术运算

对于指向数组的指针变量,可以加上或减去一个整数 n。设 pa 是指向数组 a 的指针变量,则 pa+n,pa-n,pa++,++pa,pa--,--pa 运算都是合法的。指针变量加上或减去一个整数 n 的意义是把指针指向的当前位置(指向某数组元素)向前或向后移动 n 个位置。应该注意,数组指针变量向前或向后移动一个位置和地址加 1 或减 1 在概念上是不同的。因为数组可以有不同的类型,各种类型的数组元素所占的字节长度是不同的。如指针变量加 1,即向后移动 1 个位置,表示指针变量指向下一个数据元素的首地址,而不是在原地址基础上加 1。

例如:

```
int a[5], * pa;
pa=a;                    /* pa 指向数组 a,也是指向 a[0] */
pa=pa+2;                 /* pa 指向 a[2],即 pa 的值为 &pa[2] */
```

指针变量的加减运算只能对数组指针变量进行,对指向其他类型变量的指针变量做加减运算是毫无意义的。

(3)两个指针变量之间的运算

只有指向同一数组的两个指针变量之间才能进行运算,否则运算毫无意义。

①两指针变量相减

两指针变量相减所得之差是两个指针所指数组元素之间相差的元素个数。实际上是两个指针值(地址)相减之差再除以该数组元素的长度(字节数)。例如:pf1 和 pf2 是指向同一浮点数组的两个指针变量,设 pf1 的值为 2016H,pf2 的值为 2000H,而浮点数组每个元素占 4 个字节,所以 pf1-pf2 的结果为(2016H-2000H)/4=4,表示 pf1 和 pf2 之间相差 4 个元素。两个指针变量不能进行加法运算。例如:pf1+pf2 毫无实际意义。

②两指针变量进行关系运算

指向同一数组的两指针变量进行关系运算可表示它们所指数组元素之间的关系。例如：

pf1＝＝pf2 表示 pf1 和 pf2 指向同一数组元素。

pf1＞pf2 表示 pf1 处于高地址位置。

pf1＜pf2 表示 pf1 处于低地址位置。

指针变量还可以与 0 比较。设 p 为指针变量，p＝＝0 表明 p 是空指针，它不指向任何变量；p!＝0 表示 p 不是空指针。空指针是由对指针变量赋予 0 值而得到的。例如：#define NULL 0;int ＊p＝NULL；对指针变量赋 0 值和不赋值是不同的。指针变量未赋值时，可以是任意值，是不能使用的，否则将造成意外错误。而指针变量赋 0 值后，则可以使用，只是它不指向具体的变量而已。

**【例 6.4】** 比较三个整数的大小。

```
/*   源文件名:Li6_4.c  */
#include <stdio.h>
void main()
{
     int a,b,c,*pmax,*pmin;              /* pmax、pmin 为整型指针变量 */
     printf("请输入三个整数:");            /* 输入提示 */
     scanf("%d %d %d",&a,&b,&c);
     if(a>b)                              /* 如果第一个数大于第二个数 */
     {pmax=&a;pmin=&b;}                   /* 指针变量赋值 */
     else                                 /* 如果第一个数不大于第二个数 */
     {pmax=&b;pmin=&a;}                   /* 求出两个数的较大数和较小数 */
     if(c>*pmax) pmax=&c;                 /* 判断并赋值 */
     if(c<*pmin) pmin=&c;                 /* 判断并赋值 */
     printf("max=%d\t min=%d\n",*pmax,*pmin);
                                          /* 输出三个整数中的最大数和最小数 */
}
```

编译、连接、运行程序。程序运行后，屏幕显示：

```
请输入三个整数:4  7  5
max=7     min=4
```

**【例 6.5】** 使两个指针变量交换指向，如图 6-2 所示。

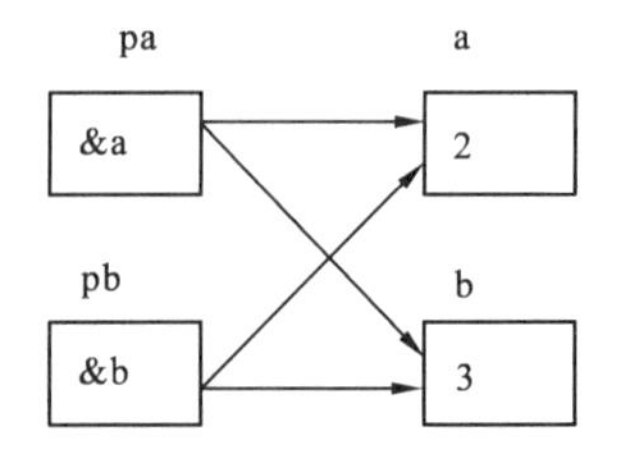

图 6-2 使两个指针变量交换指向

```
/*   源文件名:Li6_5.c   */
#include <stdio.h>
void main()
{
     int a=2,b=3,*pa=&a,*pb=&b,*pt;
     pt=pa;
     pa=pb;
```

```
    pb=pt;
    printf("a=%d\tb=%d\n",a,b);
    printf("*pa=%d\t*pb=%d\n",*pa,*pb);
}
```

编译、连接、运行程序。程序运行后,屏幕显示:

```
a=2        b=3
*pa=3      *pb=2
```

**【例6.6】** 交换两个指针变量所指向的变量的值。

```
/*   源文件名:Li6_6.c   */
#include <stdio.h>
void main()
{
    int a=2,b=3,*pa=&a,*pb=&b,t;
    t=*pa;
    *pa=*pb;
    *pb=t;
    printf("a=%d\tb=%d\n",a,b);
    printf("*pa=%d\t*pb=%d\n",*pa,*pb);
}
```

编译、连接、运行程序。程序运行后,屏幕显示:

```
a=3        b=2
*pa=3      *pb=2
```

# 任务2　指针应用

### 1.问题情景与实现

(1)问题情景

辅导员张老师在使用小王设计的程序时,发现他在输入一个班级的学生成绩后,要对学生的成绩进行排名,故张老师找来小王,说明了需求,小王根据张老师的需求,参考了相关的资料,完善了原来的程序,帮助张老师解决了该问题。

(2)实现

```
/*   功能:指针应用   */
#include <stdio.h>
#define MAX 1000
void main()
{
    int i,j,temp,max;
    int *p,*pm;
    int xuehao;
```

```
    int count;
    int a[MAX];
    int paiming[MAX];
    p=a;
    pm=paiming;
    printf("请输入小组的人数:");
    scanf("%d",&count);
    printf("请输入小组的学生成绩:");
    for(;p<a+count;p++)
    {
        scanf("%d",p);
    }
    for(i=0;i<count;i++)
    {
        pm[i]=i+1;/*保存相应学生的学号*/
    }
    p=a;
    for(i=0;i<count-1;i++)/*从高分到低分进行排列,学号也进行相应的交换*/
    {
        max=i;
        for(j=i+1;j<count;j++)/*使用选择排序的算法思路*/
        {
            if(p[max]<p[j]) max=j;
        }
        if(max!=i)
        {
            temp=p[i];p[i]=p[max];p[max]=temp;
            temp=pm[i];pm[i]=pm[max];pm[max]=temp;
        }
    }
    for(i=0;i<count;i++)
        printf("第%d名学生的成绩是%d分\t学号是%d号\n",i+1,*(p+i),pm[i]);
}
```

编译、连接、运行程序。程序运行后,屏幕显示:

```
请输入小组的人数:5
请输入小组的学生成绩:70 80 90 100 60
第1名学生的成绩是100分      学号是4号
第2名学生的成绩是90分       学号是3号
第3名学生的成绩是80分       学号是2号
第4名学生的成绩是70分       学号是1号
第5名学生的成绩是60分       学号是5号
```

**2. 相关知识**

要完成上面的任务，小王必须熟练掌握指针的基本概念、指针变量的类型说明和指针变量的赋值和运算方法，以及数组的指针表示方法等。

**思政小贴士**

通过使用指针，知道程序对象在内存中的存储位置，可以使用该地址来访问对象，我们将更加高效和方便地使用宝贵的内存空间，从而编写出精练而高效的程序。通过使用指针等复杂程序的调试可以锻炼学生的耐心和战胜困难意志力，看似复杂的操作只要有耐心和意志力，终会解决疑难，取得成功。

# 6.3　指针与数组

指针与一维数组

## 6.3.1　一维数组的指针表示方法

指向数组的指针变量称为数组指针变量。在讨论数组指针变量的说明和使用之前，先明确几个关系。

一个数组是由连续的一块内存单元组成的，数组名就是这块连续内存单元的首地址。一个数组也是由各个数组元素（下标变量）组成的，每个数组元素按其类型不同占有几个连续的内存单元。一个数组元素的首地址也是指它所占有的几个内存单元的首地址。一个指针变量既可以指向一个数组，也可以指向一个数组元素，可把数组名或第一个元素的地址赋予它。如要使指针变量指向第 i 个元素，可以把第 i 个元素的首地址赋予它或把数组名加 i 赋予它。

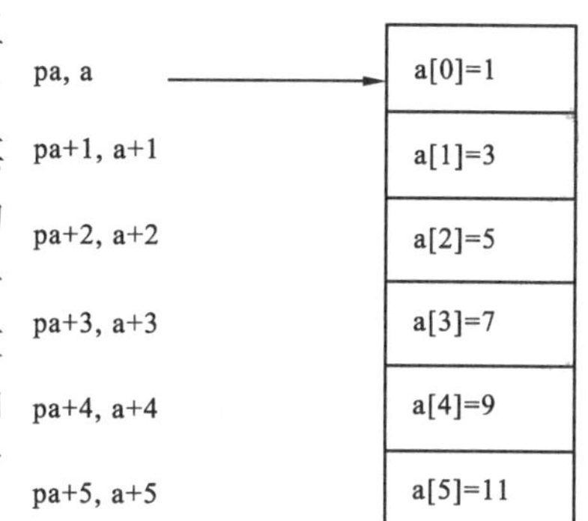


图 6-3　一维数组的指针

设有实数数组 a，指向 a 的指针变量为 pa，从图 6-3 中可以看出有以下关系：

pa、a、&a[0]均指向同一单元，它们是数组 a 的首地址，也是 0 号元素 a[0]的首地址；pa+1、a+1、&a[1]均指向 1 号元素 a[1]；类推可知 pa+i、a+i、&a[i]指向 i 号元素 a[i]。应该说明的是 pa 是变量，而 a、&a[i]都是常量，可以使用 pa++，但是 a++是错误的。

数组指针变量说明的一般形式为：

类型说明符 * 指针变量名；

其中类型说明符表示所指数组的类型。从一般形式可以看出指向数组的指针变量和指向普通变量的指针变量的说明是相同的。

引入指针变量后，就可以用两种方法来访问数组元素了。

第一种方法为下标法，即用 a[i]形式访问数组元素。在项目 4 中介绍数组时都是采用这种方法。

第二种方法为指针法，即采用 *(pa+i)形式，用间接访问的方法来访问数组元素。

【例 6.7】 分别用下标法、地址法和指针访问一维数组元素。

```
/*  源文件名:Li6_7.c  */
#include <stdio.h>
void main()
{
    int a[6]={1,3,5,7,9,11},i,*pa;            /*定义一个整型数组并初始化 */
    for(i=0;i<6;i++)                          /*循环语句*/
        printf("a[%d]=%d\t",i,a[i]);          /*用下标法访问一维数组元素 */
    printf("\n");                             /*输出换行*/
    for(i=0;i<6;i++)
        printf("a[%d]=%d\t",i,*(a+i));        /*用地址法访问一维数组元素 */
    printf("\n");
    for(i=0,pa=a;pa<a+6;pa++)
        printf("a[%d]=%d\t",i++,*pa);         /*用指针访问一维数组元素 */
    printf("\n");
}
```

编译、连接、运行程序。程序运行后,屏幕显示:

```
a[0]=1    a[1]=3    a[2]=5    a[3]=7    a[4]=9    a[5]=11
a[0]=1    a[1]=3    a[2]=5    a[3]=7    a[4]=9    a[5]=11
a[0]=1    a[1]=3    a[2]=5    a[3]=7    a[4]=9    a[5]=11
```

## 6.3.2 数组名和数组指针变量做函数参数

在前面曾经介绍过用数组名做函数的实参和形参的问题,在学习指针变量之后就更容易理解这个问题了。数组名就是数组的首地址,实参向形参传送数组名实际上就是传送数组的地址,形参得到该地址后也指向同一数组。这就好像同一件物品有两个彼此不同的名称一样。同样,指针变量的值也是地址,数组指针变量的值即为数组的首地址,当然也可作为函数的参数使用。

【例 6.8】 使用数组指针变量做函数参数,计算数组元素的平均值。

数组做函数参数

```
/*  源文件名:Li6_8.c  */
#include <stdio.h>
float aver(float *pa);
void main()
{
    float sco[5],av,*sp;
    int i;
    sp=sco;
    printf("\n请输入5个成绩:");
    for(i=0;i<5;i++) scanf("%f",&sco[i]);
    av=aver(sp);
    printf("平均成绩是:%5.2f\n",av);
```

```
}
float aver(float *pa)
{
    int i;
    float av,s=0;
    for(i=0;i<5;i++) s=s+ *pa++;
    av=s/5;
    return av;
}
```

编译、连接、运行程序。程序运行后，屏幕显示：

```
请输入 5 个成绩:65  70  75  80  85
平均成绩是:75.00
```

### 6.3.3 二维数组的指针表示方法

为了说明问题，定义以下二维数组：

```
int a[3][4]={{0,1,2,3},{4,5,6,7},{8,9,10,11}};
```

a 为二维数组名，此数组有 3 行 4 列，共 12 个元素。但也可这样理解，数组 a 由 3 个元素组成：a[0]、a[1]、a[2]，而它们中每个元素又是一个一维数组，且都含有 4 个元素(相当于 4 列)。例如，a[0]所代表的一维数组所包含的 4 个元素为 a[0][0]、a[0][1]、a[0][2]、a[0][3]，如图 6-4 所示。由于可以把数组 a 看成由 3 个元素组成的一维数组，这 3 个元素的地址可以表示成 a、a+1 和 a+2，如图 6-5 所示。数组 a 的每个元素又是一个有 4 个元素的一维数组，如果 a 的地址值为 1000，则 a+1 和 a+2 的地址值分别为 1008 和 1016，这里假设一个整型变量占用两个单元(Turbo C 2.0)。

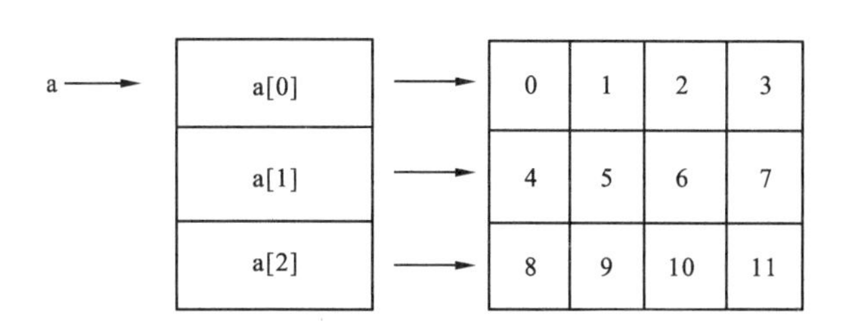


图 6-4 数组 a 包含的一维数组的 4 个元素

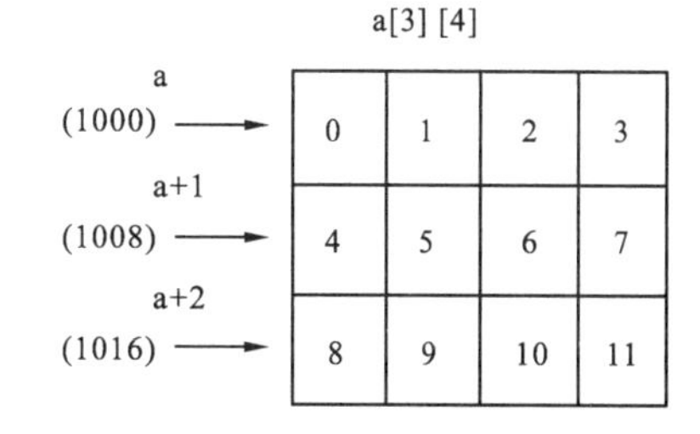


图 6-5 数组 a 的 3 个一维数组元素

既然把 a[0]、a[1]、a[2]看成一维数组名，可以认为它们分别代表其所对应的数组的首地址。也就是说，a[0]代表第 0 行中第 0 列元素的地址，即 &a[0][0]，a[1]是第 1 行中第 0 列元素的地址，即 &a[1][0]。根据地址运算规则，a[0]+1 代表第 0 行第 1 列元素的地址，即 &a[0][1]。一般而言，a[i]+j 代表第 i 行第 j 列元素的地址，即 &a[i][j]。

另外，在二维数组中，还可用指针的形式来表示各元素的地址。如前所述，a[0]与 *(a+0)等价，a[1]与 *(a+1)等价，因此 a[i]+j 就与 *(a+i)+j 等价，它表示数组元素 a[i][j]的地址。因此，二维数组元素 a[i][j]可表示成 *(a[i]+j)或 *( *(a+i)+j)，它们都与 a[i][j]等价,或者还可写成(*(a+i))[j]。另外,要补充说明一下,如果编写一个程序打印输出 a 和 *a,可发现它们的值是相同的,这是为什么呢?可这样来理解:首先,为了说明问题,把二维数组看成由 3 个数组元素 a[0]、a[1]、a[2]组成,将 a[0]、a[1]、a[2]看成数组名,它们又分别是由 4 个元素组成的一维数组。因此,a 表示数组第 0 行的地址,而 *a 即为 a[0],它是数组名,当然还是地址,它是数组第 0 行第 0 列元素的地址。

**【例 6.9】** 分别使用不同的方法访问二维数组元素。

```
/*  源文件名:Li6_9.c  */
#include "stdio.h"
#define PF "%d,%d,%d,%d,%d,\n"
void main()
{
    static int a[3][4]={0,1,2,3,4,5,6,7,8,9,10,11};
    printf(PF,a,*a,a[0],&a[0],&a[0][0]);
    printf(PF,a+1,*(a+1),a[1],&a[1],&a[1][0]);
    printf(PF,a+2,*(a+2),a[2],&a[2],&a[2][0]);
    printf("%d,%d\n",a[1]+1,*(a+1)+1);
    printf("%d,%d\n",*(a[1]+1),*(*(a+1)+1));
}
```

编译、连接、运行程序。程序运行后,屏幕显示:

```
4344368,4344368,4344368,4344368,4344368,
4344384,4344384,4344384,4344384,4344384,
4344400,4344400,4344400,4344400,4344400,
4344388,4344388
5,5
```

程序说明:其中 4344368、4344384 和 4344400 分别是二维数组的三行的首地址,是一个随机地址值。4344388 是二维数组中 a[1][1]的地址值,5 是二维数组中 a[1][1]的值。这里假设一个整型变量占用 4 个单元(VC++ 2010)。

微课

指针与字符串

## 6.4 指针与字符串

### 6.4.1 字符串指针变量的说明和使用

字符串指针变量的定义说明与指向字符变量的指针变量说明是相同的,只能按对指针变量的赋值不同来区别。对指向字符变量的指针变量应赋予该字符变量的地址。

如:char c,*p=&c;表示 p 是一个指向字符变量 c 的指针变量。而:char *s="C Language";则表示 s 是一个指向字符串的指针变量,把字符串的首地址赋予 s。

**【例 6.10】** 使用指向字符串的指针变量输出字符串。

```
/*  源文件名:Li6_10.c  */
#include "stdio.h"
void main()
{
    char *ps;
    ps="C Language";
    printf("%s",ps);
}
```

编译、连接、运行程序。程序运行后,屏幕显示:

```
C Language
```

上例中,首先定义 ps 是一个字符指针变量,然后把字符串的首地址赋予 ps。程序中的 char *ps;ps="C Language";等效于 char *ps="C Language";最后输出字符串。

**【例 6.11】** 使用指向字符串的指针变量,并输出字符串中第 n 个字符以后的字符。

```
/*  源文件名:Li6_11.c  */
#include "stdio.h"
void main()
{
    char *ps="this is a book";
    int n=10;
    ps=ps+n;                        /*将指针从开始向后移 n 个字符 */
    printf("%s\n",ps);
}
```

编译、连接、运行程序。程序运行后,屏幕显示:

```
book
```

程序说明:在程序中对 ps 初始化时,即把字符串首地址赋予 ps,当执行 ps=ps+10;之后,ps 指向字符“b”,因此输出为“book”。

**【例 6.12】** 在输入的字符串中查找有无“k”字符。

```
/*  源文件名:Li6_12.c  */
#include "stdio.h"
void main()
{
    char st[20],*ps;
    int i;
    printf("input a string:\n");
    ps=st;
    scanf("%s",ps);
    for(i=0;ps[i]!='\0';i++)
        if(ps[i]=='k'){
            printf("There is a 'k' in the string\n");
```

```
            break;
        }
    if(ps[i]=='\0') printf("There is no 'k' in the string\n");
}
```

编译、连接、运行程序。程序运行后,屏幕显示:

```
input a string:
hello!
There is no 'k' in the string
```

在例 6.13 中把字符串指针作为函数参数使用,要求把一个字符串的内容复制到另一个字符串中,并且不能使用 strcpy 函数。函数 cpystr 的形参为两个字符指针变量,pss 指向源字符串,pds 指向目标字符串。

**【例 6.13】** 把一个字符串的内容复制到另一个字符串中。

```
/*  源文件名:Li6_13.c   */
#include "stdio.h"
void cpystr(char *pss,char *pds)
{
    while((*pds=*pss)!='\0')
    {   pds++;
        pss++;
    }
}
void main()
{
    char *pa="CHINA",b[10],*pb;
    pb=b;
    cpystr(pa,pb);
    printf("string a=%s\nstring b=%s\n",pa,pb);
}
```

编译、连接、运行程序。程序运行后,屏幕显示:

```
string a=CHINA
string b=CHINA
```

在例 6.13 中定义了一个函数 cpystr(char *pss,char *pds),函数完成了两项工作:一是把 pss 指向的源字符复制到 pds 所指向的目标字符中,二是判断所复制的字符是否为'\0',若是则表明源字符串结束,不再循环,否则 pds 和 pss 都加 1,指向下一字符。在主函数中,以指针变量 pa、pb 为实参,分别取得确定值后调用 cpystr 函数。由于采用的指针变量 pa 和 pss 以及 pb 和 pds 均指向同一字符串,因此在主函数和 cpystr 函数中均可使用这些字符串。可以把 cpystr 函数简化为以下形式:

```
cpystr(char *pss,char *pds)
{while((*pds++=*pss++)!='\0');}
```

即把指针的移动和赋值合并在一个语句中。进一步分析还可发现'\0'的 ASCII 码为 0，对于 while 语句，只要表达式的值为非 0 就循环，为 0 则结束循环，因此也可省去"!='\0'"这一判断部分，而写为以下形式：

```
cpystr(char *pss,char *pds)
{while(*pds++=*pss++);}
```

表达式的意义可解释为：源字符向目标字符赋值，移动指针，若所赋值为非 0 则循环，否则结束循环。这样使程序更加简洁，简化后的程序如下所示：

```
void cpystr(char *pss,char *pds)
{
    while(*pds++=*pss++);
}
void main()
{
    char *pa="CHINA",b[10],*pb;
    pb=b;
    cpystr(pa,pb);
    printf("string a=%s\nstring b=%s\n",pa,pb);
}
```

## 6.4.2 使用字符串指针变量与字符数组的区别

用字符数组和字符串指针变量都可以实现字符串的存储和运算，但是两者是有区别的。在使用时应注意以下几个问题：

1. 字符串指针变量本身是一个变量，用于存放字符串的首地址，而字符串本身是存放在以该首地址为首的一块连续的内存空间中，并以'\0'作为串的结束。字符数组是由若干个数组元素组成的，它可用来存放整个字符串。

2. 对字符数组做初始化赋值，必须采用外部类型或静态类型，如：static char st[]={"C Language"};，而对字符串指针变量则无此限制，如：char *ps="C Language";。

3. 对字符串指针方式：char *ps="C Language";可以写为：char *ps; ps="C Language";，而对数组方式：static char st[]={"C Language"};不能写为：char st[20];st={"C Language"};。

因为字符数组名 st 代表的是一个常量，只能对字符数组的各元素逐个赋值，如 st[0]='C',st[1]='',st[2]='L',……,st[9]='e'。

从以上几点可以看出字符串指针变量与字符数组在使用时的区别，同时也可看出使用指针变量更加方便。前面说过，当一个指针变量在未取得确定地址前使用是危险的，容易引起错误。但是对指针变量直接赋值是可以的，因为 C 系统对指针变量赋值时要给予确定的地址。因此：

```
char *ps="C Language";
```

或者

```
char * ps;
ps="C Language";
```

都是合法的。

### 6.4.3 指针数组

如果一个数组的元素值为指针则该数组称为指针数组。指针数组是一组有序的指针的集合。指针数组的所有元素都必须是具有相同存储类型和指向相同数据类型的指针变量。

指针数组说明的一般形式为：

类型说明符 *数组名[数组长度]；

其中类型说明符为指针所指向的变量的类型。

例如：int *pa[3]；表示 pa 是一个指针数组，它有三个数组元素，每个元素都是一个指针，指向整型变量。通常可用一个指针数组来指向一个二维数组。指针数组中的每个元素被赋予二维数组每一行的首地址，因此也可理解为指向一个一维数组。

**【例 6.14】** 用一个指针数组来指向一个二维数组。

```
/*   源文件名:Li6_14.c   */
#include "stdio.h"
void main()
{
    int a[3][3]={1,2,3,4,5,6,7,8,9};
    int *pa[3]={a[0],a[1],a[2]};
    int *p=a[0];
    int i;
    for(i=0;i<3;i++)
        printf("%d,%d,%d\n",a[i][2-i],*a[i],*(*(a+i)+i));
    for(i=0;i<3;i++)
        printf("%d,%d,%d\n",*pa[i],p[i],*(p+i));
}
```

编译、连接、运行程序。程序运行后，屏幕显示：

```
3,1,1
5,4,5
7,7,9
1,1,1
4,2,2
7,3,3
```

程序说明：本例程序中，pa 是一个指针数组，三个元素分别指向二维数组 a 的各行。

用循环语句输出指定的数组元素。其中 * a[i]表示 i 行 0 列元素值；*(*(a+i)+i)表示 i 行 i 列元素值；* pa[i]表示 i 行 0 列元素值；由于 p 与 a[0]相同，故 p[i]表示 0 行 i 列的值；*(p+i)表示 0 行 i 列的值。读者可仔细领会元素值的各种不同的表示方法。应该注意指针数组和二维数组指针变量的区别，这两者虽然都可用来表示二维数组，但是其表示方法和意义是不同的。

二维数组指针变量是单个变量，其一般形式中"(* 指针变量名)"两边的括号不可少。而指针数组类型表示的是多个指针(一组有序指针)，在一般形式中"* 指针数组名"两边不能有括号。

例如 int(* p)[3]；表示一个指向二维数组的指针变量。该二维数组的列数为 3 或分解为一维数组的长度为 3。int * p[3]；表示 p 是一个指针数组，有三个下标变量：p[0]、p[1]、p[2]，均为指针变量。

指针数组也常用来表示一组字符串，这时指针数组的每个元素被赋予一个字符串的首地址。指向字符串的指针数组的初始化更为简单，例如在例 6.15 中即采用指针数组来表示一组字符串。其初始化赋值为：

```
static char * name[]={"Illegal day","Monday","Tuesday","Wednesday","Thursday",
"Friday","Saturday","Sunday"};
```

完成这个初始化赋值之后，name[0]即指向字符串"Illegal day"，name[1]指向"Monday"……

**【例 6.15】** 指针数组作指针型函数的参数。

```
/*  源文件名:Li6_15.c  */
#include "stdio.h"
void main()
{
    static char * name[]={ "Illegal day","Monday","Tuesday","Wednesday",
    "Thursday","Friday","Saturday","Sunday"};
    char * ps;
    int i;
    char * day_name(char * name[],int n);
    printf("input Day No: ");
    scanf("%d",&i);
    if(i>=0) ps=day_name(name,i);
    printf("Day No:%2d-->%s\n",i,ps);
}
char * day_name(char * name[],int n)
{
    char * pp1, * pp2;
    pp1= * name;
    pp2= * (name+n);
    return((n<1||n>7)? pp1:pp2);
}
```

编译、连接、运行程序。程序运行后，屏幕显示：

```
input Day No:3
Day No:3 --> Wednesday
```

程序说明:在本例主函数中,定义了一个指针数组 name,并对 name 做了初始化赋值,使其每个元素都指向一个字符串。然后又以 name 作为实参调用指针型函数 day_name,在调用时把数组名 name 赋予形参变量 name,输入的整数 i 作为第二个实参赋予形参 n。在 day_name 函数中定义了两个指针变量 pp1 和 pp2,pp1 被赋予 name[0]的值,即 * name,pp2 被赋予 name[n]的值,即 *(name+n)。由条件表达式决定返回 pp1 或 pp2 指针给主函数中的指针变量 ps,最后输出 i 和 ps 的值。

**【例 6.16】** 将五个国家名按字母顺序排列后输出。

```
/*  源文件名:Li6_16.c   */
#include "stdio.h"
#include "string.h"
void main()
{
     void sort(char *name[],int n);
     void print(char *name[],int n);
     static char *name[]={"CHINA","AMERICA","AUSTRALIA",
     "FRANCE","GERMAN"};
     int n=5;
     sort(name,n);
     print(name,n);
}
void sort(char *name[],int n)
{
     char *pt;
     int i,j,k;
     for(i=0;i<n-1;i++)
       {
         k=i;
         for(j=i+1;j<n;j++)
           if(strcmp(name[k],name[j])>0) k=j;
           if(k!=i){pt=name[i];name[i]=name[k];name[k]=pt;}
       }
}
void print(char *name[],int n)
{
     int i;
     for(i=0;i<n;i++) printf("%s\n",name[i]);
}
```

编译、连接、运行程序。程序运行后,屏幕显示:

```
AMERICA
AUSTRALIA
CHINA
FRANCE
GERMAN
```

程序说明：在以前的例子中采用了普通的排序方法，逐个比较之后交换字符串的位置。交换字符串的物理位置是通过字符串复制函数完成的。反复的交换将使程序执行的速度很慢，同时由于各字符串（国家名）的长度不同，又增加了存储管理的负担。用指针数组能很好地解决这些问题。把所有的字符串存放在一个数组中，把这些字符数组的首地址放在一个指针数组中，当需要交换两个字符串时，只需交换指针数组相应两元素的内容（地址）即可，而不必交换字符串本身。

程序中定义了两个函数，一个函数名为 sort，用于完成排序，其形参 name 为指针数组，即为待排序的各字符串数组的指针，形参 n 为字符串的个数。另一个函数名为 print，用于输出排序后的字符串，其形参与 sort 的形参相同。主函数 main 中，定义了指针数组 name 并做了初始化赋值，然后分别调用 sort 函数和 print 函数完成排序和输出。值得说明的是在 sort 函数中，对两个字符串比较，采用了 strcmp 函数。strcmp 函数允许参与比较的字符串以指针方式出现，name[k]和 name[j]均为指针，因此是合法的。字符串比较后需要交换时，只交换指针数组元素的值，而不交换具体的字符串，这样将大大减少时间的开销，提高运行效率。

# 6.5 指针与函数

## 6.5.1 函数指针变量

在 C 语言中规定，一个函数总是占用一段连续的内存区，而函数名就是该函数所占内存区的首地址。可以把函数的这个首地址（或称入口地址）赋予一个指针变量，使该指针变量指向该函数，然后通过指针变量就可以找到并调用这个函数。我们把这种指向函数的指针变量称为“函数指针变量”。

函数指针变量定义的一般形式为：

类型说明符（*指针变量名）（形参类型 1，形参类型 2……）；

其中“类型说明符”表示被指向函数的返回值的类型；“（*指针变量名）”表示“*”后面的变量是定义的指针变量；最后的括号和括号内的形参表示指针变量所指的是一个函数。

例如：int(*pf)(int,int)；

表示 pf 是一个指向函数入口的指针变量，该函数的返回值（函数值）是整型。

下面通过例子来说明用指针形式实现对函数调用的方法。

**【例 6.17】** 用指针形式实现对函数调用的方法,求两个数中的较大数。

```
/*  源文件名:Li6_17.c  */
#include "stdio.h"
int max(int a,int b)
{
    if(a>b)return a;
    else return b;
}
void main()
{
    int max(int a,int b);
    int(*pmax)(int,int);
    int x,y,z;
    pmax=max;
    printf("input two numbers:\n");
    scanf("%d%d",&x,&y);
    z=(*pmax)(x,y);
    printf("maxnum=%d",z);
}
```

编译、连接、运行程序。程序运行后,屏幕显示:

```
input two numbers:
5 8
maxnum=8
```

程序说明:

1. 先定义函数指针变量,如程序中第 9 行 int(*pmax)(int,int);定义 pmax 为函数指针变量。

2. 把被调函数的入口地址(函数名)赋予该函数指针变量,如程序中"pmax=max;"。

3. 用函数指针变量形式调用函数,如程序中"z=(*pmax)(x,y);"。

调用函数的一般形式为:(*指针变量名)(实参表)。

使用函数指针变量还应注意以下两点:

(1)函数指针变量不能进行算术运算,这与数组指针变量不同。数组指针变量加减一个整数可使指针移动指向后面或前面的数组元素,而函数指针的移动是毫无意义的。

(2)函数调用中"(*指针变量名)"的两边的括号不可少,其中的"*"不应该理解为求值运算,在此处它只是一种表示符号。

## 6.5.2 指针型函数

前面我们介绍过,所谓函数类型,是指函数返回值的类型。在 C 语言中允许一个函数的返回值是一个指针(地址),这种返回指针值的函数称为指针型函数。

定义指针型函数的一般形式为:

```
类型说明符 *函数名(形参表)
{
    ……  /*函数体*/
}
```

其中函数名之前加了“*”,表明这是一个指针型函数,即返回值是一个指针。类型说明符表示返回的指针值所指向的数据类型。

如:

```
int *ap(int x,int y)
{
    ……  /*函数体*/
}
```

表示 ap 是一个返回指针值的指针型函数,它返回的指针指向一个整型变量。

**【例 6.18】** 通过指针函数,输入一个 1~7 的整数,输出对应的星期名。

```
/*  源文件名:Li6_18.c  */
#include "stdio.h"
void main()
{
    int i;
    char *day_name(int n);
    printf("input Day No: ");
    scanf("%d",&i);
    if(i>=0) printf("Day No:%2d-->%s\n",i,day_name(i));
}
char *day_name(int n)
{
    static char *name[]={ "Illegal day","Monday","Tuesday","Wednesday","Thursday",
    "Friday","Saturday","Sunday"};
    return((n<1||n>7)? name[0] : name[n]);
}
```

编译、连接、运行程序。程序运行后,屏幕显示:

```
input Day No:3
Day No:3 --> Wednesday
```

程序说明:程序中定义了一个指针型函数 day_name,它的返回值指向一个字符串。该函数中定义了一个静态指针数组 name,name 数组初始化赋值为 8 个字符串,分别表示各个星期名及出错提示,形参 n 表示与星期名所对应的整数。在主函数中,把输入的整数 i 作为实参,在 printf 语句中调用 day_name 函数并把 i 值传送给形参 n。day_name 函数中的 return 语句包含一个条件表达式,n 值若大于 7 或小于 1,则把 name[0] 指针返回主函数输出出错提示字符串“Illegal day”,否则返回主函数输出对应的星期名。

应该特别注意的是函数指针变量和指针型函数这两者在写法和意义上的区别。如 int(*p)()和 int *p()是两个完全不同的量。int(*p)()是一个变量说明,说明 p 是一个指向函数入口的指针变量，该函数的返回值是整型量，“( * p)”的两边的括号不能少。int * p()不是变量说明而是函数说明，说明 p 是一个指针型函数，其返回值是一个指向整型量的指针，“ * p”两边没有括号。作为函数说明，在括号内最好写入形式参数，这样便于与变量说明区别。对于指针型函数定义，int * p()只是函数头部分，一般还应该有函数体部分。

# 6.6 指向指针的指针变量

一个指针变量可以指向整型变量、实型变量、字符型变量，当然也可以指向指针类型变量。当这种指针变量用于指向指针类型变量时，我们称之为指向指针的指针变量，又称为双重指针变量。下面用图来描述这种双重指针，如图 6-6 所示。

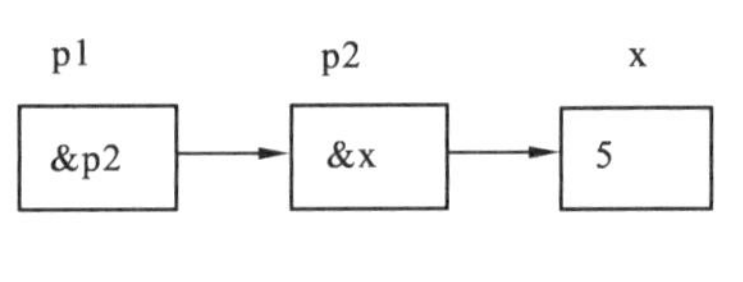


图 6-6 指向指针的指针

在图 6-6 中，整型变量 x 的地址是 &x，将其传递给指针变量 p2，则 p2 指向 x，p2 是指针变量，同时将 p2 的地址 &p2 传递给 p1，则 p1 指向 p2。这里的 p1 就是我们谈到的指向指针变量的指针变量，即指针的指针。

指向指针的指针变量定义如下：

类型标识符 * * 指针变量名；

例如：

```
float * * ptr;
```

其含义为定义一个指针变量 ptr，它指向另一个指针变量(该指针变量又指向一个浮点型变量)。由于指针运算符“ * ”是自右至左结合，所以上述定义相当于：

```
float * ( * ptr);
```

下面看一下怎样正确引用指向指针的指针变量。

**【例 6.19】** 用指向指针的指针变量访问指针数组。

```
/*   源文件名:Li6_19.c   */
#include "stdio.h"
void main()
{
    char * name[]={"CHINA","AMERICA","AUSTRALIA","FRANCE","GERMAN"};
    char * * p;
    int i;
    for(i=0;i<5;i++)
    { p=name+i; printf("%s\n", * p); }
}
```

编译、连接、运行程序。程序运行后，屏幕显示：

```
CHINA
AMERICA
AUSTRALIA
FRANCE
GERMAN
```

程序说明:name 是一个指针数组,它的每一个元素是一个指针型数据,其值为地址。数组名 name 代表该指针数组的首地址,name+i 是 name[i]的地址,name+i 就是指向指针型数据的指针(地址)。双重指针变量 p,使它指向指针数组元素。p 就是指向指针型数据的指针变量。

## 6.7　指针的实例

**【例 6.20】**　交换指针变量的值。

```
/*   源文件名:Li6_20.c   */
#include "stdio.h"
void main()
{
    int *p1,*p2,*p;                          /*指针变量说明语句 */
    int a,b;
    printf("\n Please input a and b:");
    scanf("%d%d",&a,&b);
    p1=&a;
    p2=&b;
    if(a<b)
    { p=p1; p1=p2; p2=p;}                    /*将 p1 和 p2 变量的值进行交换 */
    printf("max=%d,min=%d\n",*p1,*p2);
}
```

编译、连接、运行程序。程序运行后,屏幕显示:

```
Please input a and b:4 5
max=5,min=4
```

程序说明:程序 Li6_20.c 中,交换的只是指针变量 p1 和 p2 的值,而没有交换整型变量 a、b 的值。

**【例 6.21】**　编写使用指针方法交换两个整数值的函数 swap,在主函数中调用 swap 函数,完成三个整数的排序。

```
/*   源文件名:Li6_21.c   */
#include "stdio.h"
swap(int *p1,int *p2)
{
    int p;
    p=*p1; *p1=*p2; *p2=p;
}
void main()
{
    int a,b,c;
    int *p1,*p2,*p3;
    printf("\nInput 3 numbers:");
```

```
    scanf("%d%d%d",&a,&b,&c);
    p1=&a; p2=&b; p3=&c;
    if(a>b) swap(p1,p2);                    /* 函数调用 */
    if(a>c) swap(p1,p3);                    /* 函数调用 */
    if(b>c) swap(p2,p3);                    /* 函数调用 */
    printf("\nThe sorted numbers: %d,%d,%d\n",a,b,c);
}
```

编译、连接、运行程序。程序运行后,屏幕显示:

```
Input 3 numbers:100  200  150
The sorted numbers:100,150,200
```

程序说明:程序 Li6_21.c 中的 swap(int *p1,int *p2)函数体内,交换的是由指针变量 p1 和 p2 所指向的两个整型变量的值,而不是指针变量 p1 和 p2 的值。

**【例 6.22】** 使用指针变量分别输入和输出数组元素的值。

```
/*  源文件名:Li6_22.c  */
#include "stdio.h"
#define N 5
void main()
{
    int *p,a[N];
    p=a;
    printf("\nInput 5 numbers:");
    for(; p<a+N; p++)
        scanf("%d",p);
    p=a;
    printf("\nOutput array:");
    for(; p<a+N; p++)
        printf("%d ",*p);
}
```

编译、连接、运行程序。程序运行后,屏幕显示:

```
Input 5 numbers:1  3  5  7  9
Output array:1  3  5  7  9
```

程序说明:程序 Li6_22.c 中,第一个循环语句 for(; p<a+N; p++)scanf("%d",p);内的输入函数中使用的不是 &a[i],而是指针变量 p,p 和 &a[i]都表示变量的地址。第二个循环语句 for(; p<a+N; p++) printf("%d ",*p);内的输出函数中使用的不是 a[i],而是指针变量 p 的内容 *p,*p 和 a[i]都表示变量的值。

**【例 6.23】** 查找数组中元素的位置(指针)。

```
/*  源文件名:Li6_23.c  */
#include "stdio.h"
void main()
{
```

```
    int a[6],x,i;
    printf("Input 5 numbers:");
    for(i=1; i<=5; i++) scanf("%d",a+i);          /* 读数到 a[1]……a[5] */
    printf("\nInput x:");
    scanf("%d",&x);
    *a=x; i=5;                                     /* 将 x 存入 a[0]中 */
    while(x!= *(a+i))
        i--;
    if(i>0) printf("%d's position is: %d\n",x,i);
    else printf("%d not been found! \n",x);
}
```

编译、连接、运行程序。程序运行后，屏幕显示：

```
Input 5 numbers:1  3  5  7  9
Input x:3
3's position is:2
```

程序说明：程序 Li6_23.c 中的循环条件 x!= *(a+i)，相当于 x!=a[i]。

**【例 6.24】** 求某学生 5 门课程成绩的平均分。

```
/*  源文件名:Li6_24.c  */
#include "stdio.h"
void main()
{
    float average(int *array);
    static int score[5]={60,70,80,90,80},i;
    float aver;
    printf("\Scores:");
    for(i=0; i<5; i++)
        printf("%d ", *(score+i));
    aver=average(score);
    printf("\nAverage score: %6.2f",aver);
}
float average(int *array)
{
    int i;
    float aver,sum=0;
    for(i=0;i<5;i++)
        sum=sum+ *(array+i);
    aver=sum/5;
    return(aver);
}
```

编译、连接、运行程序。程序运行后，屏幕显示：

```
Scores:60  70  80  90  80
Average score:76.00
```

# 小　　结

1. 指针是C语言的重要组成部分，使用指针编程有以下优点：

(1)提高程序的编译效率和执行速度。

(2)通过指针可使主调函数和被调函数之间共享变量或数据结构，便于实现双向数据通信。

(3)可以实现动态的存储分配。

(4)便于表示各种数据结构，编写高质量的程序。

2. 指针的运算

(1)取地址运算符 &：求变量的地址。

(2)取内容运算符 *：表示指针所指的变量。

(3)赋值运算

- 把变量地址赋予指针变量。
- 同类型指针变量相互赋值。
- 把数组、字符串的首地址赋予指针变量。
- 把函数入口地址赋予指针变量。

(4)加减运算

对指向数组、字符串的指针变量可以进行加减运算，如 p+n，p-n，p++，p--等。对指向同一数组的两个指针变量可以相减。对指向其他类型的指针变量做加减运算是无意义的。

(5)关系运算

指向同一数组的两个指针变量之间可以进行大于、小于、等于比较运算。指针可与0比较，p==0 表示 p 为空指针。

3. 与指针有关的各种说明和意义：

```
int *p;          p为指向整型量的指针变量
int *p[n];       p为指针数组，由n个指向整型量的指针元素组成
int(*p)[n];      p为指向整型二维数组的指针变量，二维数组的列数为n
int *p()         p为返回指针值的函数，该指针指向整型量
int(*p)()        p为指向函数的指针，该函数返回整型量
int **p          p为指向另一指针的指针变量，该指针指向一个整型量
```

在解释组合说明符时，标识符右边的方括号和小括号优先于标识符左边的“*”，而方括号和小括号以相同的优先级从左到右结合。但可以用小括号改变约定的结合顺序。

# 实验　指针程序设计实例

## 一、实验目的

1. 掌握指针的概念、指针变量的定义。

2.掌握指针的运算(取地址运算 &、取内容运算 *、指针移动的运算等)。

3.掌握指针与数组的关系。

4.掌握指针与函数的关系。

**二、预习内容**

指针变量的定义、赋值和取地址 &、取内容 *、移动等操作,数组元素的多种表示方法。

**三、实验内容**

1.分析下列程序的运行结果,并上机验证。

(1)以下程序的运行结果是________________。

```
#include "stdio.h"
void main()
{
    int i,j, * pi, * pj;
    pi=&i; pj=&j;
    i=5; j=7;
    printf("%d\t%d\t%d\t%d\n ",i,j, * pi, * pj);
}
```

(2)以下程序的运行结果是________________。

```
#include "stdio.h"
void main()
{
    int a[ ]={ 1,2,3 };
    int * p,i;
    p=a;
    for(i=0; i<3; i++)
        printf("%d\t%d\t%d\t%d\n",a[i],p[i], * (p+i), * (a+i));
}
```

(3)以下程序的运行结果是________________。

```
#include "stdio.h"
void main()
{
    int a[]={ 2,5,3,6,8 };
    int * p,i=1,s=0;
    for(p=a; p<a+5; p++)
    {i * = * p; s+= * p; }
    printf("%d %d\n",i,s);
}
```

(4)有以下程序:

```
#include "stdio.h"
```

```
#include "string.h"
int ff(char *x)
{
    char *p=x, *q;
    int i,k=1;
    q=p+strlen(x)-1;
    for(i=1; i<=strlen(x)/2; i++)
        if(*p==*q) { p++; q--; }
        else { k=0; break; }
    return k;
}
void main()
{
    char a[80];
    gets(a);
    if(ff(a)==1) printf("yes\n");
    else printf("no\n");
}
```

用户自定义函数 ff()的功能是________________________。

若从键盘输入“asdfghgfdsa”,则输出结果为________________________。

若从键盘输入“aweftfew”,则输出结果为________________________。

2. 以下是求三个数中的最大数的程序,试完善程序。

```
void cut(int *p,int *q)
{
    int t;
    t=*p;____________; *q=t;
}
void main()
{
    int a,b,c;
    scanf("%d%d%d",&a,&b,&c);
    if(a<b)____________
    if(a<c)____________
    printf("%d\n",____________);
}
```

3. 以下是将一个字符串复制到另一个字符串中的源程序,其中函数 cprstr 的形参为两个字符指针变量,pm 指向源字符串,pn 指向目标字符串,试完善源程序。

```
#include "stdio.h"
void cpystr(char *pm,char *pn)
{
```

```
    while((*pn=*pm)!='\0')
    {   ____________;
        ____________;
    }
}
```

## 习　　题

### 一、选择题

1. 设有定义:int n1=0,n2,*p=&n2,*q=&n1;以下赋值语句中与 n2=n1;语句等价的是(　　)。

A. *p=*q;　　B. p=q;　　C. *p=&n1;　　D. p=*q;

2. 若有定义:int x=0,*p=&x;则语句 printf("%d\n",*p);的输出结果是(　　)。

A. 随机值　　B. 0　　C. x 的地址　　D. p 的地址

3. 以下定义语句中正确的是(　　)。

A. char a='A'b='B';　　B. float a=b=10.0;

C. int a=10,*b=&a;　　D. float *a,b=&a;

4. 有以下程序

```
main()
{
    int a=7,b=8,*p,*q,*r;
    p=&a;q=&b;
    r=p; p=q;q=r;
    printf("%d,%d,%d,%d\n",*p,*q,a,b);
}
```

程序运行后的输出结果是(　　)。

A. 8,7,8,7　　B. 7,8,7,8　　C. 8,7,7,8　　D. 7,8,8,7

5. 设有定义:int a,*pa=&a;以下 scanf 语句中能正确为变量 a 读入数据的是(　　)。

A. scanf("%d",pa);　　B. scanf("%d",a);

C. scanf("%d",& pa);　　D. scanf("%d",*pa);

6. 设有定义:int n=0,*p=&n,**q=&p;则以下选项中,正确的赋值语句是(　　)。

A. p=1;　　B. *q=2;　　C. q=p;　　D. *p=5;

7. 有以下程序:

```
void fun(char *a,char *b)
{a=b;  (*a)++;}
main()
{
    char  c1='A',c2='a',*p1,*p2;
    p1=&c1; p2=&c2; fun(p1,p2);
```

```
    printf("%c%c\n",c1,c2);
}
```

程序运行后的输出结果是(　　)。

A. Ab　　B. aa　　C. Aa　　D. Bb

8. 若程序中已包含头文件 stdio. h,以下选项中,正确运用指针变量的程序段是(　　)。

A. float *i=NULL;
   scanf("&d",f);

B. float a,*f=&a;
   *f=10.5;

C. char t='m',*c=&t;
   *c=&t;

D. long *L;
   L='\0';

9. 有以下程序:

```
#include <stdio.h>
main()
{ printf("%d\n",NULL); }
```

程序运行后的输出结果是(　　)。

A. 0　　B. 1

C. −1　　D. NULL 没定义,出错

10. 已定义以下函数:

```
fun(int *p)
{ return *p; }
```

该函数的返回值是(　　)。

A. 不确定的值　　B. 形参 p 中存放的值

C. 形参 p 所指存储单元中的值　　D. 形参 p 的地址值

11. 下列函数定义中,会出现编译错误的是(　　)。

A.
```
void max(int x,int y,int *z)
  { *z=x>y? x:y; }
```

B.
```
int max(int x,y)
  int z;
  z=x>y? x:y;
  return z;
```

C.
```
max(int x,int y)
  { int z;
      z=x>y? x:y; return(z);
  }
```

D.
```
int max(int x,int y)
  { return(x>y? x:y); }
```

12. 有以下程序段:

```
main()
{    int a=5,*b,**c;
     c=&b; b=&a;
     ……
}
```

程序在执行了 c=&b;b=&a;语句后,表达式**c 的值是(　　)。

A. 变量 a 的地址　　B. 变量 b 中的值　　C. 变量 a 中的值　　D. 变量 b 的地址

13. 有以下程序：

```
main()
{    char a,b,c,*d;
     a='\'; b='\xbc';
     c='\0xab'; d="\017";
     print("%c%c%c\n",a,b,c,*d);
}
```

编译时出现错误，以下叙述中正确的是(　　)。

A. 程序中只有 a='\';语句不正确　　B. b='\xbc';语句不正确

C. d="\017";语句不正确　　D. a='\';和 c='\0xab';语句都不正确

14. 若有以下定义和语句：

```
#include <stdio.h>
int a=4,b=3,*p,*q,*w;
p=&a; q=&b; w=q; q=NULL;
```

则以下选项中错误的语句是(　　)。

A. *q=0;　　B. w=p;　　C. *p=a;　　D. *p=*w;

15. 有以下程序：

```
#include <stdio.h>
int *f(int *x,int *y)
{    if(*x<*y)
         return x;
     else
         return y;
}
void main()
{    int a=7,b=8,*p,*q,r;
     p=&a;
     q=&b;
     r=*f(p,q);
     printf("%d,%d,%d\n",a,b,r);
}
```

程序运行后的输出结果是(　　)。

A. 7,8,8　　B. 7,8,7　　C. 8,7,7　　D. 8,7,8

16. 若有说明:int n=2,*p=&n,*q=p;则以下非法的赋值语句是(　　)。

A. p=q;　　B. *p=*q;　　C. n=*q;　　D. p=n;

17. 有以下程序：

```
void fun(char *c,int d)
{     *c=*c+1;d=d+1;
     printf("%c,%c,",*c,d);
}
```

```
main()
{    char a='A',b='a';
     fun(&b,a); printf("%c,%c\n",a,b);
}
```

程序运行后的输出结果是(　　)。

A. B,a,B,a　　B. a,B,a,B　　C. A,b,A,b　　D. b,B,A,b

18. 若有说明语句:int a,b,c, * d=&c;则能从键盘读入三个整数,分别赋给变量 a、b、c 的语句是(　　)。

A. scanf("%d%d%d",&a,&b,d);　　B. scanf("%d%d%d",&a,&b,&d);

C. scanf("%d%d%d",a,b,d);　　D. scanf("%d%d%d",a,b, * d);

19. 若定义:int a=511, * b=&a;则 printf("%d\n", * b);的输出结果为(　　)。

A. 无确定值　　B. a 的地址　　C. 512　　D. 511

20. 若有说明:int i,j=2, * p=&i;则能完成 i=j 赋值功能的语句是(　　)。

A. i= * p;　　B. p * = * &j;　　C. i=&j;　　D. i= * * p;

## 二、填空题

1. 有以下程序:

```
void f(int y,int * x)
{y=y+ * x; * x= * x+y;}
main()
{
     int x=2,y=4;
     f(y,&x);
     printf("%d %d\n",x,y);
}
```

执行后输出的结果是________。

2. 下面程序的运行结果是________。

```
void swap(int * a,int * b)
{
     int * t;
     t=a; a=b; b=t;
}
main()
{
     int x=3,y=5, * p=&x, * q=&y;
     swap(p,q);
     printf("%d%d\n", * p, * q);
}
```

3. 设有以下程序:

```
main()
```

```
{
    int a,b,k=4,m=6,*p1=&k,*p2=&m;
    a=p1==&m;
    b=(*p1)/(*p2)+7;
    printf("a=%d\n",a);
    printf("b=%d\n",b);
}
```

执行该程序后,a 的值为________,b 的值为________。

4.下列程序的输出结果是________。

```
void fun(int *n)
{
    while((*n)--);
    printf("%d",++(*n));
}
main()
{
    int a=100;
    fun(&a);
}
```

5.以下函数用来求出两整数之和,并通过形参将结果传回,试完善程序。

```
void func(int x,int y,________ z)
{ *z=x+y; }
```

6.函数 void fun(float *sn,int n)的功能是:根据公式 $s=1-\frac{1}{3}+\frac{1}{5}-\frac{1}{7}+\cdots\frac{1}{2n+1}$ 计算 s,计算结果通过形参指针 sn 传回;n 通过形参传入,n 的值大于或等于 0,试完善程序。

```
void fun(float *sn,int n)
{
    float s=0.0,w,f=-1.0;
    int i=0;
    for(i=0; i<=n; i++)
    {
        f=________ *f;
        w=f/(2*i+1);
        s+=w;
    }
    ________=s;
}
```

7.以下函数的功能是:把两个整数指针所指的存储单元中的内容进行交换,试完善程序。

```
exchange(int * x,int * y)
{
    int t;
    t= * y; * y=________; * x=________;
}
```

8. 下面函数要用来求出两个整数之和,并通过形参传回两数相加之和,试完善程序。

```
int add(int x,int y,________ z)
{ ________=x+y;}
```

## 三、程序设计题

1. 编写一个函数,将数组中 n 个数按反序存放。
2. 用地址法输入和输出二维数组各元素。
3. 用指针法输入和输出二维数组各元素。

# 项目 7

# 学生成绩单制作

知识目标：

- 了解枚举型，包括枚举类型的定义、枚举型变量的定义和引用。
- 理解共用体，包括共用体类型的定义、共用体变量的定义。
- 理解和应用结构体，包括结构体类型的定义、结构体变量的定义和引用、结构型变量成员的引用。

技能目标：

通过本项目的学习，要求了解结构型、链表、共用型和枚举型数据的特点，熟练掌握结构型的定义方法，结构型变量、数组、指针变量的定义、初始化和成员的引用方法；掌握简单链表的基本操作原理和应用；掌握共用型和枚举型的定义方法及对应变量的定义与引用；掌握用户自定义类型的定义和使用。学习本项目内容可以为今后学习数据结构中的链表创建和使用打下基础。

素质目标：

掌握C语言程序设计中结构体类型、结构体变量和结构体数组的应用，熟悉共用体和枚举的应用，通过本项目的学习引导学生建立起正确的规则意识，发扬团结协作、乐于奉献的精神，增强集体观念。

## 任务 1　用结构体数组进行学生信息处理

### 1. 问题情景与实现

(1)问题情景

辅导员张老师在使用小王设计的程序时，发现如果要存储具有不同数据类型的数据结构时，如在学生信息中不只包括学生成绩数据，还包括学生的学号等其他类型的数据，使用数组无法完成不同类型数据的存储，故张老师找来小王，说明了需求，小王根据张老师的需求，参考了相关的资料，完善了原来的程序，帮助张老师解决了该问题。

(2)实现

```
/*  功能:用结构体数组进行学生信息处理  */
#include <string.h>
#include <stdio.h>
#define N 3
struct student
{
    long number;
    float score[3];
}stu[N];
void main()
{
    int i;
    printf("请输入学生信息:\n");
    for(i=0;i<N;i++)
    {
        scanf("%ld,%f,%f,%f",&stu[i].number,&stu[i].score[0],&stu[i].score[1],&stu
        [i].score[2]);
    }
    printf("学号\t语文\t数学\t英语\n");
    for(i=0;i<N;i++)
    {
        printf("%ld\t%f\t%f\t%f\n",stu[i].number,stu[i].score[0],stu[i].score[1],
        stu[i].score[2]);
    }
}
```

编译、连接、运行程序。程序运行后,屏幕显示:

```
请输入学生信息:
1001,60,70,80
1002,80,70,60
1003,65,70,75
学号    语文        数学        英语
1001    60.000000   70.000000   80.000000
1002    80.000000   70.000000   60.000000
1003    65.000000   70.000000   75.000000
```

**2. 相关知识**

要完成上面的任务,小王必须熟练掌握结构型的定义方法,结构型变量、数组的定义、初始化和成员的引用方法等知识点。

# 7.1 结构体类型

结构体

## 7.1.1 结构体的实例

前面我们学习过了基本数据类型，如：short、long、int、float、double、char 等，这些基本数据类型都是系统已经定义好的，用户可以直接使用它们。但现实世界是复杂的，在我们的日常生活中有很多的表格，各表格之间又有关联。因此用户需要自己定义数据类型，用户自己定义的数据类型一旦定义好之后，就可以像使用系统类型一样使用它。例如：对一个新生进行入学登记时，就需要填一张表格，填写的内容包括姓名、性别、学号、年龄、家庭地址、联系电话和总分等多个数据项，其中姓名是字符串型（可以用字符数组来表示），性别是字符型（用 m 表示男性，用 f 表示女性），年龄是整型，总分是实型，见表 7-1。这些数据项之间关系紧密，每一个学生通过姓名、性别、学号、年龄、家庭地址、联系电话和总分等属性构成一个整体，反映一个学生的基本情况。如果将姓名、性别、学号、年龄、家庭地址、联系电话、总分分别定义为互相独立的简单变量，难以反映它们之间的内在联系。为了方便处理此类数据，常常把这些关系密切但类型不同的数据项组织在一起，即“封装”起来，并为其取一个名字，在 C 语言中称其为结构体（也称为构造体）。结构体是用户自定义数据类型的一种。

表 7-1 学生信息登记表

| 姓名 | 性别 | 学号 | 年龄 | 家庭地址 | 联系电话 | 总分 |
|---|---|---|---|---|---|---|
| Obama | m | 0908002 | 19 | xiamen | 114118 | 524.0 |
| Tom | f | 0908003 | 18 | shanghai | 118114 | 486.0 |

## 7.1.2 结构体类型的定义

与简单类型不同，简单类型是由系统预定义的，如 int、float 等，可以直接使用。而结构体类型是用户自己定义的类型，根据需要由程序员在使用前自行定义，然后才能使用。

结构体类型定义的一般形式如下：

```
struct  结构型名
{
    数据类型标识符     成员 1;
    数据类型标识符     成员 2;
    ……
    数据类型标识符     成员 n;
};
```

请读者注意结构体定义语句的右大括号后面用分号（;）做语句结束标记。

其中：

1. struct 是关键字，表示定义的是结构体。

2. 结构型名是用户取的标识符，只要是合法的标识符就可以，但建议要有一定的含义，例如：如果定义结构体“人”可以用 person，如果定义结构体“学生”可以用 student。

3. 数据类型标识符可以是基本类型说明符，也可以是已经定义过的结构型名，还可以是后面要介绍的其他数据类型说明符，如共用型等。

4. 成员名是用户取的标识符，用来标识所包含的成员名称。成员也称域、结构分量。

需要注意的是，结构型是一种数据类型，其中的成员不是变量，系统并不会给成员分配内存。已经定义的某种结构型可以作为数据类型，用来定义变量、数组、指针。这时才会给定义的变量、数组、指针分配内存。

例如：为了存放一个人的姓名、性别、年龄、工资，可以定义如下的结构型：

```
struct person
{   char name[10];
    char sex;
    int age;
    float wage;
};                                  /* 这个名为 person 的结构型共含有 4 个成员 */
```

又如为了存放一个学生的学号、姓名、性别、年龄、成绩 1、成绩 2、成绩 3，可以定义如下的结构型：

```
struct student
{   long number;                    /* 学号在实际应用中一般定义为字符型，此处是为
                                       了举例才使用长整型 */
    char name[20];
    char sex;
    int age;
    float score[3];
};                                  /* 这个名为 student 的结构型共含有 5 个成员 */
```

结构型的定义是可以嵌套的，即某个结构型成员的数据类型可以为另一个已定义的结构类型。例如：有经验的程序员不会定义一个变量来存放年龄，应该把年龄定义成出生日期，这样有利于对其进行操作和引用，而在 C 语言中系统没有定义日期型，因此需要我们自己定义，可以把 struct person 修改成以下嵌套定义：

```
struct birthday                     /* 定义含有 3 个整型成员的结构型 birthday */
{   int year;
    int month;
    int day;
};
struct person                       /* 定义含有 4 个成员的结构型 person */
{   char name[20];
    char sex;
    struct birthday bir;            /* 该成员的数据类型是结构型 */
    float wage;
};
```

注意:名为“birthday”的结构型必须在结构型“person”的定义之前进行定义,否则结构型“person”定义时,会出现“birthday 结构型未定义”的错误。

# 7.2　结构体变量的定义和引用

用户自己定义的结构类型一旦定义好之后,就可以像使用系统类型(int,float,long 等)一样使用,同样可以用来定义变量、数组、指针变量等。

## 7.2.1　结构型变量的定义和初始化

定义结构型变量的方法有三种,在定义的同时,可以给变量的每个成员赋初值。

**1. 先定义结构型,后定义变量**

例如,为学生信息定义两个变量 x 和 y,程序如下:

```
struct student                    /* 定义结构型 student */
{   long number;
    char name[10];
    char sex;
    float score[3];
};
……
struct student x,y;               /* 定义结构型变量 x 和 y */
```

在定义变量的同时,可以给变量赋初值,例如上例中的定义语句可以改写如下:

```
struct student x={100001L,"Tom",'m',{86,94,89}},
               y={100002L,"Lucy",'f',{78,88,45}};
```

这个定义语句将使得变量 x 和 y 的各个成员获得的初值见表 7-2。

**表 7-2　变量 x 和 y 的各个成员获得的初值**

| 变量 | number | name | sex | score[0] | score[1] | score[2] |
|---|---|---|---|---|---|---|
| x | 100001L | Tom | m | 86 | 94 | 89 |
| y | 100002L | Lucy | f | 78 | 88 | 45 |

这种方法是将类型定义和变量定义分开进行,是比较常用的一种定义方法。这种形式的说明的一般格式为:

```
struct 结构名
{   成员列表;
};
struct 结构名 变量名列表;
```

**2. 定义结构型的同时定义变量**

例如,为学生信息定义两个变量 x 和 y,并给它们赋初值,程序如下:

```
struct student
{   long number;
    char name[10];
```

```
    char sex;
    float score[3];
}x={100001L,"Tom",'m',{86,94,89}},
y={100002L,"Lucy",'f',{78,88,45}};
```

这种方法是将类型定义和变量定义同时进行。以后仍然可以使用这种结构型来定义其他的变量。这种形式的说明的一般格式为：

```
struct 结构名
{    成员列表;
}变量名列表;
```

**3. 定义无名称的结构型的同时定义变量**

例如，为学生信息定义两个变量 x 和 y，并给它们赋初值，程序如下：

```
struct
{    long number;
    char name[10];
    char sex;
    float score[3];
}x={100001L,"Tom",'m',{86,94,89}},
y={100002L,"Lucy",'f',{78,88,45}};
```

这种方法是将类型定义和变量定义同时进行，但结构型的名称省略，以后将无法使用这种结构型来定义其他变量，建议尽量少用。这种形式的说明的一般格式为：

```
struct
{    成员列表;
}变量名列表;
```

关于结构体类型的几点说明如下：

(1)结构体类型与结构体变量是两个不同的概念，不要混淆。结构体类型是自定义的数据结构。只有在程序中定义了结构体类型的变量后，才会产生具体的变量实体。

(2)建议最好使用第一种定义的方法，并且将结构体类型的定义放在文件头部(或放在头文件中)，这样就可以在文件的各函数中定义局部的结构体类型变量。

(3)结构体类型也可以嵌套定义。

**【例 7.1】** birthday 类型和 person 类型。

```
/* 源文件名:Li7_1.c */
#include "stdio.h"
struct birthday                          /* 定义含有 3 个整型成员的结构型 birthday */
{
    int year;
    int month;
    int day;
};
struct person                            /* 定义含有 4 个成员的结构型 person */
{
```

```
    char name[20];
    char sex;
    struct birthday bir;                    /* 该成员的数据类型是结构型 */
    float wage;
};
```

(4)结构型中的成员名可与程序中其他变量同名,二者代表不同的对象。例如,程序中可以定义一个变量 num,它与结构型中的成员变量 num 是两回事,互不干扰。

## 7.2.2 结构型变量成员的引用

当某种结构型的变量被定义了,就可以使用这个变量。注意对结构型变量只能使用其中的成员,一般不能直接使用结构型变量。结构型变量成员的使用和一般独立的普通变量或数组元素的使用方法完全相同。

结构型变量成员的地址也可以使用。例如将结构型变量成员的地址存放到某个指针变量中,需要注意指针变量的数据类型必须和这个成员的数据类型相同。

结构型变量的地址也可以使用,例如将结构型变量的地址存放到某个指针变量中,需要注意指针变量的数据类型必须和这个结构型变量的数据类型是同一种结构型。

**1. 结构型变量成员的引用方法**

结构型变量成员的引用格式如下:

*结构型变量名.成员名*

其中的“.”称为成员运算符,其运算级别是最高的,和小括号运算符“()”、下标运算符“[]”是同级别的,运算顺序是自左向右。

如果某个结构型变量的成员数据类型又是一个结构型,则其成员的引用方法如下:

*外层结构型变量.外层成员名.内层成员名*

注意:这种嵌套的结构型数据,外层结构型变量的成员是不能单独引用的,例如“外层结构型变量.外层成员名”是错误的,因为结构型变量是不能直接引用的。如果是若干层嵌套的结构型定义,引用时必须用若干个成员运算符,一级一级地找到最低一级的成员。

**【例 7.2】** 求 Tom 的三门课程的成绩总分,并在显示器中显示出来(使用结构型变量成员的引用)。

```
/* 源文件名:Li7_2.c */
#include "string.h"
#include "stdio.h"
struct student
{
    long number;
    char name[10];
    char sex;
    float score[3];
};
main()
```

```
{
    struct student stu1;                    /* 定义 student 类型的变量 stu1 */
    stu1.number=100001L;                    /* 给结构型变量 stu1 的成员 number 赋值 */
    strcpy(stu1.name,"Tom");                /* 给结构型变量 stu1 的成员 name[]赋值 */
    stu1.sex='f';                           /* 给结构型变量 stu1 的成员 sex 赋值 */
    stu1.score[0]=89;                       /* 给结构型变量 stu1 的成员 score[]赋值 */
    stu1.score[1]=91;
    stu1.score[2]=86;
    printf("%s 的总分是:%f\n",stu1.name,stu1.score[0]+stu1.score[1]+stu1.score[2]);
}
```

编译、连接、运行程序。程序运行后,屏幕显示:

```
Tom 的总分是:266.000000
```

**【例 7.3】** 输入一个人的出生日期,然后计算其年龄(使用嵌套的结构型变量成员的引用)。

```
/* 源文件名:Li7_3.c */
#include "stdio.h"
#include "string.h"                         /* 程序中使用了字符串处理函数 */
struct birthday                             /* 定义含有 3 个整型成员的结构型 */
{
    int year;
    int month;
    int day;
};
struct person                               /* 定义含有 4 个成员的结构型 */
{
    char name[10];
    char sex;
    struct birthday bir;                    /* 该成员的数据类型是结构型 */
    float wage;
} x;                                        /* 定义 person 类型的变量 x */
main()
{
    int age=0;
    struct birthday today;                  /* 定义表示当前日期的变量 today */
    strcpy(x.name,"Jack");                  /* 给结构型变量 x 的成员 name[]赋值 */
    x.sex='f';                              /* 给结构型变量 x 的成员 sex 赋值 */
    x.wage=2880.0;                          /* 给结构型变量 x 的成员 wage 赋值 */
    printf("请输入出生日期(yyyy/mm/dd):");
    scanf("%d/%d/%d",&x.bir.year,&x.bir.month,&x.bir.day);
    printf("请输入今天的日期(yyyy/mm/dd):");
    scanf("%d/%d/%d",&today.year,&today.month,&today.day);
```

```
    if((today.month>x.bir.month)||((today.month==x.bir.month)&&
    (today.day>=x.bir.day)))
        age=today.year-x.bir.year;
    else
        age=today.year-x.bir.year-1;
    if(age<0)
        printf("输入的出生日期无效或输入的今天的日期有误！\n");
    else
        printf("Jack的年龄为:%d\n",age);
}
```

编译、连接、运行程序。程序运行后，屏幕显示：

```
请输入出生日期(yyyy/mm/dd):1991/9/1
请输入今天日期(yyyy/mm/dd):2010/6/5
Jack的年龄为:18
```

从例7.3可以看出，对嵌套的结构型变量x的成员bir的引用，由于bir是结构型数据，不能直接引用该成员，只能引用它的成员year、month、day。其引用方法是bir.year、bir.month、bir.day；而bir本身不是变量，而是变量x的成员，所以其引用方法应该是x.bir.year、x.bir.month、x.bir.day。由于运算符“.”的结合性是自左向右的，所以先进行“x.bir”的结合，找到变量x的成员bir，然后再进行“x.bir”和bir的成员结合，找到最内层的成员，参加运算或处理。

**2. 结构型变量成员地址的引用方法**

结构型的变量成员地址引用格式如下：

& 结构型的变量名.成员名

存放结构型变量成员地址的指针变量类型必须和该成员的类型相同。

**【例7.4】** 结构型变量成员地址的引用。

```
/*源文件名:Li7_4.c*/
#include "stdio.h"
#include "string.h"                  /*程序中使用了字符串处理函数*/
struct student2                      /*定义student2结构型*/
{
    long number;
    char name[10];
};
main()
{
    struct student2 x;               /*定义student2类型的变量x*/
    long *p_number;                  /*定义能指向结构型student2成员number的指针变量*/
    char *p_name;                    /*定义能指向结构型student2成员name的指针变量*/
    p.name=x.name;
    p_number=&x.number;              /*让指针变量指向结构型变量x的成员*/
```

```
    * p_number=100001L;          /* 用指针变量给结构型变量 x 的所有成员赋值 */
    strcpy(p_name,"smykcl");
    printf("number=%ld name=%s\n", * p_number, * p_name);
                                 /* 用指针变量输出结构型变量 x 所有成员的值 */
}
```

编译、连接、运行程序。程序运行后,屏幕显示:

```
number=100001 name=smykcl
```

从这个例子可以看出,使用指向结构型变量成员的指针变量来引用成员的方法比较烦琐,可以直接使用结构型变量的指针成员来引用成员。具体使用方法请参看7.4节。

**3. 结构型变量地址的引用方法**

结构型变量地址的引用格式如下:

& 结构型变量名

例如:借用例 7.4 中的结构型 struct student2:

```
struct student2 y, * sty=&y;
```

存放结构型变量地址的指针变量必须是类型相同的结构型指针,关于如何使用结构型变量地址的例子请参见 7.4 节中介绍的指向结构型数据的指针变量。

# 7.3 结构型数组的定义和引用

在实际应用中,我们经常要处理的是具有相同数据结构的一个群体。比如:一批书,所有员工的通信地址,一个班级的学生等。由相同结构类型变量组成的数组,称为结构型数组。例如,全班有 40 人,在总成绩单上每人占一行,每行的内容包括学号、姓名、三门功课的成绩、平均分和名次,这样一个总成绩单就可以用结构型数组表示。

## 7.3.1 结构型数组的定义和初始化

定义结构型数组和定义结构型变量一样也有三种方法,在定义时,可以给数组元素的每个成员赋初值。

例如,为学生信息定义一个数组,可以使用下列三种方法。

(1)先定义结构型,然后再定义结构型数组并赋初值,程序段如下:

```
struct student                    /* 定义结构型 */
{
    long number;
    char name[10];
    char sex;
    float score[3];
};
struct student s[3]={ {200001L,"Tom",'m',{78,86,92} },
                      {200002L,"Lucy",'f',{85,69,82} },
                      {200003L,"Jack",'m',{84,88,96} } };
```

这个定义语句将数组 s 的各个元素的成员赋初值，见表 7-3。

表 7-3 数组 s 各个元素的初值

| 数组元素 | number | name | sex | score[0] | score[1] | score[2] |
|---|---|---|---|---|---|---|
| s[0] | 200001L | "Tom" | 'm' | 78 | 86 | 92 |
| s[1] | 200002L | "Lucy" | 'f' | 85 | 69 | 82 |
| s[2] | 200003L | "Jack" | 'm' | 84 | 88 | 96 |

这种方法是将类型定义和变量定义分开进行，是比较常用的定义方法。

(2)定义结构型的同时定义数组并赋初值，程序段如下：

```
struct student                    /*定义结构型*/
{
    long number;
    char name[10];
    char sex;
    float score[3];
}s[3]={ {200001L,"Tom",'m',{78,86,92} },
        {200002L,"Lucy",'f',{85,69,82} },
        {200003L,"Jack",'m',{84,88,96} } };
```

(3)定义无名称的结构型的同时定义数组并赋初值，程序段如下：

```
struct                            /*定义结构型*/
{
    long number;
    char name[10];
    char sex;
    float score[3];
}s[3]={ {200001L,"Tom",'m',{78,86,92} },
        {200002L,"Lucy",'f',{85,69,82} },
        {200003L,"Jack",'m',{84,88,96} } };
```

## 7.3.2 结构型数组元素成员的引用

定义了某结构型的数组，就可以使用这个数组中的元素。和结构型变量相同，我们不能直接使用结构型数组元素，只能使用其成员。

结构型数组元素成员的地址可以使用，例如将这个地址存到某个指针变量中，需要注意这个指针变量的数据类型必须和这个成员的数据类型相同。

结构型数组元素的地址也可以使用，例如将这个地址存放到某个指针变量中，需要注意这个指针变量的数据类型必须和这个数组元素的数据类型是同一种结构型。

结构型数组的首地址也可以使用，例如将这个首地址存放到某个指针变量中，需要注意这个指针变量的数据类型必须和这个数组的数据类型是同一种结构型。

**1. 结构型数组元素的引用方法**

结构型数组元素的引用格式如下：

结构型数组名[下标].成员名

【例 7.5】 设有学生成绩表见表 7-4，从键盘上输入这三个学生的成绩信息，求出每个学生的总分和平均分。

表 7-4 学生成绩表

| 学号 | 成绩 1 | 成绩 2 | 成绩 3 | 成绩 4 | 成绩 5 | 成绩 6 | 成绩 7 | 总分 | 平均分 |
|---|---|---|---|---|---|---|---|---|---|
| 090101 | 85 | 80 | 90 | 88 | 93 | 91 | 86 | | |
| 090102 | 80 | 82 | 86 | 96 | 87 | 84 | 90 | | |
| 090103 | 85 | 82 | 89 | 93 | 96 | 81 | 80 | | |

分析：将三个学生定义为结构型类型数组，学号为长整型，成绩为实型数组，总分、平均分为实型，为了保证输入记录不会出错，循环一次，输入一条记录。

```
/* 源文件名:Li7_5.c */
#include "stdio.h"
#define N 3
struct student                    /* 定义结构型 */
{
    long number;
    float score[7];               /* score 数组用来存放成绩 */
    float total;
    float average;
}stu[N];
main()
{
    int i;
    for(i=0;i<N;i++)              /* 输入记录 */
    {   scanf("%ld,%f,%f,%f,%f,%f,%f,%f",&stu[i].number,&stu[i].score[0],
        &stu[i].score[1],&stu[i].score[2],&stu[i].score[3],&stu[i].score[4],&stu[i].
        score[5],&stu[i].score[6]);
        stu[i].total=stu[i].score[0]+stu[i].score[1]+stu[i].score[2]+stu[i].score[3]+
        stu[i].score[4]+stu[i].score[5] +stu[i].score[6];
        stu[i].average=stu[i].total/7.0;
    }
    for(i=0;i<N;i++)              /* 输出记录 */
        printf("%06ld%f%f\n",stu[i].number,stu[i].total,stu[i].average);
}
```

若输入表 7-4 中的数据，编译、连接、运行程序。程序运行后，屏幕显示：

```
090101 613   87.571000
090102 605   86.428000
090103 606   86.571000
```

从例 7.5 可以看出，如果要输入多个学生的记录，只需要修改 N 的值。有兴趣的同学可以进一步研究如何实现排序。

**2. 结构型数组元素成员地址的引用方法**

结构型数组元素成员地址的引用格式如下：

& 结构型数组名[下标]. 成员名

**【例 7.6】** 结构型数组元素成员地址的引用。

```
/ * 源文件名:Li7_6. c * /
#include "string. h"
#include "stdio. h"
struct student3
{
    long number;
    char name[10];
};
main()
{
    struct student3 s[2];
    long  * p_number;
    char  * p_name;
    p_number= &s[0]. number;
    p_name= &s[1]. name;
     * p_number=20090801;
    strcpy(p_name,"Mary");
    printf("%ld %s\n",s[0]. number,s[1]. name);
}
```

编译、连接、运行程序。程序运行后，屏幕显示：

```
20090801 Mary
```

从例 7.6 中可以看出，使用指向成员的指针变量来引用成员的方法比较烦琐，通常不使用这种方法，而是直接使用指向结构型数组或结构型数组元素的指针变量来引用成员。具体使用方法请参看 7.4 节。

# 任务 2　求平均分最高的学生的学号、姓名并输出排序后的学生成绩单

**1. 问题情景与实现**

(1)问题情景

辅导员张老师在使用小王设计的程序时，发现他除了想要存储复杂的对象类型，包括学号、姓名、性别、三门课程的成绩等，还要得到平均分最高学生的学号、姓名并输出排序后的学生成绩单，故张老师找来小王，说明了需求，小王根据张老师的需求，参考了相关的资料，完善了原来的程序，帮助张老师解决了该问题。

(2)实现

```
/*  功能:用结构体数组进行学生信息处理   */
#include <string.h>
#include <stdio.h>
#define N 3
struct student
{
    long number;
    char name[10];
    char sex;
    float score[3];
    float ave;
}stu[N]={{1001L,"Lily",'f',{60,70,80}},
        {1002L,"Lucy",'f',{80,70,90}},
        {1003L,"Jim",'m',{80,70,75} }};

void sort(struct student *ptr,int m)
{
    struct student t;
    int i,j;
    for(i=1;i<m;i++)
    {
        for(j=0;j<m-i;j++)
            if((*(ptr+j)).ave<(*(ptr+j+1)).ave)
            {
                t=*(ptr+j);
                *(ptr+j)=*(ptr+j+1);
                *(ptr+j+1)=t;
            }
    }
}

void main()
{
    struct student *ptr;
    int i;
    ptr=stu;
    for(i=0;i<N;i++)
    {
        stu[i].ave=(stu[i].score[0]+stu[i].score[1]+stu[i].score[2])/3;
    }
    sort(ptr,N);      /*按平均分从高到低排列*/
```

```
    printf("平均分最高的学生学号是:%ld\t姓名是:%s\n",stu[0].number,stu[0].name);
    printf("学号\t姓名\t性别\t语文\t数学\t英语\t平均分\n");
    for(i=0;i<N;i++)
    {

      printf("%ld\t%s\t%c\t%f\t%f\t%f\t%f\n",stu[i].number,stu[i].name,stu[i].sex,
      stu[i].score[0],stu[i].score[1],stu[i].score[2],stu[i].ave);
    }
}
```

编译、连接、运行程序。程序运行后,屏幕显示:

```
平均分最高的学生学号是:1002      姓名是:Lucy
  学号      姓名      性别        语文            数学            英语            平均分
  1002      Lucy       f      80.000000       70.0000000      90.0000000      80.0000000
  1003      Jim        m      80.0000000      70.0000000      75.0000000      75.0000000
  1001      Lily       f      60.0000000      70.0000000      80.0000000      70.0000000
```

**2. 相关知识**

要完成上面的任务,小王必须熟练掌握结构型的定义方法,结构型变量、数组、指针变量的定义、初始化和结构体成员的引用方法;掌握简单链表的基本操作原理和应用,以及数组排序等相关知识点。

**思政小贴士**

结构体由若干平行"成员"组成,方便作为一个整体进行程序设计。中华人民共和国各民族一律平等,铸牢中华民族共同体意识更能加强中华民族的凝聚力、向心力、认同感,为中华民族伟大复兴奠定坚实基础。

# 7.4 指向结构型数据的指针变量的定义和引用

前面已经提到,结构型变量或数组元素的成员可以使用"成员运算符"来直接引用,也可以使用指向结构型数据成员的指针变量来引用,但不方便。我们还可以使用指向结构型变量或数组元素的指针变量来间接引用其成员。

## 7.4.1 指向结构型变量的指针

定义指向结构型变量的指针变量和定义结构型变量的方法基本相同,唯一的区别是在指针变量名的前面加一个指针标记"*"。可以将结构型和指针变量分开来定义,也可以同时定义结构型和对应的指针变量,使用后一种方法还可以省略结构型的名称。

当一个结构型变量的地址已赋予相同结构型的指针变量(指针变量指向结构型变量),就可以使用下列两种方式来引用该结构型变量的成员,其作用完全相同。

方式1:(*指针变量).成员名

方式2:指针变量->成员名

方式 1 比较好理解，其中“ * 指针变量”就代表了它所指向的结构型变量，利用“成员运算符”来引用，其作用相当于“结构型变量. 成员名”。需要注意的是，“ * 指针变量”必须用小括号括住，因为“ * ”运算符的级别低于“. ”运算符，如果不加括号，则优先处理“. ”运算符，将出现“指针变量. 成员名”，会造成语法错误。

方式 2 是一种新的引用方法，其中“－＞”称为“指向成员运算符”，也简称“指向运算符”。其运算级别和“()”“[]”“. ”是同级的。指向运算符的左边必须是已指向某个结构型变量或数组元素的指针变量，其右边必须是对应结构型数据的成员名。

**【例 7.7】** 使用指向结构型变量的指针变量处理例 7.4 中的问题。

```
/ * 源文件名:Li7_7.c * /
#include "stdio.h"
#include "string.h"
struct student2
{
    long number;
    char name[20];
}x, * p=&x;         / * 定义 student2 类型变量 x 和指针变量 p 并使其指向变量 x * /
main()
{
    p->number=100001L;
    strcpy(( * p).name,"smykcl");
    printf("number=%ld\n",( * p).number);
    printf("name=%s\n",p->name);
}
```

编译、连接、运行程序。程序运行后，屏幕显示：

```
number=100001
name=smykcl
```

和前面例 7.4 相比，使用指向结构型变量的指针变量来处理其成员的方法比使用指向成员的指针变量处理成员的方法要简单得多。

要特别注意区分指向结构型数据的指针变量和指向结构型数据成员的指针变量的区别。前者的数据类型是某种结构型，它只能指向该结构型的变量或数组；而指向结构型数据成员的指针变量的数据类型要和所指向的成员的数据类型相同。一般情况下，指向结构型数据的指针变量和指向结构型数据的成员的指针变量是不能混用的。

C 语言规定，定义某个结构型时，其成员的类型可以是该结构型，但是这个成员只能是指针变量或指针数组，不能是普通变量或数组。

例如，下列程序段是正确的，其成员是本结构型的指针变量：

```
struct exp
{
    int i1;
```

```
    float f2;
    struct exp  * e1;
};
```

而下列程序段是错误的,其成员是本结构型的变量:

```
struct exp
{
    int i1;
    float f2;
    struct exp e1;
};
```

## 7.4.2 指向结构型数组的指针

指向结构型数组的指针变量和指向结构型变量的指针变量的定义方法完全相同。

利用指向结构型数组的指针变量来引用数组元素的成员与这个指针变量是指向数组元素,还是指向数组首地址有关。从这个角度来说,可以分为下列两种处理方法。

**1. 指针变量指向数组元素**

如果一个结构型数组元素的地址已赋予相同结构型指针变量(指针变量指向结构型数组元素),可以使用下列两种方法来引用数组元素的成员,其作用完全相同。

方式 1:(* 指针变量).成员名

方式 2:指针变量－>成员名

注意:这里的指针变量必须是指向某个数组元素的。例如,它指向的数组元素为"数组名[k]",则上述两种引用方式均代表"数组名[k].成员名"。

**2. 指针变量指向数组首地址**

当一个结构型数组的首地址已经赋予相同结构型的指针变量(指针变量指向结构型数组),可以使用下列两种方式来引用下标为 i 的数组元素成员,其作用完全相同。

方式 1:(*(指针变量＋i)).成员名

方式 2:(指针变量＋i)－>成员名

注意:这里的指针变量必须是指向某个数组首地址的,上述两种引用方式均代表"数组名[i].成员名"。

**【例 7.8】** 使用指向结构型数组的指针变量处理例 7.5 中的问题。

```
/* 源文件名:Li7_8.c */
#include "stdio.h"
#include "string.h"                      /* 程序中使用了字符串处理函数 */
struct student2                          /* 定义 student2 结构型 */
{
    long number;
    char name[20];
}s[2], * p;                              /* 定义 student2 类型的数组 s 和指针变量 p */
main()
```

```
{
    p=s;                                /*让指针变量p指向结构型数组s首地址(也指
                                          向元素s[0])*/
    p->number=100001L;                  /*用指向数组元素s[0]的p为其成员赋值*/
    strcpy((*p).name,"sun3");
    (*(p+1)).number=200001L;            /*用指向数组首地址的p为s[1]的成员赋值*/
    strcpy((p+1)->name,"sun4");
    printf("%ld,%s\n",(*p).number,p->name);
                                        /*用指向数组元素s[0]的指针变量p输出数组元
                                          素s[0]的成员值*/
    printf("%1d,%s\n",(p+1)->number,(*(p+1)).name);
                                        /*用指向数组首地址的指针变量p输出数组元素
                                          s[1]的成员值*/
}
```

编译、连接、运行程序。程序运行后,屏幕显示:

```
100001,sun3
200001,sun4
```

和前面的例7.5相比,使用指向结构型数组的指针变量来处理其成员的方法比使用指向成员的指针变量来处理成员的方法要简单得多。

### 7.4.3 在函数间传递结构型数据

在函数间传递结构型数据和传递其他类型数据的方法完全相同,可以使用全局外部变量、返回值、形式参数与实际参数结合方式(又分为值传递和地址传递两种)。

使用返回值方式传递结构型数据,函数的返回值必须是某种已定义的结构型指针,利用"return(表达式);"语句返回的表达式值也必须是同种结构型的指针,该指针指向的数据则是同一种结构型的数据;而接收返回值的变量也必须是这种结构型的指针变量。

使用形式参数和实际参数结合方式传递结构型数据,要注意是单向的值传递还是双向的地址传递。使用值传递方式,通常形式参数要说明成某种结构型,而对应的实际参数必须是同一种结构型。如果使用地址传递方式,要区分不同的情况。如果形式参数被说明成某种结构型的指针变量,则实际参数必须是同一种结构型的变量地址、数组名、已赋值的指针变量;如果形式参数是某种结构型数组,则对应实际参数必须是同一种结构型的数组或指针变量。

**【例7.9】** 设有学生信息如下:学号(长整型)、姓名(字符串型)、年龄(整型)。试编写函数输入两个学生的信息,在主函数中先调用该函数输入,然后再输出。

(1)采用"全局外部变量方式传递数据"的程序如下:

```
/*源文件名:Li7_9_1.c*/
#include "stdio.h"
#define N 2
```

```
struct student3                         /*定义含有三个成员的结构型 student3*/
{
    long num;
    char name[20];
    int age;
}stu[N];                                /*定义结构型 student3 的全局外部数组 stu*/
void my_in()                            /*无参数无返回值的函数*/
{
    int i;
    for(i=0;i<N;i++)
    {   scanf("%ld",&stu[i].num);       /*输入学生的学号*/
        scanf("%s",stu[i].name);        /*输入学生的姓名*/
        scanf("%d",&stu[i].age);        /*输入学生的年龄*/
    }
    return;
}
main()
{
    int i;
    my_in();                            /*调用函数输入学生信息*/
    for(i=0;i<N;i++)
        printf("\n%ld %s %d\n",stu[i].num,stu[i].name,stu[i].age);
                                        /*依次输出学生的学号、姓名、年龄*/
}
```

编译、连接、运行程序。程序运行后,屏幕显示:

```
1001
one
20
1002
two
19
1001 one 20
1002 two 19
```

(2)采用"返回值方式传递数据"的程序如下:

```
/*源文件名:Li7_9_2.c*/
#include "stdio.h"
#define N 2
struct student3                         /*定义含有三个成员的结构型 student3*/
{
    long num;
```

```
    char name[20];
    int age;
};
struct student3 *my_in(struct student3 stu1[])    /*返回结构型student3指针值的函数*/
{
    int i;
    for(i=0;i<N;i++)
    {   scanf("%ld",&stu1[i].num);         /*输入学生的学号*/
        scanf("%s",stu1[i].name);          /*输入学生的姓名*/
        scanf("%d",&stu1[i].age);          /*输入学生的年龄*/
    }
    return(stu1);
}
main()
{
    struct student3 stu[N],*p;             /*定义结构型student3的数组stu和指针p */
    p=my_in(stu);                          /*调用函数输入学生信息存入p指向的结构型数组*/
    for(;p<stu+N;p++)                      /*依次输出学生的学号、姓名、年龄*/
        printf("\n%ld %s %d \n",p->num,p->name,p->age);
}
```

编译、连接、运行程序。程序运行后,屏幕显示:

```
1001
one
20
1002
two
19
1001 one 20
1002 two 19
```

(3)采用"形式参数和实际参数结合的地址传递方式双向传递数据"的程序如下:

```
/*源文件名:Li7_9_3.c*/
#define N 2
struct student3                            /*定义含有三个成员的结构型student3*/
{
    long num;
    char name[20];
    int age;
};
void my_in(struct student3 stu1[])         /*无返回值的函数*/
{
```

```
    int i;
    for(i=0;i<N;i++)
    {   scanf("%ld",&stu1[i].num);          /*输入学生的学号*/
        scanf("%s",stu1[i].name);           /*输入学生的姓名*/
        scanf("%d",&stu1[i].age);           /*输入学生的年龄*/
    }
    return;
}
main()
{
    struct student3 stu[N];
    int i;
    my_in(stu);
    for(i=0;i<N;i++)
        printf("\n%ld %s %d\n",stu[i].num,stu[i].name,stu[i].age);
}
```

编译、连接、运行程序。程序运行后,屏幕显示:

```
1001
one
20
1002
two
19
1001 one 20
1002 two 19
```

如果想输入更多的学生信息记录,只需要修改符号常量 N 的值。

## 7.5 用指针处理链表

我们知道用数组存放数据时,必须事先定义好数组的大小,不能在程序中随便进行调整。比如有的班有 100 人,有的班只有 30 人,如果要用同一个数组先后存放不同班级的学生数据,则必须定义长度为 100 的数组。如果事先难以确定一个班的最多人数,则必须把数组定义得足够大,以存放任何班级的学生数据,这显然非常浪费存储空间。为此 C 语言提供了动态数组的构建,即链表。

链表是一种动态数据结构,在程序的执行过程中可以根据需要随时向系统申请存储空间,动态地进行存储空间的分配。动态数据结构最显著的特点是包含的数据对象个数及其相互关系都可以按需要改变。常用的动态数据结构有单链表、循环链表、双向链表三种。本项目只介绍动态数据结构中最简单的单链表的建立及其基本操作。

## 7.5.1 什么是链表

**1. 单链表的结构**

单链表由 n 个类型相同的节点组成(n=0 时为空表),各节点之间用链指针按一定的规则链接起来。每个节点包含数据和链指针两部分。与数组相比,数组必须占用一块连续的内存区域,而链表节点之间的联系通过指针实现。因此链表中各节点在内存中的存储地址可以不是连续的,各节点的地址都是在需要时向系统申请分配的。

图 7-1 所示的是单链表的结构。

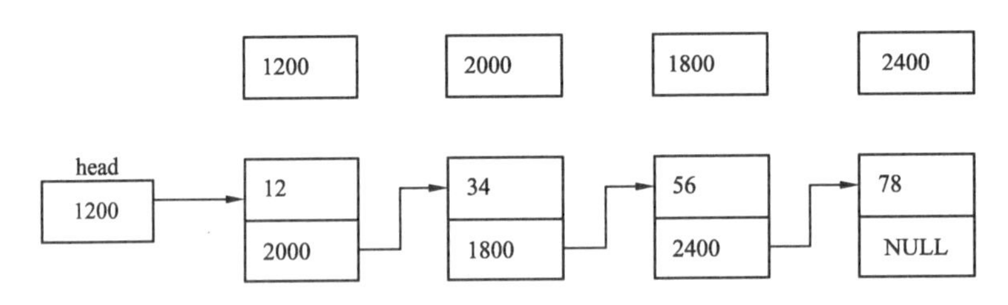


图 7-1 单链表的结构

单链表有一个“头指针”head,它存放链表第一个节点的首地址,它没有数据,只是一个指针变量。从图 7-1 中我们看到它指向链表的第一个元素。链表的每一个元素称为一个“节点”(node),每个节点都分为两个域:一个是数据域,存放各种实际的数据,如学号 num、姓名 name、性别 sex 和成绩 score 等;另一个域为指针域,存放下一个节点的首地址,即指向下一个节点。链表中的每一个节点都是同一个结构类型。最后一个节点称为“表尾”,尾节点无后续节点,因此不指向其他的元素,表尾节点的指针为空(NULL)。

头指针是访问链表的重要依据。无论在表中访问哪一个节点,都需要从链头开始,顺序向后查找。通过头指针找到第一个节点,通过第一个节点中的“指针”找到下一个节点,以此类推。链表如同一条铁链一样,一环扣一环,中间是不能断开的。这好比幼儿园的老师带领孩子出去玩,老师牵着第一个孩子的手,第一个孩子的另一只手牵着第二个孩子的手……这就是一个“链”,最后一个孩子有一只手空着,他就是“链尾”。要找这个队伍,就必须先找到老师,然后顺序找到每一个孩子。

**2. 链表节点的构成**

由于每个节点包含数据域和指针域两部分内容,所以链表节点采用结构体表示。例如链表节点的数据结构定义如下:

```
struct node
{
    int num;
    char name[10];
    float score;
    struct node * next;
};
```

在链表结构中,除了数据项成员之外,还应包含一个指向本身的指针,该指针在使用时指向具有相同类型结构体的下一个节点。

在链表节点的数据结构中，比较特殊的一点就是结构体内指针域的数据类型使用了未定义成功的数据类型。这是在C语言中唯一可以先使用后定义的数据结构。

**3. 简单链表**

下面通过一个例子来说明如何建立和输出一个简单静态链表。

**【例7.10】** 建立一个如图7-2所示的简单链表，它由三个学生数据节点组成。请输出各节点中的数据。

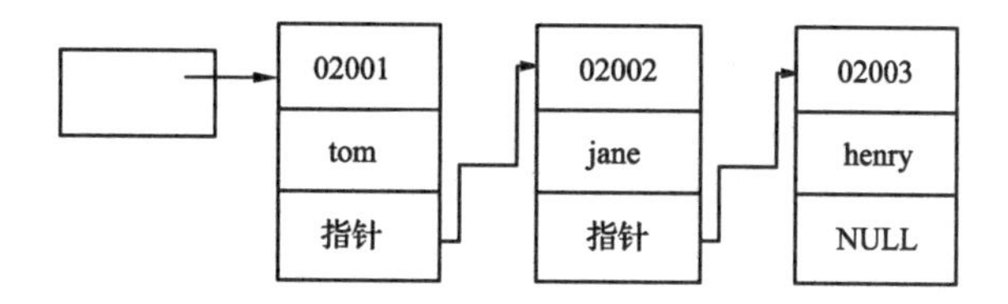


图7-2 简单链表

分析：为方便操作，将学生定义为一个结构体类型student，它有三个成员，分别用来表示学生的学号、姓名和下一个节点的地址。在程序中逐个输入各学生的数据，通过地址赋值操作建立链表。利用当型循环用printf语句逐个输出各节点中成员的值。

```
/*源文件名:Li7_10.c*/
#include <stdio.h>
struct student
{
    char no[6];
    char name[10];
    struct student *next;
};
void main()
{
    struct student
    A={"02001","tom"},B={"02002","jane"},C={"02003","henry"};
    struct student *head=NULL,*p;
    head=&A;
    A.next=&B;
    B.next=&C;
    C.next=NULL;
    p=head;
    while(p!=NULL)
    {
        printf("No:%s\tName:%s\n",p->no,p->name);
        p=p->next;
    }
}
```

编译、连接、运行程序。程序运行后，屏幕显示：

```
No:02001   Name:tom
No:02002   Name:jane
No:02003   Name:henry
```

在本例中，所有节点都是在程序中定义的，不是临时开辟的，用完后也不能释放，我们把这种链表称为“静态链表”。

**4. 动态存储分配函数**

所谓“动态链表”，就是链表的结构是动态分配和存储的，在程序的执行过程中要根据需要随时向系统申请存储空间，动态地进行存储空间的分配。在 C 语言中，提供了以下函数完成存储空间的动态分配和释放。

(1)malloc 函数

其函数原型为：void *malloc(unsigned size)

其作用是在内存的动态存储区中分配一个长度为 size 的连续空间，并返回指向该空间起始地址的指针。若分配失败(如系统不能提供所需内存)，则返回空指针 NULL。

(2)calloc 函数

其函数原型为：void *calloc(unsigned n,unsigned size)

该函数有两个形参 n 和 size。其作用是在内存的动态存储区中分配 n 个长度为 size 的连续空间，并返回指向该空间首地址的指针。如用 calloc(20,20)可以开辟 20 个(每个大小为 20 字节)空间，即空间总长为 400 字节。若分配失败，则返回空指针 NULL。

(3)free 函数

其函数原型为：void *free(void *ptr)

其作用是释放由 malloc、calloc 等函数申请的内存空间，使这部分内存区域被释放，从而能够被其他变量所使用。ptr 是最近一次调用 malloc()或 calloc()函数返回的值。free 函数没有返回值。

在使用上述函数时要注意，函数的原型在文件 malloc.h 和 stdlib.h 中定义。在程序中必须包含这两个头文件。下面的程序就是 malloc()和 free()两个函数配合使用的简单实例。

**【例 7.11】** 存储空间的动态分配。

```
/*源文件名:Li7_11.c*/
#include <stdlib.h>
#include <stdio.h>
#include <string.h>
#include <malloc.h>
main()
{
    char *str;
    if((str=(char*) malloc(10))==NULL)
    {
        printf("Not enough memory to allocate buffer\n");
```

```
        exit(1);
    }
    strcpy(str,"welcome");
    printf("String is %s\n",str);
    free(str);
}
```

编译、连接、运行程序。程序运行后，屏幕显示：

```
String is welcome
```

例 7.11 中首先用 malloc 函数向内存申请一块内存区，并把首地址赋予指针变量 str，使 str 指向该区域。最后用 free 函数释放 str 指向的内存空间。整个程序包含了申请内存空间、使用内存空间、释放内存空间三个步骤，实现存储空间的动态分配。

## 7.5.2 动态链表的基本操作

动态链表有五种基本操作，即建立、插入、删除、输出和查找。

**1. 动态链表的建立**

建立动态链表就是建立节点空间、输入各节点数据和进行节点链接的过程，也就是在程序执行过程中从无到有地建立起一个链表。

下面通过一个实例来说明如何建立一个动态链表。

**【例 7.12】** 建立一个链表存放学生数据。为简单起见，我们假定学生数据结构中有学号和年龄两项，编写一个建立链表的函数 creat。

分析：具体算法如图 7-3 所示，整个链表的创建过程可用图 7-4 来表示。

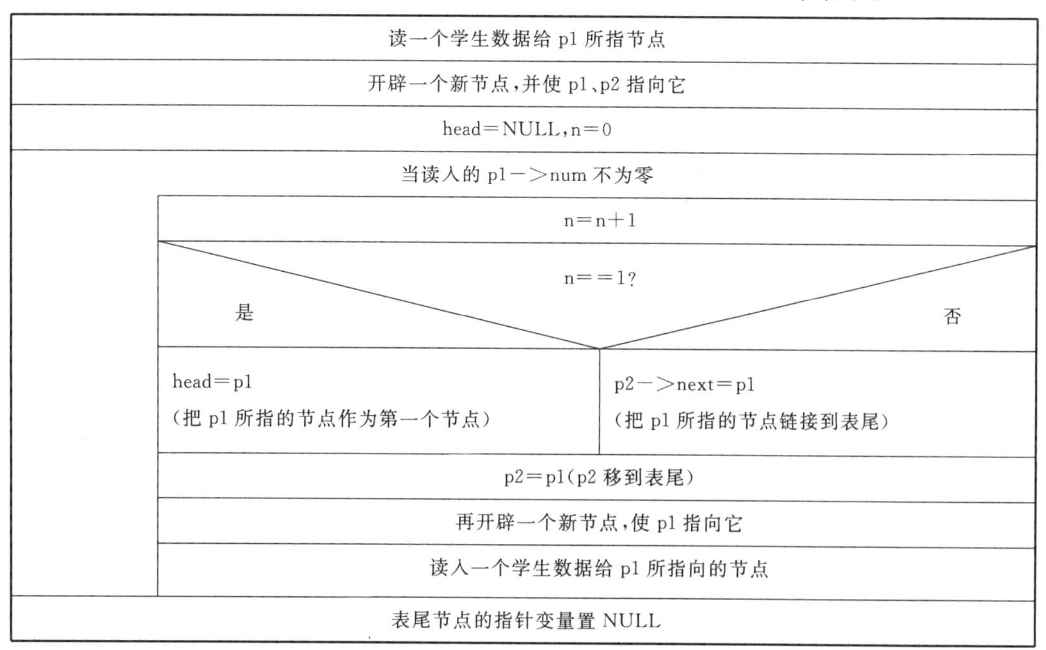


图 7-3 建立动态链表的算法

第一步，创建空表：head→NULL

第二步，申请新节点：

第三步，若是空表，将新节点接到表头：

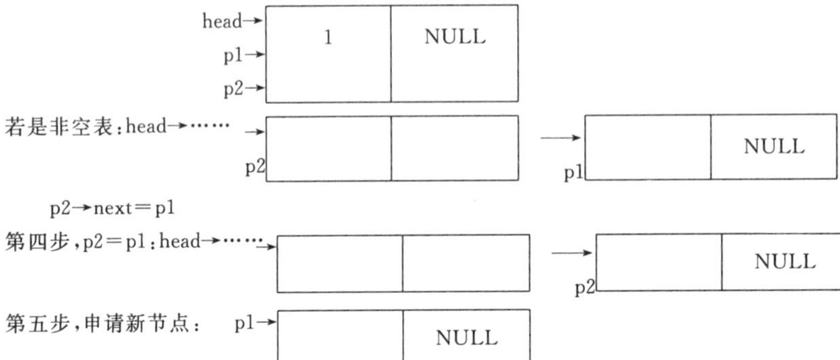


若数值为负，则结束，否则转到第三步。

图 7-4　链表的创建过程

```
/*源文件名:Li7_12.c*/
#include "stdio.h"
#include <malloc.h>
#define LEN sizeof(struct stu)
struct stu                          /*结构型 stu 定义为外部类型，方便程序中的各个
                                      函数使用*/
{
    int num;
    int age;
    struct stu *next;
};
struct stu *creat(void)             /*creat 函数用于动态建立一个有 n 个节点的链
                                      表，返回与节点相同类型的指针*/
{
    struct stu *p1,*p2,*head;       /*head 为头指针，p2 指向已建链表的最后一个节
                                      点，p1 始终指向当前新开辟的节点*/
    int n=0;
    p1=p2=(struct stu *)malloc(LEN);  /*申请新节点，长度与 stu 长度相等；同时使指针
                                      变量 p1、p2 指向新节点*/
    scanf("%d %d",&p1->num,&p1->age);
                                    /*输入节点的值*/
    head=NULL;
    while(p1->num!=0)               /*输入节点的数值不为 0*/
```

```
    {
        n++;
        if(n==1) head=p1;                /* 输入的节点为第一个新节点即空表,将输入的
                                            节点数据接入表头 */
        else p2->next=p1;                /* 非空表即输入的节点不是第一个节点,将输入
                                            的节点数据接到表尾 */
        p2=p1;
        p1=(struct stu *)malloc(LEN);    /* 申请下一个新节点 */
        scanf("%d %d",&p1->num,&p1->age);
    }
    p2->next=NULL;
    return(head);                        /* 返回链表的头指针 */
}
```

总结建立链表的具体步骤为:

(1)定义链表的数据结构。

(2)创建一个空表。

(3)利用 malloc()函数向系统申请分配一个节点。

(4)若是空表,则将新节点接到表头;若是非空表,则将新节点接到表尾。

(5)判断一下是否有后续节点要接入链表,若有则转到步骤(3),否则结束。

**2. 动态链表的插入**

动态链表的插入是指将一个节点插入一个已有的链表中。下面通过一个实例来说明动态链表的插入操作。

**【例 7.13】** 以前面建立的动态链表为例,编写一个函数,使其能够在链表中指定的位置插入一个节点。

分析:要在一个链表的指定位置插入节点,要求链表本身必须已按某种规律进行了排序。例如学生数据链表中,各节点的成员项按学号由小到大顺序排列。如果要求按学号顺序插入一个节点,则要将插入的节点依次与链表中各节点比较,寻找插入位置。节点可以插在表头、表中、表尾。节点插入存在以下几种情况:

(1)如果原表是空表,只需使链表的头指针 head 指向被插节点。

(2)如果插入节点值最小,则应插入第一个节点之前。将头指针 head 指向被插节点,被插节点的指针域指向原来的第一个节点。

(3)如果在链表中某位置插入,要使插入位置的前一节点的指针域指向被插节点,使被插节点的指针域指向插入位置的后一个节点。

(4)如果被插节点值最大,则在表尾插入,使原表尾节点指针域指向被插节点,被插节点指针域置为 NULL。

函数的返回值定义为返回结构体类型的指针,具体算法如图 7-5 所示。

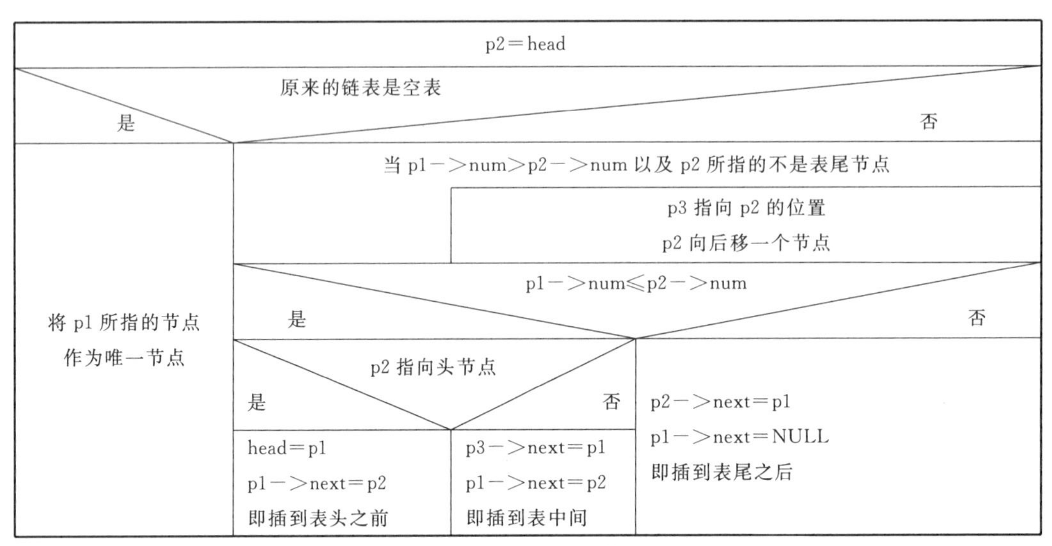


图 7-5 动态链表插入算法

整个插入操作如图 7-6 所示。

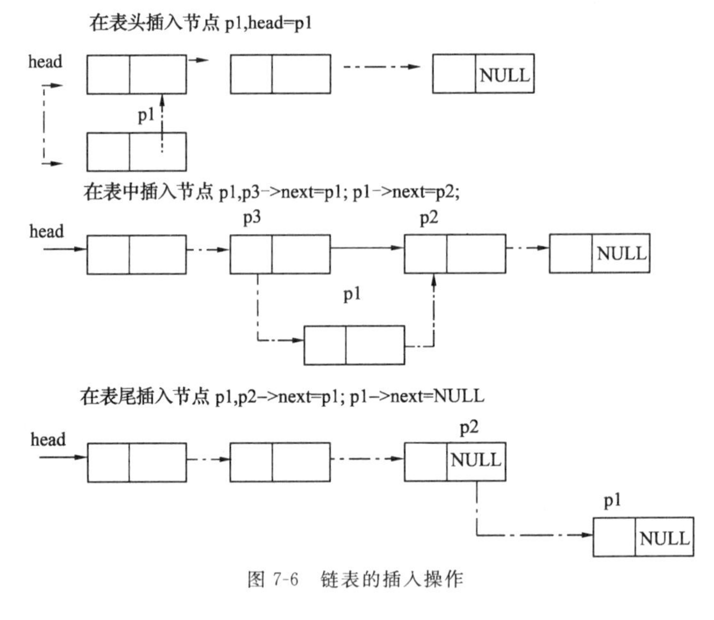


图 7-6 链表的插入操作

```
/* 源文件名:Li7_13.c */
#include "stdio.h"
struct stu                              /* 结构 stu 定义为外部类型,方便程序中的各个函
                                           数使用 */
{
    int num;
    int age;
    struct stu  * next;
};
```

```
struct stu  * insert(struct stu  * head,struct stu  * p1)
{
    struct stu  * p2, * p3;
    p2=head;
    if(head=NULL)                          /* 空表插入 */
    {
        head=p1;
        p1->next==NULL;
    }
    else
    {
        while((p1->num>p2->num)&&(p2->next!=NULL))
        {
            p3->next=p1;
            p2=p2->next;                   /* 找插入位置 */
        }
        if(p1->num<=p2->num)
        {   if(head==p2) head=p1;          /* 在第一节点之前插入 */
            else p3->next=p1;              /* 在其他位置插入 */
            p1->next=p2;
        }
        else
        {   p2->next=p1;
            p1->next=NULL;
        }                                  /* 在表尾插入 */
    }
    return head;                           /* 返回链表的头指针 */
}
```

总结链表插入操作的具体步骤为：

(1)定义一个指针变量 p1 指向被插节点。

(2)首先判断链表是否为空,为空则使 head 指向被插节点。

(3)链表若不为空,用当型循环查找插入位置。

(4)找到插入位置后判断是否在第一个节点之前插入,若是则使 head 指向被插入节点,被插节点指针域指向原第一节点;否则在其他位置插入;若插入的节点大于表中所有节点,则在表尾插入。

(5)函数返回值为链表的头指针。

**3. 动态链表的删除**

动态链表中不再使用的数据,可以将其从表中删除并释放其所占用的空间,但注意在删除节点的过程中不能破坏链表的结构。

下面通过一个实例来说明动态链表的删除操作。

**【例 7.14】** 以前面建立的动态链表为例，编写一个删除链表中指定节点的函数 delete1。

分析：假设链表按学生的学号排列，当某节点的学号与指定值相同时，将该节点从链表中删除。首先从头到尾依次查找链表中各节点，并与各节点的学生学号做比较，若相同，则查找成功，否则，找不到节点。由于节点在链表中可以有三种不同位置：位于表头、表中或表尾，因此从链表中删除一个节点主要分两种情况，即删除链表表头节点和非表头节点。

(1)如果被删除的节点是表头节点，使 head 指向第二个节点。

(2)如果被删除的节点不是表头节点，使被删节点的前一节点指向被删节点的后一节点。

函数返回值定义为结构体类型的指针，具体算法如图 7-7 所示。

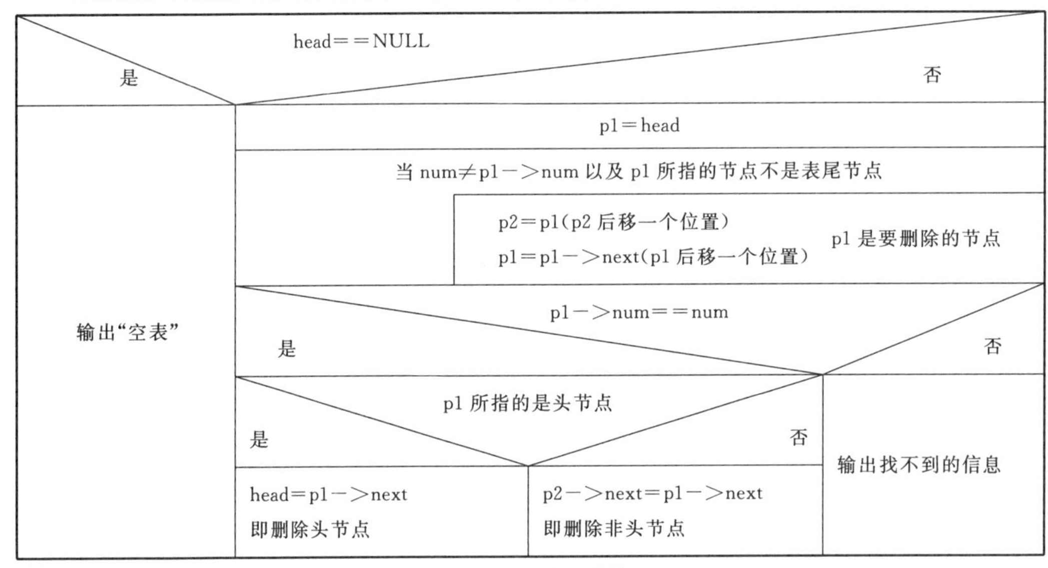


图 7-7　动态链表删除算法

整个删除操作如图 7-8 所示。

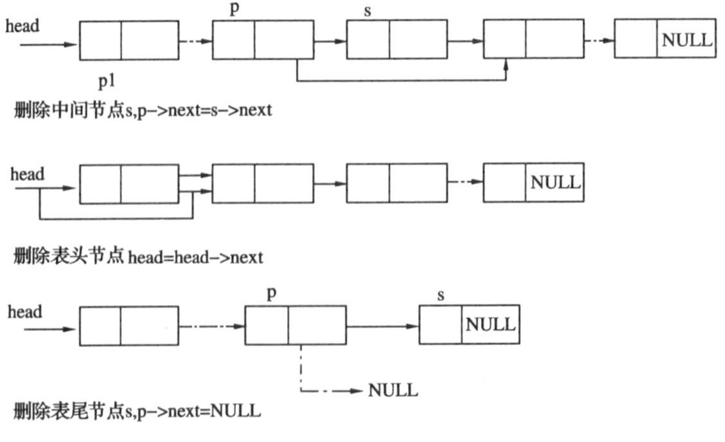


图 7-8　链表的删除操作

```
/*源文件名:Li7_14.c*/
#include "stdio.h"
#include <stdlib.h>
struct stu                /*结构 stu 定义为外部类型,方便程序中的各个函数使用*/
{
    int num;
    int age;
    struct stu *next;
};
struct stu *delete1(struct stu *head,int num)   /*以 head 为头指针删除 num 所在节点*/
{
    struct stu *p1,*p2;
    if(head==NULL)                     /*如为空表,输出提示信息*/
    {
        printf("\nempty list! \n");
        goto end;
    }
    p1=head;
    while(p1->num!=num && p1->next!=NULL)
                                       /*当不是要删除的节点,而且也不是最后一个节
                                         点时,继续循环*/
    { p2=p1;p1=p1->next; }             /*p2 指向当前节点,p1 指向下一节点*/
    if(p1->num==num)
    {   if(p1==head) head=p1->next;   /*如找到被删节点,且为第一个节点,则使 head 指
                                         向第二个节点,否则使 p2 所指节点的指针指向
                                         下一节点*/
        else p2->next=p1->next;
        free(p1);
        printf("The node is deleted\n");
    }
    else
        printf("The node has not been found! \n");
end:
    return (head);
}
```

总结链表删除操作的具体步骤:

(1)定义一个指针变量 p1 指向链表的头节点。

(2)用循环从头到尾依次查找链表中各节点并与各节点的学生学号做比较,若相同,则查找成功退出循环。

(3)判断该节点是否为表头节点,如果是,使 head 指向第二个节点;如果不是,使被删节点的前一节点指向被删节点的后一节点,同时节点个数减 1。

**4. 动态链表的输出**

动态链表的输出比较简单,只要将链表中的各个节点数据依次输出即可。

下面通过一个实例说明动态链表的输出操作。

**【例 7.15】** 编写一个输出链表的函数 print。

分析：设立一个指针变量 p，先指向链表的头节点，输出该节点的数据域，然后使指针 p 指向下一个节点，重复上述工作，直到链表尾部。具体算法如图 7-9 所示。

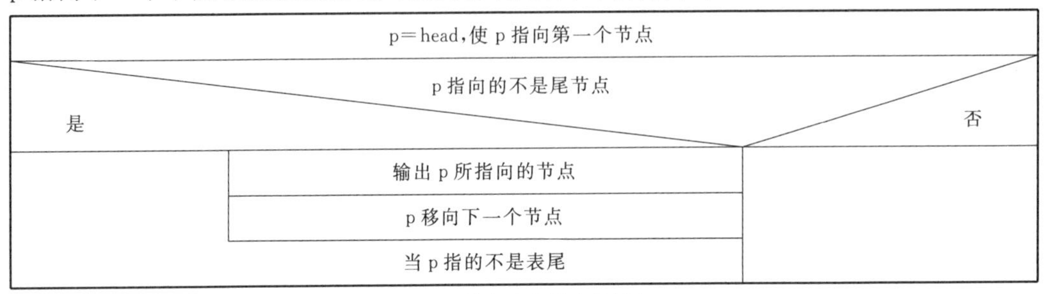


图 7-9 输出动态链表的算法

```
/* 源文件名:Li7_15.c */
#include "stdio.h"
#define LEN sizeof(struct stu)
struct stu
{
    int num;
    int age;
    struct stu  *next;
};
void print(struct stu  *head)          /* print 函数用于输出以 head 为头的链表各节点的值 */
{
    struct stu  *p;
    p=head;                            /* 取得链表的头指针 */
    while(p!=NULL)
    {
        printf("%6d%6d",p->num,p->age);     /* 输出链表节点的值 */
        p=p->next;                     /* 使指针变量 p 指向下一个节点,跟踪链表增长 */
    }
}
```

总结输出动态链表的具体步骤为：

(1)定义一个指针变量 p。

(2)使 p 指向链表的头节点。

(3)若是非空表，输出该节点的数据域；若是空表，则退出。

(4)使指针 p 指向下一个节点。

(5)重复上述操作直到链表尾部。

**【例 7.16】** 在前面学习的建立链表、输出链表、删除节点、插入节点操作的基础上，试编一主函数，将以上的建立链表、输出链表、删除节点、插入节点的函数组织在一起，并输出全部节点的值。

```
/*源文件名:Li7_16.c*/
#define NULL 0
main()
{
    struct stu  *head;
    struct stu  *stu;
    int del_num;
    printf("input records:\n");
    head=creat();                          /*建立链表,并返回表头*/
    print(head);                           /*输出链表 */
    printf("\nInput the deleted number:");
    scanf("%d",&del_num);
    while(del_num!=0)
    {
        head=delete1(head,del_num);        /*从链表中删除 del_num 节点*/
        print(head);                       /*输出链表 */
        printf("\nInput the deleted number:");
        scanf("%d",&del_num);
    }
    printf("\nInput the inserted record:");
    stu=(struct stu *)malloc(LEN);
    scanf("%d,%d",&stu->num,&stu->age);
    while(stu->num!=0)
    {
        head=insert(head,stu);             /*在链表中插入一节点 stu*/
        print(head);                       /*输出链表 */
        printf("\nInput the inserted record:");
        stu=(struct stu *)malloc(LEN);
        scanf("%d,%d",&stu->num,&stu->age);
    }
    free(stu);                             /*对于 num=0 的节点,未插入,应删除其空间*/
}
```

## 7.6 共用型

共用型和结构型类似,也是一种由用户自己定义的数据类型,也可以由若干种数据类型组合而成。组成共用型数据的若干个数据也称为成员。和结构型不同的是,共用型数据中所有成员占用相同的内存单元,设置这种数据类型的主要目的就是节省内存。

例如,在一个函数的三个不同的程序段中分别使用了字符型变量 c、整型变量 i、单精度型变量 f,如果我们把它们定义为结构型变量 s,s 中含有三个不同类型的成员,此时需要占用 7 个内存单元,如果我们把它们定义成一个共用型变量 u,u 中含有三个不同类型的成员。此时，给三个成员一共只分配 4 个内存单元，具体分析如图 7-10 所示。

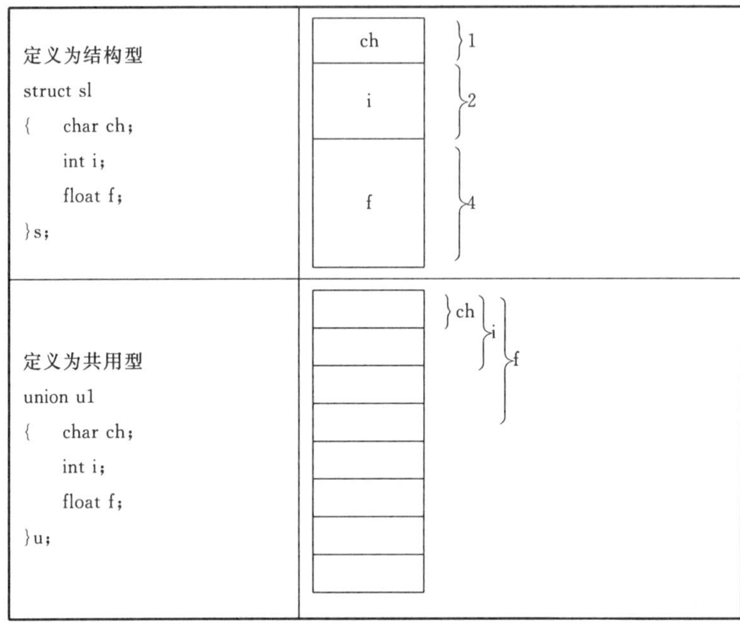


图 7-10 结构型和共用型变量的比较

由图 7-10 可知，结构型变量 s 的三个成员各自占用独立的内存单元，互不影响，修改其中任何一个成员变量的值时，不会影响到其他成员的值，因此结构型变量 s 所占用内存单元数为 7。而共用型变量 u 的三个成员是共用内存单元，因此修改其中任何一个成员的值，其他成员的值将随之改变。还可以看出一个共用型所占用的内存单元数目等于占用单元数最多的那个成员的单元数目。对 u 变量来说，占用的内存单元数是其中成员 f 所占用的单元数，等于 4，比结构型可省 3 个内存单元。应用领域举例：大部分学校开设的课程中分为考试科目和考查科目，考试科目采用百分制计算，考查科目采用五分制计算，因此在学校成绩管理表中就可以把考试科目成绩和考查科目成绩定义为一列，共享同一个内存空间，从而节省了一列的空间。

## 7.6.1 共用型的定义

共用型和结构型都是用户自定义类型，因此需要用户在程序中自己定义，然后才能使用这种数据类型来定义相应的变量、数组、指针等，但是在定义共用型变量时不能初始化。

定义共用型的方法如下：

```
union 共用型名
{
    数据类型 1   成员名 1;
    数据类型 2   成员名 2;
    ……
    数据类型 n   成员名 n;
};
```

注意在右大括号的后面有一个语句结束符分号(;)。

其中:共用型名是用户取的标识符。

数据类型通常是基本数据类型,也可以是结构型、共用型等其他数据类型。

成员名是用户取的标识符,用来标识所包含的成员名。

该定义语句定义了一个名为“共用型名”的共用型,该共用型中含有 n 个成员,每个成员都有确定的数据类型和名称。这些成员将占用相同的内存单元。

例如:为了节省内存,可以将不同的三个数组定义在一个共用型中,总计可节省 300 个单元:

```
union c_i_f
{
    char c1[100];                          /* 该成员占用 100 个单元 */
    int i2[100];                           /* 该成员占用 200 个单元 */
    float f3[100];                         /* 该成员占用 400 个单元 */
};                                         /* 该共用型数据共用 400 个单元 */
```

需要提醒读者注意的是,共用型数据中每个成员所占用的内存单元都是连续的,而且都是从分配的连续内存单元中的第一个内存单元开始存放的。所以,对共用型数据来说,所有成员的首地址都是相同的,这是共用型数据的一个特点。

## 7.6.2 共用型变量的定义

当定义了某个共用型后,就可以使用它来定义相应共用类型的变量、数组、指针等。

共用型变量、数组的定义与结构型变量、数组的定义方法相同,也有三种:先定义共用型,然后定义变量、数组;定义共用型的同时定义变量、数组;定义无名称的共用型同时定义变量、数组。

特别提醒读者注意的是,由于共用型数据的成员不能同时起作用,因此,对共用型变量、数组的定义不能赋初值,只能在程序中对其成员赋值。

**【例 7.17】** 共用型变量和数组定义举例。

将含有 10 个元素的整型数组 i_a[10]、3 行 4 列的字符型数组 c_a[3][4]、长整型数据 l、双精度数据 d 定义成一个共用型,然后定义这种类型的变量 u1、数组 u2[5]。

1. 先定义共用型,然后定义变量 u1 与数组 u2[5]。

```
/* 源文件名:Li7_17_1.c */
union u
{
    int i_a[10];                           /* 该成员占用 40 个单元 */
    char c_a[3][4];                        /* 该成员占用 12 个单元 */
    long l;                                /* 该成员占用 4 个单元 */
    double d;                              /* 该成员占用 8 个单元 */
};                                         /* 该共用型数据共占用 20 个单元 */
union u u1,u2[5];
```

2. 定义共用型的同时定义变量 u1 与数组 u2[5]。

```
/* 源文件名:Li7_17_2.c */
```

```
union u
{
    int i_a[10];                    /* 该成员占用 20 个单元 */
    char c_a[3][4];                 /* 该成员占用 12 个单元 */
    long l;                         /* 该成员占用 4 个单元 */
    double d;                       /* 该成员占用 8 个单元 */
}u1,u2[5];
```

3.定义无名称的共用型的同时定义变量 u1 与数组 u2[5]。

```
/* 源文件名:Li7_17_3.c */
union                               /* 无名称 */
{
    int i_a[10];                    /* 该成员占用 20 个单元 */
    char c_a[3][4];                 /* 该成员占用 12 个单元 */
    long l;                         /* 该成员占用 4 个单元 */
    double d;                       /* 该成员占用 8 个单元 */
}u1,u2[5];
```

### 7.6.3 共用型变量的引用

当某种共用型的变量与数组已被定义,就可以使用这个变量与数组元素了。对共用型变量与数组元素只能使用其中的成员,一般不能直接使用这些变量与数组元素。共用型变量或数组元素的成员可以当作一般变量来使用。

共用型变量或数组元素的成员地址也可以使用,例如将这个地址存放到某个指针变量中,需要注意这个指针变量的数据类型必须和这个成员的数据类型相同。

共用型变量或数组元素的地址也可以使用,例如将这个地址存放到某个指针变量中,需要注意这个指针变量的数据类型必须和这个变量的数据类型是同一种共用型。

**1.共用型变量或数组元素成员的引用方法**

共用型变量或数组元素成员的引用格式如下:

共用型变量名.成员名

其中“.”就是在结构型部分提到的成员运算符。

**【例 7.18】** 共用型变量成员的引用。

```
/* 源文件名:Li7_18.c */
#include "stdio.h"
main()
{
    union udate
    {
        int uint;
        long ulong;
        float ufloat;
        double udouble;
        char *ustring;
```

```
    }u;
    u.uint=1;
    printf("%d\n",u.uint);
    u.ulong=100;
    printf("%d\n",u.ulong);
    u.ufloat=1.0;
    printf("%d\n",u.ufloat);
    u.udouble=1.0;
    printf("%d\n",u.udouble);
    u.ustring="abc";
    printf("%s\n",u.ustring);
}
```

编译、连接、运行程序。程序运行后,屏幕显示:

```
1
100
0
0
abc
```

由于共用型变量的各成员可以占用共同的存储空间,因此在某一时刻内,只能存储某一时刻的数据。如果连续给不同的成员赋值,则只有当前所赋的值有效,即共用体变量中的值是最后一次所赋成员的值。

在使用共用型类型数据时还应注意一个问题,共用型变量的初始化与结构体变量的初始化不同,共用型变量的初始化只能是一个一个成员分别处理,一次只能给一个成员赋初值。

例如:下面的操作是不正确的。

```
union data
{
    int i;
    char ch;
    float f;
}a={1,'a',1.5};
```

**【例 7.19】** 共用型的嵌套结构。

```
/* 源文件名:Li7_19.c */
#include "stdio.h"
struct date                          /* 定义结构型 date */
{
    int year;
    int month;
    int day;
};
union dig                            /* 定义共用型 dig */
```

```
{
    struct date date1;
    char byte[6];
};
main()
{
    union dig unit;
    int i;
    printf("enter year:\n");                    /* 输入年 */
    scanf("%d",&unit.date1.year);
    printf("enter month:\n");                   /* 输入月 */
    scanf("%d",&unit.date1.month);
    printf("enter day:\n");                     /* 输入日 */
    scanf("%d",&unit.date1.day);
    printf("year=%d month=%d day=%d\n",unit.date1.year,unit.date1.month,unit.date1.day);
    for(i=0;i<6;i++)
        printf("%d,",unit.byte[i]);
    printf("\n");
}
```

编译、连接、运行程序。程序运行后，屏幕显示：

```
year=2010 month=12 day=10
-38,7,0,0,12,0
```

**【例 7.20】** 假如一个学生的信息表中包括学号、姓名、性别和一门课的成绩。成绩通常可采用两种表示方法：一种是五分制，采用的是整数形式；一种是百分制，采用的是浮点数形式。现要求编一程序，输入一个学生的信息并显示出来。

分析：因为一门课的成绩要不就是五分制，要不就是百分制，两者不可能同时存在，因此定义为共用型可以节省内存空间。

```
/* 源文件名:Li7_20.c */
#include "stdio.h"
union mixed
{
    int iscore;
    float fscore;
};
struct st
{
    int num;
    char name[10];
    char sex;
    int type;
    union mixed score;
```

```
};
struct st pupil;
main()
{
    scanf("%d,%s,%c,%d",&pupil.num,pupil.name,&pupil.sex,&pupil.type);
    if(pupil.type==0)                  /*采用五分制*/
        scanf("%d",&pupil.score.iscore);
    else if(pupil.type==1)             /*采用百分制*/
        scanf("%f",&pupil.score.fscore);
    printf("%d,%s,%c,",pupil.num,pupil.name,pupil.sex);
    if(pupil.type==0)
        printf("%d",pupil.score.iscore);
    else if(pupil.type==1)
        printf("%f",pupil.score.fscore);
}
```

假设在程序运行过程中输入：

1001,Tom,M,1

80

程序运行结果：

```
1001,Tom,M,80
```

**2. 共用型变量成员地址的引用和指针变量的使用方法**

共用型变量成员地址的引用和指针变量的使用格式如下：

*指针变量=& 共用型变量名.成员名*

存放共用型变量成员地址的指针变量类型必须和该成员的类型相同。

**3. 共用型变量地址的引用和指针变量的使用方法**

共用型变量地址的引用和指针变量的使用格式如下：

*指针变量=& 共用型变量名*

存放共用型变量地址的指针变量类型必须和共用型变量是同一种共用型。

共用型和结构型相同，当某个共用型指针变量指向共用型变量时，共用型变量成员的引用方法也有两种：

*(*指针变量).成员名*

*指针变量—>成员名*

**【例 7.21】** 共用型数据地址的引用和指向共用型数据的指针变量使用举例。

```
/*源文件名:Li7_21.c*/
union u
{   double d1;
    char c2[4];
};
main()
{
```

```
    union u u1, * p;
    p=&u1;
    (* p).d1=10.0;
    printf("%lf\n",p->d1);
    p->c2[2]='a';
    printf("%c\n",(* p).c2[2]);
}
```

编译、连接、运行程序。程序运行后，屏幕显示：

```
10.000000
a
```

关于共用型，C 语言还有一个重要的规定，共用型数据不能作为函数的参数在函数间传递，也不可以定义某函数返回共用型数据值。但是允许使用指向共用型数据的指针变量在函数间传递共用型数据。

**思政小贴士**

纸上得来终觉浅，绝知此事要躬行。编码之前的环节都停留在“纸上”的分析与设计上，编码环节不再是“纸上谈兵”，而是将我们对软件的想法转换为真实的一行行代码。作为新时代的大学生，做人做事也应如此，只争朝夕，不负韶华。中国自古就是一个统一的多民族国家，一部中华民族史，就是一部各民族不断团结凝聚、共同奋进的历史。反对民族分裂，维护祖国统一，是国家最高利益所在。

## 7.7 枚举型

顾名思义，就是把有限的数据一一列举出来，例如：一个星期 7 天，性别只有“男”和“女”，中国有 23 个省、5 个自治区、4 个直辖市、2 个特别行政区等。如图 7-11 所示，在填写用户资料中的所在城市时，把中国的 23 个省、5 个自治区、4 个直辖市、2 个特别行政区都列举出来，供注册者选择，这样有利于数据的规范且不会出错。枚举型和结构型、共用型一样，也是一种用户自定义的数据类型，在使用时必须先定义后使用。

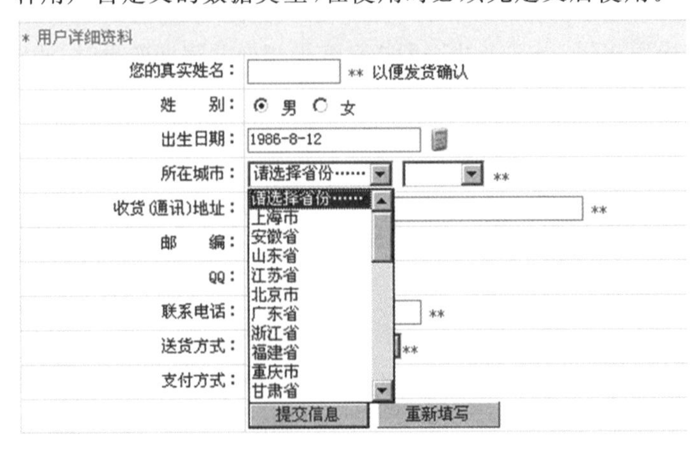


图 7-11　枚举型示例

## 7.7.1 枚举型的定义

枚举型需要用户自己定义，定义方法如下：

```
enum 枚举型名
{枚举常量1,枚举常量2,……,枚举常量n};
```

注意在右大括号的后面有一个语句结束符分号(;)。

其中：枚举型名是用户取的标识符；枚举常量是用户给常量取的标识符。

该语句定义了一个名为"枚举型名"的枚举类型，该枚举型中含有n个枚举常量，每个枚举型常量均有值。C语言规定枚举常量的值依次等于0、1、2、……、n－1。

例如，定义一个表示星期的枚举型：

```
enum week
{sun,mon,tue,wed,thu,fri,sat};
```

定义的这个枚举型共有7个枚举常量，它们的值依次为0、1、2、3、4、5、6。

C语言规定，在定义枚举型时，可以给枚举常量赋初值，方法是在枚举常量的后面跟上"＝整型常量"。例如，表示三原色的枚举型可定义如下：

```
enum color1
{red=2,yellow=4,blue=7};
```

则枚举常量red的值为2，yellow的值为4，blue的值为7。

C语言还规定，在给枚举常量赋初值时，如果给其中任何一个枚举常量赋初值，则其后的枚举常量将按自然数的规则依次赋初值，请看下例：

```
enum week1
{sun,mon,tue=5,wed,thu,fri,sat};
```

则枚举常量的初值如下：sun值为0，mon值为1，tue值为5，wed值为6，thu值为7，fri值为8，sat值为9。

## 7.7.2 枚举型变量的定义

当某个枚举型定义后，可以用这种枚举型来定义变量、数组。定义的方法有三种。

**1. 先定义枚举型，后定义枚举型变量、数组**

```
enum color
{red,yellow,blue};
enum color color_1,color_2[2];
/* 定义一个枚举型变量 color1_1 和具有两个元素的数组 color_2 */
```

**2. 定义枚举型的同时定义枚举型变量、数组**

```
enum color
{red,yellow,blue} color_1,color_2[2];
/* 定义一个枚举型变量 color1_1 和具有两个元素的数组 color_2 */
```

**3. 定义无名称的枚举型的同时定义枚举型变量、数组**

```
enum
{red,yellow,blue} color_1,color_2[2];
/* 定义一个枚举型变量 color1_1 和具有两个元素的数组 color_2 */
```

注意：枚举型变量的定义虽然有三种方法，但常用的也只有前两种。

### 7.7.3 枚举型变量的引用

枚举型变量或数组元素的引用方法就是变量名或数组元素名。

枚举型变量或数组元素的使用只能是下列几种情况。

给变量或数组元素赋值，格式为：

枚举型变量或数组元素＝同一种枚举型常量名

C 语言规定，虽然枚举常量值是 0 或自然数，但是不能直接将整型赋予枚举型变量或数组元素。但是可以通过强制类型转换来赋值，请看下面的程序段。

**【例 7.22】**

```
enum color
{red,yellow,blue} c_1;
c_1=yellow;                              /* 正确 */
c_1=1;                                   /* 错误，不能直接将整型赋予枚举型变量 */
c_1=(enum color) 1;                      /* 正确，通过强制类型转换来赋值 */
```

**【例 7.23】** 在循环中用枚举变量或数组元素控制循环。

```
/* 源文件名:Li7_23.c */
#include "stdio.h"
main()
{
    enum color
    {red,yellow,blue}c_1;
    int k=0;
    for(c_1=red;c_1<=blue;c_1++)
        k++;
    printf("k=%d\n",k);
}
```

编译、连接、运行程序。程序运行后，屏幕显示：

```
k=3
```

在上述程序段中，枚举型变量 c_1 作为循环控制变量，初值为 red，终值为 blue，每次修改(++)使其取得下一个枚举常量值。因此循环执行 3 次，所以变量 k 的值为 3。

从上面的例子可以看出，对枚举型变量或数组元素可以进行“自增(++)”和“自减(--)”的运算，结果是按照定义时的枚举常量顺序获得新的枚举常量值。

## 7.8 用户自定义类型

C 语言允许用户定义自己习惯的数据类型名称，来替代系统默认的基本类型名称、数组类型名称、指针类型名称和用户自定义的结构型名称、共用型名称、枚举型名称等。一旦在程序中定义了用户自己的数据类型名称，就可以在该程序中用自己的数据类型名称来定义变量、数组、指针变量、函数的类型等。

用户自定义类型的定义是通过下列语句实现的：

typedef 类型名1 类型名2；

其中，类型名1可以是基本类型名，也可以是数组、用户自定义的结构型、共用型等。类型名2是用户自选的一个标识符，作为新的类型名。

功能：将"类型名1"定义成用户自选的"类型名2"，此后可用"类型名2"来定义相应类型的变量、数组、指针变量、结构型、共用型、函数的数据类型。

说明：为了突出用户自己的类型名，通常都选用大写字母来组成用户类型名。

下面按照"类型名1"的不同，分几种情况介绍自定义类型的方法和使用。

**1. 基本类型的自定义**

对所有系统默认的基本类型可以利用下面的自定义类型语句来重新定义类型名：

typedef 基本类型说明符 用户类型名；

功能：将"基本类型说明符"定义为用户自己的"用户类型名"。

**【例7.24】** 基本类型自定义举例。

```
/*源文件名:Li7_24.c*/
#include "stdio.h"
typedef float REAL;                    /*定义单精度实型为REAL*/
typedef char CHARACTER;                /*定义字符型为CHARACTER*/
main()
{
    REAL f1;                           /*相当于 float f1;*/
    CHARACTER c1;                      /*相当于 char c1;*/
    f1=58.0;
    c1='B';
    printf("%f,%c",f1,c1);
}
```

编译、连接、运行程序。程序运行后，屏幕显示：

```
58.000000,B
```

**2. 数组类型的自定义**

对数组类型可以利用下面的自定义类型语句来定义一个类型名：

typedef 类型说明符 用户类型名[数组长度]；

功能：以后可以使用"用户类型名"来定义由"类型说明符"组成的数组，其长度为"数组长度"。

**【例7.25】** 数组类型自定义举例。

```
/*源文件名:Li7_25.c*/
#include "stdio.h"
typedef float F_ARRAY[2];   /*定义F_ARRAY为单精度型长度为2的数组类型说明符*/
typedef char C_ARRAY[3];    /*定义C_ARRAY为字符型长度为3的数组类型说明符*/
main()
{
    F_ARRAY f1,f2;                     /*相当于 float f1[2],f2[2];*/
```

```
    C_ARRAY name,department;              /* 相当于 char name[3],department[3]; */
    f1[0]=10.0;
    f1[1]=20.0;
    name[0]='e';
    name[1]='d';
    name[2]='u';
    printf("%f,%f\n",f1[0],f1[1]);
    printf("%c%c%c",name[0],name[1],name[2]);
}
```

编译、连接、运行程序。程序运行后,屏幕显示:

```
10.000000,20.000000
edu
```

**3. 结构型、共用型的自定义**

对程序中需要的结构型可以利用下面的自定义类型语句来定义一个类型名:

```
typedef struct
{   类型说明符  成员名 1;
    类型说明符  成员名 2;
    ……
    类型说明符  成员名 n;
}用户类型名;
```

功能:以后可以使用“用户类型名”来定义含有上述 n 个成员的结构型。

**【例 7.26】** 结构型自定义举例。

```
/* 源文件名:Li7_26.c */
#include "stdio.h"
#include "string.h"
typedef struct
{
    long num;
    char name [10];
    char sex;
}STUDENT;                      /* 定义 STUDENT 为含有长整型成员 num、字符数组成员
                                  name[10]、字符型成员 sex 的结构型说明符 */
main()
{
    STUDENT stu1,stu[10];      /* 相当于
                                  struct
                                  {
                                      long num;
                                      char name [10];
                                      char sex;
                                  }stu1,stu[10]; */
```

```
    stu1.num=2010;          /* 本实例只对stu1进行操作,对于stu[10]请读者自己完成 */
    strcpy(stu1.name,"Tom");
    stu1.sex='m';
    printf("%ld,%s,%c",stu1.num,stu1.name,stu1.sex);
}
```

编译、连接、运行程序。程序运行后,屏幕显示:

```
2010,Tom,m
```

共用型的自定义方法和上面介绍的结构型自定义方法基本相同,不再赘述。

**4. 指针型的自定义**

对某种数据类型的指针型可以利用下面的自定义类型语句来定义一个类型名:

typedef 类型说明符 *用户类型名;

功能:以后可用"用户类型名"定义"类型说明符"类型的指针型变量与数组等。

**【例7.27】** 指针类型自定义举例。

```
/*源文件名:Li7_27.c*/
#include "stdio.h"
typedef int *POINT_I;                /* 定义POINT_I为整型指针的新类型说明符 */
typedef char *POINT_C;               /* 定义POINT_C为字符型指针的新类型说明符 */
main()
{
    POINT_I p1,p2;                   /* 相当于int *p1,*p2; */
    POINT_C p3,p4;                   /* 相当于char *p3,*p4; */
    int a=8;                         /* 本实例只对p1、p2进行操作,对于p3、p4请同学们自
                                        己完成 */
    p1=p2=&a;
    ++*p1;
    ++*p2;
    printf("%d,%d,%d",*p1,*p2,a);
}
```

编译、连接、运行程序。程序运行后,屏幕显示:

```
10,10,10
```

# 小　　结

本项目详细介绍结构型变量的定义、初始化、引用等方法,同时还介绍了另外一种用于节省内存的构造型数据:共用型,最后简单地介绍了枚举型数据的使用。

项目2讲述了系统已定义的基本数据类型(int、short、long、float、double、char),在项目4介绍了一种用户自定义类型:数组,但它只能存放数据类型相同的若干个数据。如果要存放数据类型不相同的若干数据,就需要定义为结构型。结构型是一种用户自定义类型,一旦定义好之后就可以像使用系统已定义的基本数据类型一样使用,可以定义变量、数组、指针等,再结合项目3的程序设计的结构化和项目5的函数,从而解决实际应用中

的各种复杂问题，比如表格、链表等。共用型也是一种用户自定义类型，共用型各成员共用同一个内存地址，与结构型相比主要是节省内存空间。本项目讲到了数据类型的保留字也只是一种系统已经定义的标识符而已，用户也可以通过 typedef 重新定义这种标识符。例如，整型标识符是 int，用户也可以通过 typedef 重新定义，把整型的标识符重新修改为 integer，或者其他标识符等。

学习本项目时请牢记，结构型、共用型是一种数据类型，是一种用户自定义类型，一旦定义好之后就可以像使用系统类型一样使用，就可以用它来定义变量、数组、指针等，因此在使用结构型、共用型之前必须先定义。在引用时，要注意区分结构型变量和成员变量，对结构型变量只能使用其中的成员变量，一般不能直接使用结构型变量。结构型变量成员的引用格式为：结构型变量名.成员变量名。共用型的引用和结构型基本相同，只是同一个结构型变量的成员变量的值改变时，该结构型变量的其他成员变量的值也随着改变，因为各成员变量共用同一个内存地址。

**思政小贴士**

各类系统虽然是经过科学设计和反复测试与运行的"成熟"软件，但实际上它和我们每个人一样，不是完美的。一方面其自身不可避免地会存在一些问题，另一方面其在运行的过程中也可能因为人为的因素出现各类故障。所以系统也好，我们每个人也好，存在问题隐患并不可怕，关键是我们和系统能否有效地去预防潜在存在的问题，并在问题出现的时候，可以有效地进行解决，降低损失。

# 实验　结构型、共用型应用程序设计实例

**一、实验目的**

1. 熟悉结构型数据的特点。
2. 熟悉结构型及其变量、数组、指针变量的定义和赋初值方法。
3. 熟悉如何引用结构型数据的成员。
4. 熟悉共用型的定义方法及其数据处理的方法。

**二、实验内容**

1. 结构型的应用

用 C 语言编写一个程序，将下列数据建立在结构体数组中，然后再计算平均年龄、C 课程的平均分、Access 课程的平均分并输出。

| 姓名 | 年龄 | C | Access |
|---|---|---|---|
| ZHAO | 18 | 90.5 | 95.0 |
| QIAN | 19 | 92.0 | 89.0 |
| SUN | 17 | 77.5 | 65.5 |
| LI | 21 | 87.0 | 75.0 |

【待填充的源程序参考清单】

```
main()
```

```
{
    struct ____________
    {
        char name[10];
        int age;
        float c;
        ____________;
    };
    struct std student[4]={____________,
    {"QIAN",19,92.0,89.0},
    {"SUN",17,77.5,65.5},
    {"LI",21,87.0,75.0}
    };
    float ave_age,ave_c,ave_access;
    int i;
    ____________=0.0;
    for(i=0;i<4;i++)
    {
        ave age+=____________;
        ____________ +=student[i].c;
        ave_access+=student[i].access;
    }
    ave_age/=4.0;
    ave c/=4.0;
    ave access/=4.0;
    printf("average of age=%f\n",ave_age);
    printf("average of c=%f\n",ave_c);
    printf("average of access=%f\n",ave_access);
}
```

2.共用型的应用

假如一个学生的信息表中包括学号、姓名、性别和一门课的成绩。而成绩通常又可采用两种表示方法:一种是五分制,采用的是整数形式;一种是百分制,采用的是浮点数形式。现要求编一程序,输入一个学生的信息并显示出来。(详见例7.20)

# 习　题

## 一、选择题

1.设有定义语句“struct {int x;int y;} d[2]={{1,3},{2,7}};”,则 printf("%d\n",d[0].y/d[0].x*d[1].x);的输出结果是(　　)。

A.0　　B.1　　C.3　　D.6

2.设有定义语句“enum team{my,your=4,his,her=his+10};”,则 printf("%d,

%d,%d,%d\n",my,your,his,her);的输出结果是(　　)。

A. 0,1,2,3　　B. 0,4,0,10　　C. 0,4,5,15　　D. 1,4,5,15

3. 以下对枚举类型名的定义中正确的是(　　)。

A. enum a={one,two,three};　　B. enum a{a1,a2,a3};

C. enum a={'1','2','3'};　　D. enum a{"one","two","three"};

4. 若有如下定义,则 printf("%d\n",sizeof(them));的输出是(　　)。

```
typedef union{long x[2];int y[4];char z[8];}MYTYPE;
MYTYPE them;
```

A. 32　　B. 16　　C. 8　　D. 24

5. 设有以下说明和定义:

```
typedef union {long i;int k[5];char c;} DATE;
struct date {int cat;DATE cow; double dog;}too;
DATE max;
```

则下列语句的执行结果是(　　)。

```
printf("%d",sizeof(struct date)+sizeof(max));
```

A. 26　　B. 30　　C. 18　　D. 8

6. 根据下面的定义,能打印出字母 M 的语句是(　　)。

```
struct person {char name[9];int age;};
struct person c[10]={"John",17,"Paul",19,"Mary",18,"Adam",16};
```

A. printf("%c",c[3]. name)　　B. printf("%c",c[3]. name[1]);

C. printf("%c",c[2]. name[1]);　　D. printf("%c",c[2]. name[0]);

7. 设有如下定义,则对 data 中的 a 成员的正确引用是(　　)。

```
struct sk{int a;float b;} data, * p=&data;
```

A. ( * p). data. a　　B. ( * p). a　　C. p->data. a　　D. p. data. a

8. 以下结构体类型说明和变量定义中正确的是(　　)。

A.
```
typedef struct
   {int n; char c;}REC;
   REC t1,t2;
```

B.
```
struct REC;
   {int n; char c;};
   REC t1,t2;
```

C.
```
typedef struct REC;
   {int n=0; char c='A';}t1,t2;
```

D.
```
struct
   {int n;char c;}REC t1,t2;
```

9. 有以下程序:

```
struct STU
{char name[10];int num; float TotalScore;};
void f(struct STU  * p)
{
    struct STU s[2]={{"SunDan",20044,550},{"Penghua",20045,537}}, * q=s;
    ++p;++q; * p= * q;
}
main()
```

```
{
    struct STU s[3]={{"YangSan",20041,703},{"LiSiGuo",20042,580}};
    f(s);
    printf("%s %d %3.0f\n",s[1].name,s[1].num,s[1].TotalScore);
}
```

程序运行后的输出结果是(　　)

A. SunDan 20044 550　　　　B. Penghua 20045 537

C. LiSiGuo 20042 580　　　　D. YangSan 20041 703

10.现有以下结构体说明和变量定义,如下图所示,指针 p、q、r 分别指向一个链表中连续的三个节点。

```
struct node
{   char data;
    struct node *next;
} *p, *q, *r;
```

现要将 q 和 r 所指节点交换前后位置,同时要保持链表的连续,以下不能完成此操作的语句是(　　)。

A. q－＞next＝r－＞next; p－＞next＝r;r－＞next＝q

B. p－＞next＝r;q－＞next＝r－＞next;r－＞next＝q

C. q－＞next＝r－＞next;r－＞next＝q;q－＞next＝r

D. r－＞next＝q;p－＞next＝r;r－＞next＝q－＞next

## 二、填空题

1.“.”称为________运算符,“－＞”称为________运算符。

2.设有定义语句“struct {int a; float b; char c; }abc, *p_abc=&abc;”则对结构型成员 a 的引用方法可以是________、________、________、________。

3.若有以下说明和定义语句,则变量 w 在内存中所占的字节数是________。

```
union aa{float x; float y; char c[6];};
struct st{union aa v; float w[5]; double ave;}w;
```

## 三、程序分析题

1.阅读下列程序,写出运行结果。(字符 0 的 ASCII 码为十六进制的 30)

```
main()
{
    union {char c; char i[4];}z;
    z.i[0]=0x39; z.i[1]=0x36;
    printf("%c\n",z.c);
}
```

2.阅读程序,写出程序的运行结果。

```
main()
```

```
{
    struct student
    {   char name[10];
        float k1;
        float k2;
    }a[2]={{"zhong",100,70},{"wang",70,80}}, *p=a;
    printf("\nname:%s total=%f",p->name,p->k1+p->k2);
    printf("\nname:%s total=%f\n",a[1].name,a[1].k1+a[1].k2);
}
```

3. 阅读程序，写出程序的运行结果。

```
main()
{
    enum em{em1=3,em2=1,em3};
    char *aa[]={"AA","BB","CC","DD"};
    printf("%s%s%s\n",aa[em1],aa[em2],aa[em3]);
}
```

4. 阅读程序，写出程序的运行结果。

```
#include <stdio.h>
#include <string.h>
typedef struct { char name[9]; char sex; float score[2]; } STU;
void f(STU a)
{   STU b={"Zhao",'m',85.0,90.0}; int i;
    strcpy(a.name,b.name);
    a.sex=b.sex;
    for(i=0;i<2;i++) a.score[i]=b.score[i];
}
main()
{
    STU c={"Qian",'p',95.0,92.0};
    f(c); printf("%s,%c,%2.0f,%2.0f\n",c.name,c.sex,c.score[0],c.score[1]);
}
```

5. 阅读程序，写出程序的运行结果。

```
#include <string.h>
struct STU
{   int num;
    float TotalScore;
};
void f(struct STU p)
{   struct STU s[2]={{20088,550},{20099,537}};
    p.num=s[1].num;
    p.TotalScore=s[1].TotalScore;
```

```
}
main()
{
    struct STU s[2]={{20098,703},{20089,580}};
    f(s[0]);
    printf("%d %f\n",s[0].num,s[0].TotalScore);
}
```

## 四、程序设计题

1. 用结构体存放的数据见表7-5，然后输出每个人的姓名和实发工资(基本工资+浮动工资－支出)。

表7-5　　工资表

| 姓名 | 基本工资 | 浮动工资 | 支出 |
| --- | --- | --- | --- |
| Tom | 1240.00 | 800.00 | 75.00 |
| Lucy | 1360.00 | 900.00 | 50.00 |
| Jack | 1560.00 | 1000 | 80.00 |

2. 编写程序，输入十个学生的学号、姓名、三门课程的成绩，求出总分最高的学生并输出。

3. 编写程序，输入学生成绩表中的数据，见表7-6，并用结构体数组存放。然后统计并输出三门课程的名称和平均分数。

表7-6　　学生成绩表

| student_name | 面向对象程序设计(C#) | SQL Server | C语言程序设计 |
| --- | --- | --- | --- |
| Lincoln | 97.5 | 89.0 | 78.0 |
| Clinton | 90.0 | 93.0 | 87.5 |
| Bush | 75.0 | 79.5 | 68.5 |
| Obama | 82.5 | 69.5 | 54.0 |

4. 设有a、b两个单链表。每个链表的节点中有一个数据和指向下一节点的指针，a、b为两链表的头指针。

(1)分别建立这两个链表。

(2)将a链表中的所有数据相加并输出其和。

(3)将b链表接在a链表的尾部连成一个链表。

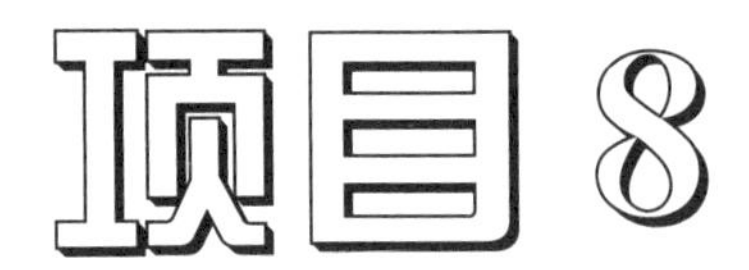

# 学生成绩文件管理

知识目标：

- 了解文件的出错检测，包括 ferror 和 clearerr 函数。
- 理解文件操作的 C 程序引例。
- 理解和应用文件的打开与关闭。
- 理解和应用文件的读写，包括字符读写函数、数据读写函数、字符串读写函数、格式化读写函数、其他读写函数。
- 理解和应用文件的定位，包括文件头定位函数、文件随机定位函数、流式文件的定位函数、判断文件结束函数 feof。

技能目标：

通过本项目的学习，要求能理解文本文件和二进制文件的概念，能熟练使用文件的读写函数对文件进行一系列的操作，理解文件的定位和文件的出错检测等，能够利用本项目的知识点进行一些简单的课程设计，为后续课程中系统的开发奠定基础。

素质目标：

掌握 C 语言程序设计中文件管理的应用，通过对存储过程、出错检测等内容的介绍，引导学生养成注重规划的好习惯，在工作生活中要事事提前规划，做好预案，传承中华优秀传统文化，弘扬中华民族精神。

## 任务 1　将学生成绩顺序读写到文件中

**1. 问题情景与实现**

(1)问题情景

辅导员张老师在使用小王设计的程序时，需要完成如下的工作：将一个班级学生的期末考试信息（学号、姓名、总分）存入磁盘文件 stu. txt 中，同时统计总分在 550 分以上的优秀学生信息，并将优秀学生的名单输出到屏幕上，以前数据都是放在程序中，程序退出后数据也消失，数据只能保存在内存中，不能长期保存，本任务要求使用外部存储文件来保存数据，实现对数据的存储和读取，能安全有效地长期保存数据，还能提供数据共享。故张老师找来小王，说明了需求，小王根据张老师的需求，参考了相关的资料，完善了原来的程序，帮助张老师解决了该问题。

(2)实现

```
/*
    源文件名:Li8_1.c
    功能:统计一个班级的期末考试信息
*/
#include <stdio.h>
#define N 30                              /*定义班级中学生的人数*/
void main()
{
    int i;
    FILE *fp;
    FILE *fpp;
    struct stu
    {
        char name[20];
        int number;
        int score;
    }stud[N];
    fp=fopen("stu.txt","w");              /*打开或建立 stu.txt 文件,只允许写入数据*/
    for(i=0;i<N;i++)
    {
        printf("请输入第%d 个学生的信息:\n",i+1);
        printf("姓名:");
        scanf("%s",stud[i].name);
        printf("学号:");
        scanf("%d",&stud[i].number);
        printf("总分:");
        scanf("%d",&stud[i].score);
        fprintf(fp,"%s,%d,%d\n",stud[i].name,stud[i].number,stud[i].score);
    }
    fclose(fp);                           /*关闭 stu.txt 文件*/
    fpp=fopen("stu.txt","r");             /*打开已有的 stu.txt 文件,只允许读取数据*/
    for(i=0;i<N;i++)
    {
        if(stud[i].score>550.0)
        printf("%s(学号:%d)是个优秀的学生。\n",stud[i].name,stud[i].number);
    }
    fclose(fpp);                          /*关闭 stu.txt 文件*/
```

```
    getch();
}
```

程序首先将30个学生的信息存放到文件stu.txt中，然后对存放在stu.txt中的学生的总分进行统计，并将总分在550分以上的学生的名单输出。

以输入5个(假设此时N的值为5)学生的信息为例，程序的运行情况为：

```
请输入第1个学生的信息：
姓名:张三
学号:1
总分:368
请输入第2个学生的信息：
姓名:李四
学号:2
总分:479
请输入第3个学生的信息：
姓名:王五
学号:3
总分:598
请输入第4个学生的信息：
姓名:赵六
学号:4
总分:564
请输入第5个学生的信息：
姓名:刘七
学号:5
总分:321
王五(学号:3)是个优秀的学生。
赵六(学号:4)是个优秀的学生。
```

此时如果打开文件stu.txt，则5个学生的信息清单按照输入的顺序存放在stu.txt文件中，如图8-1所示。

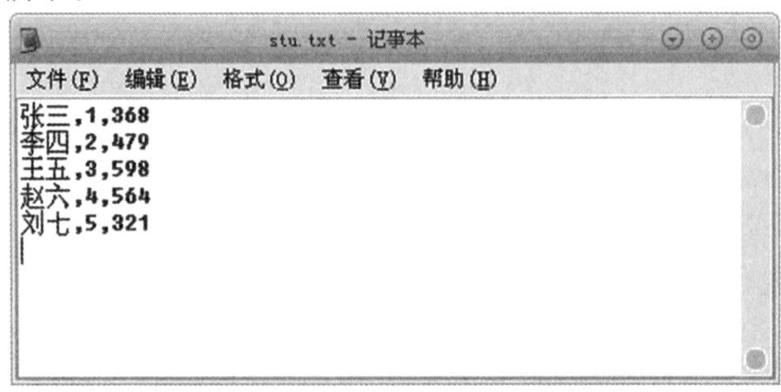


图8-1 程序运行后stu.txt文件的内容

**2. 相关知识**

要完成上面的任务，小王必须熟练使用文件的读写函数对文件进行一系列的操作，并要了解以下几个跟文件相关的概念：

文件是一组相关数据的集合。在C程序设计中，按文件的内容可以分为两类：一类是程序文件，它是程序的源代码；另一类是数据文件，它是程序运行时需要的原始数据及输出的结果。这两类文件都保存在磁盘上，随时可以使用。程序文件的创建和使用已经在前面各项目介绍过，本项目主要介绍数据文件的创建和使用。

按数据的存储形式，数据文件可以分为文本文件和二进制文件两类。

文本文件：也称ASCII文件，是一种字符流文件。文本文件的优点是可以直接阅读，而且ASCII码标准统一，使文件易于移植，其缺点是输入和输出都要进行转换，效率低。

二进制文件：二进制文件中的数据是按其在内存中的存储形式存放的。

流：流是一个逻辑设备，具有诸多相同的行为。在C语言中有两种性质的流：文字流和二进制流。

顺序文件：可以进行顺序存取的文件称为顺序文件。

随机文件：可以进行随机存取的文件称为随机文件。

C语言支持的文件存取方式有两种：顺序存取和随机存取，随机存取也称直接存取。

# 8.1 文件的打开与关闭

由于文件的打开与关闭都是利用系统函数来实现的，因此，在编写有关文件的程序时，应该在其中包含stdio.h头文件。

文件

## 8.1.1 文件的打开

文件打开函数fopen用来打开一个文件，其调用的一般形式为：

文件指针名=fopen(文件名，使用文件方式)；

其中："文件指针名"必须是被说明为FILE类型的指针变量；"文件名"是被打开文件的文件名，文件名通常是文件变量或文件数组；"使用文件方式"是指文件的类型和操作要求。文件的使用方式共有12种，表8-1给出了文本文件的符号和含义。

表8-1 文本文件的符号及其含义

| 文件使用方式 | 代表的含义 |
|---|---|
| r | 打开一个已有的文本文件，只允许读取数据 |
| w | 打开或建立一个文本文件，只允许写入数据 |
| at | 打开一个已有的文本文件，并在文件末尾写数据 |
| rt+ | 打开一个已有的文本文件，允许读和写 |
| at+ | 打开一个已有的文本文件，允许读或在文件末尾追加数据 |
| wt+ | 打开或建立一个文本文件，允许读写 |

以上6种方式是针对“文本文件”类型的，表8-2给出了另外6种针对“二进制文件”类型的操作方式。

表8-2　　二进制文件的符号及其含义

| 文件使用方式 | 代表的含义 |
| --- | --- |
| rb | 打开一个已存在的二进制文件，只允许读数据 |
| wb | 打开或建立一个二进制文件，只允许写数据 |
| ab | 打开一个二进制文件，并在文件末尾追加数据 |
| rb+ | 打开一个二进制文件，允许读和写 |
| wb+ | 打开或建立一个二进制文件，允许读和写 |
| ab+ | 打开一个二进制文件，允许读或在文件末尾追加数据 |

可以看出，上面两个表的作用基本上是相同的，唯一的区别是表8-2增加了一个表示二进制的字符“b”。文件使用方式由r、w、a、t、b和+共6个字符组成，各字符的含义见表8-3。

表8-3　　文件使用方式中的字符及其含义

| 字母 | 代表 | 含义 |
| --- | --- | --- |
| r | read | 读取数据 |
| w | write | 写入数据 |
| a | append | 追加数据 |
| t | text | 文本文件，可省略不写 |
| b | binary | 二进制文件 |
| + | | 可读可写 |

对表8-3做以下补充说明：

1.程序中凡是用“r”打开一个文件时，表明该文件必须已经存在，且只能从该文件读出数据。

2.用“w”打开的文件也只能向该文件写入数据。若打开的文件不存在，则按照指定的文件名建立该文件；若打开的文件已经存在，则将该文件删除，重建一个新文件。使用时要特别注意这一点。

3.如果要向一个已经存在的文件后面追加新的信息，那只能用“a”方式打开文件。但此时该文件必须是存在的，否则将会出错。

4.在打开一个文件之前，应该定义文件型指针，以便接收函数fopen返回的地址。如果出错，fopen将返回一个空指针NULL。在程序中可以用这一信息来判别是否完成打开文件的工作，并做相应的处理。例如：

```
if((fp=fopen("file1","rb"))==NULL)
{
    printf("\n error on open file1");
    getch();
```

```
    exit(1);
}
```

该程序段表示:如果返回的指针为空,则不能打开当前目录下的文件"file1",同时给出错误提示信息"error on open file1"。程序中的 getch()函数的功能是从键盘输入一个字符,该字符不在屏幕上显示。其实 getch()在这里的作用是停留等待,只有当用户从键盘按任意键时,程序才继续执行,我们可以利用这个等待时间来阅读出错提示,找到错误原因。当按任意键后,执行语句"exit(1);",从而退出程序。

## 8.1.2 文件的关闭

文件一旦使用完毕,应使用关闭文件函数 fclose 把文件关闭,以避免文件数据丢失等情况的发生。

fclose 函数调用的一般形式为:

fclose(FILE *fp);

其中:参数 fp 是文件型指针,通过 fopen()函数已经获得,它指向某个打开的文件。例如:

```
fclose(fp);
```

上述语句的含义是关闭 fp 所指向的文件,同时自动释放分配给文件的内存缓冲区。当正常完成关闭文件的操作时,fclose 函数的返回值为 0,表示已正确关闭指定的文件;如返回值非 0,则表示有错误发生。

**【例 8.2】** 文件的打开与关闭应用举例 1。

```
/*
    源文件名:Li8_2.c
    功能:文件的打开与关闭
*/
#include <stdio.h>
void main()
{
    FILE *fp;                               /*定义一个文件指针*/
    int n;
    fp=fopen("Li8_2.c","rb");               /*以只读方式打开当前目录下的 Li8_2.c*/
    if(fp==NULL)                            /*判断文件是否打开成功*/
    {
        puts("Sorry,file open error.\n");   /*提示打开不成功*/
        exit(1);
    }
    n=fclose(fp);                           /*关闭打开的文件*/
    if(n==0)                                /*判断文件是否关闭成功*/
        printf("The file succeed close.\n"); /*提示关闭成功*/
    else
```

```
    {
        puts("The file close error. \n");        /* 提示关闭不成功 */
        exit(1);
    }
}
```

编译、连接、运行程序。程序运行后,屏幕显示:

```
The file succeed close.
```

说明:读者可以根据情况自己设定打开文件的名字以及打开方式。

**【例 8.3】** 文件的打开与关闭应用举例 2。

```
/*
    源文件名:Li8_3.c
    功能:文件的打开与关闭
*/
#include <stdio.h>
void main()
{
    FILE *fp;                              /* 定义一个文件指针 */
    if((fp=fopen("C:\\STUDENT\\ch01_01\\ch01_01.c","rb"))==NULL)
    {
        printf("The file can not open! \n");
        exit(1);
    }
    else
        printf("The file succeed open! \n");
    fclose(fp);
}
```

编译、连接、运行程序。程序运行后,屏幕显示:

```
The file succeed open!
```

说明:在书写时,要严格按照格式书写,例如将路径写成“C:\STUDENT\ch01_01\ch01_01.c”是不正确的,这一点要特别注意。路径写成“C:\\STUDENT\\ch01_01\\ch01_01.c”才是正确的,这里的“\\”的含义是:第一个“\”代表转义字符,第二个“\”才是字符本身。

## 8.2 文件的读写

文件的读写操作由文件读写函数完成,常用的读写函数有 fgetc、fputc、fwrite、fread、fputs、fgets、fprintf、fscanf、putw、getw 等。

## 8.2.1　字符读写函数

文本文件的操作

**1. 读字符函数——fgetc 函数**

fgetc 函数用来从指定的文件读入一个字符，该文件必须是读或写方式打开的。fgetc 函数的调用格式如下：

ch=fgetc(fp)；

其中：fp 为文件类型指针，ch 为字符变量。fgetc 函数返回的字符赋给字符变量 ch。如果在执行 fgetc 函数读字符时遇到文件结束符，则该函数返回一个结束标志 EOF(-1)。如果想从磁盘文件顺序读入字符并在屏幕上显示出来，可以用以下的程序段：

```
ch=fgetc(fp);
while(ch!=EOF)
{
    putchar(ch);
    ch=fgetc(fp);
}
```

**【例 8.4】** 读入“C:\”目录下的文件“boot.ini”，并在显示器上显示出来。

```
/*
    源文件名：Li8_4.c
    功能：读取一个文件的内容并显示出来
*/
#include <stdio.h>
void main()
{
    FILE *fp;                              /*定义一个文件指针*/
    char c;
    if((fp=fopen("C:\\boot.ini","rt"))==NULL)
    {
        printf("file can not open,press any key to exit! \n");
        getch();                           /*从键盘上输入任意一字符,结束程序*/
        exit(1);
    }
    c=fgetc(fp);                           /*从文件中逐个读取字符*/
    while(c!=EOF)          /*只要读出的字符没有到文件末尾,就把该字符显示在屏幕上*/
    {
        putchar(c);
        c=fgetc(fp);
    }
    printf("\n");
    fclose(fp);
}
```

编译、连接、运行程序。程序运行后,屏幕显示:

```
[boot loader]
timeout=3
default=multi(0)disk(0)rdisk(0)partition(1)\WINDOWS
[operating systems]
multi(0)disk(0)rdisk(0)partition(1)\WINDOWS="Microsoft Windows XP Professional" /noexecute=optin /fastdetect
C:\mxldr=MaxDOS 工具
```

**【例 8.5】** 从“C:\STUDENT\ch01_01”目录下的文本文件“ch01_01.ncb”中读取前7个字符,并在显示器上显示出来。

```c
/*
    源文件名:Li8_5.c
    功能:读取一个文件的部分内容并显示出来
*/
#include <stdio.h>
void main()
{
    FILE *fp;                              /*定义一个文件指针*/
    char ch;
    int i;
    if((fp=fopen("C:\\STUDENT\\ch01_01\\ch01_01.ncb","rt"))==NULL)
    {
        printf("file can not open,press any key to exit! \n");
        getch();                           /*从键盘上输入任意一字符,结束程序*/
        exit(1);
    }
    for(i=0;i<7;i++)
    {
        if(feof(fp))
            break;                         /*如果是文件末尾,则退出循环*/
        ch=fgetc(fp);
        putchar(ch);
    }
    printf("\n");
    fclose(fp);
}
```

编译、连接、运行程序。程序运行后,屏幕显示:

```
Microso
```

说明:可以用记事本打开“ch01_01.ncb”文件,如图 8-2 所示。

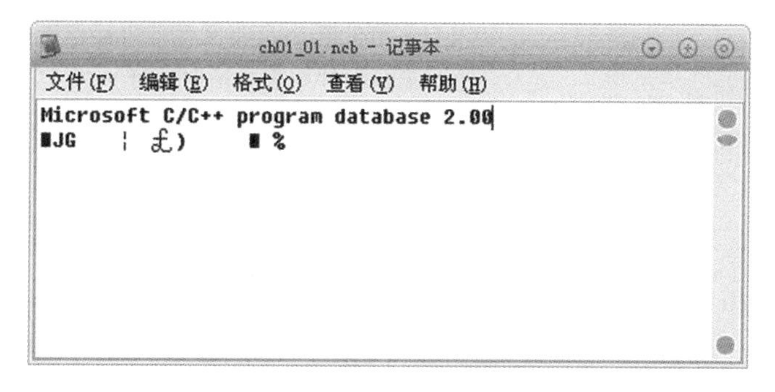


图 8-2 ch01_01.ncb 的文件内容

**2. 写字符函数——fputc 函数**

fputc 函数用来将一个字符写入指定的文件中，该函数的调用格式为：

fputc(ch,fp)；

其中：ch 可以是一个字符常量，也可以是一个字符变量，fp 是文件指针变量。该函数的作用是将字符(ch 的值)输出到 fp 所指定的文件中去。fputc 函数也带回一个值，如果输出成功，则返回值就是输出的字符，如果输出失败，则返回 EOF(－1)。

**【例 8.6】** 编程实现：要求从键盘输入一行字符，将其写入文件“ch01_01.c”，该文件在“C:\STUDENT\ch01_01”目录下，然后把该文件的内容读出并在显示器上显示出来。

```
/*
    源文件名:Li8_6.c
    功能:写一行字符到文件中,然后读取文件的内容并显示出来
*/
#include <stdio.h>
void main()
{
    FILE *fp;                          /*定义一个文件指针*/
    char c;
    if((fp=fopen("C:\\STUDENT\\ch01_01\\ch01_01.c","a+"))==NULL)
                                       /*利用读取追加方式打开文本*/
    {
        printf("file can not open,press any key to exit! \n");
        getch();                       /*从键盘上输入任意一字符,结束程序*/
        exit(1);
    }
    printf("Please input a string:");
    c=getchar();                       /*从键盘读入一个字符后进入循环*/
    while(c!='\n')                     /*读入的字符不是回车键时进入循环*/
    {
        fputc(c,fp);                /*将字符写入文件中*/
        c=getchar();                /*继续从键盘读入下一个字符*/
    }
```

```
    rewind(fp);                    /* 用于把 fp 所指文件的内部位置指针移到文件头 */
    c=fgetc(fp);                   /* 从文件中逐个读取字符 */
    while(c!=EOF)                  /* 只要读出的字符没有到文件尾就把该字符显示在
                                      屏幕上 */
    {
        putchar(c);
        c=fgetc(fp);
    }
    printf("\n");
    fclose(fp);
}
```

编译、连接、运行程序。程序运行后，屏幕显示：

```
Please input a string:/* Program end */
/*
    源文件名:Li1_1.c
    功能:在屏幕输出一串字符串
*/
#include <stdio.h>
void main()
{
    printf("This is a c program.\n");     /* 打印输出一行信息 */
}/* Program end */
```

## 8.2.2 数据读写函数

### 1. 写数据函数——fwrite 函数

写数据块函数调用的一般形式为：

fwrite(buffer,size,n,fp);

其中各个参数的含义及说明见表 8-4。

**表 8-4　　fwrite 函数中各个参数的含义及说明**

| 参数 | 含义 | 说明 |
| --- | --- | --- |
| buffer | 是一个字符型指针，它表示存放输出数据的变量地址或数组首地址 | |
| size | 是一个无符号整型，表示数据块的字节数 | |
| n | 无符号整型，表示要读写的数据块块数 | 每个数据是 size 个字节 |
| fp | 表示文件指针 | |

**【例 8.7】** 从键盘上读取 8 个字符数据，写入 D 盘下名为"123.txt"(该文件的目录是 D:\123.txt)的文本文件中。

```
/*
    源文件名:Li8_7.c
    功能:从键盘读取 8 个字符数据，写入文本文件中
```

```
*/
#include <stdio.h>
void main()
{
    FILE *fp;                          /*定义一个文件指针*/
    char a[8];
    char *p=a;
    if((fp=fopen("D:\\123.txt","wb"))==NULL)
    {
        printf("file can not open,press any key to exit! \n");
        getch();                       /*从键盘上输入任意一字符,结束程序*/
        exit(1);
    }
    while(p<a+8)
    {
        scanf("%c",p++);               /*从键盘读入8个字符存入数组a*/
    }
    fwrite(a,sizeof(char),8,fp);       /*将数组中的8个字符写入fp所指向的文件*/
    printf("\n");
    fclose(fp);
}
```

编译、连接、运行程序。程序运行后,屏幕显示:

| ILoveYou |
|---|

其中,sizeof(char)是一个整型表达式,表示要求输入的数必须为字符型,也可以用常量1。类似地,处理单精度型数据可以用常量4,此时的表达式为sizeof(float)。

程序运行后,D:\123.txt文件的内容如图8-3所示。

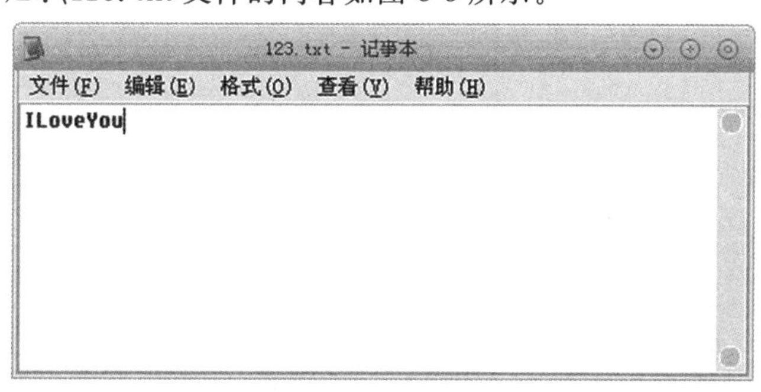


图8-3 程序运行后123.txt文件的内容

**2. 读数据函数——fread函数**

读数据块函数调用的一般形式为:

fread(buffer,size,n,fp);

其中的buffer是一个字符型指针,表示存放读入数据的变量地址或数组首地址,size、n、fp的含义见表8-4。例如:

```
fread(a,4,8,fp);
```

上述语句的含义是从 fp 所指的文件中,每次读 4 个字节,也就是把一个实数送入实数数组 a 中,连续读 8 次,即读入 8 个实数并送到数组 a 中。

**【例 8.8】** 编程实现:从 D:\123.txt 文件中读 8 个字符型数据,并把它们放到字符数组 a 中。

```
/*
    源文件名:Li8_8.c
    功能:从文件中读 8 个字符型数据,并存放到数组中,然后打印输出
*/
#include <stdio.h>
void main()
{
    int i;
    FILE *fp;                              /*定义一个文件指针*/
    char a[8];
    if((fp=fopen("D:\\123.txt","rb"))==NULL)
    {
        printf("file can not open,press any key to exit! \n");
        getch();                           /*从键盘上输入任意一字符,结束程序*/
        exit(1);
    }
    if(fread(a,1,8,fp)!=8)                 /*判断是否读了 8 个字符数据*/
    {
        if(feof(fp))
            printf("End of file! \n");     /*没有读完 8 个字符时文件结束*/
        else
            printf("Read error! \n");      /*读数错误*/
    }
    fclose(fp);                            /*关闭文件*/
    for(i=0;i<8;i++)                       /*输出数组 a 中的字符数据*/
        printf("%c",a[i]);
    printf("\n");
}
```

编译、连接、运行程序。程序运行后,屏幕显示:

```
ILoveYou
```

说明:当对文件进行读写操作时,首先将所读写的内容放进缓冲区,即写函数只对输出缓冲区进行操作,读函数只对输入缓冲区进行操作。例如向一个文件写入内容,所写的内容首先放在输出缓冲区中,直到输出缓冲区存满或使用 fclose()函数关闭文件时,缓冲区的内容才会写入文件中。如果没有 fclose()函数,则不会向文件中存入所写的内容或写入的文件内容不全。

### 8.2.3　字符串读写函数

字符串读写函数处理的文件类型主要是文本文件，分为读字符串函数和写字符串函数。

**1. 写字符串函数——fputs 函数**

fputs 函数的功能是向指定的文件写入一个字符串，其调用形式为：

fputs(字符串，文件指针)；

字符串可以是字符串常量，也可以是字符数组名或指针变量，例如：

fputs("Human",fp)；

上述语句的含义是把字符串 Human 写入 fp 所指的文件之中。

**2. 读字符串函数——fgets 函数**

fgets 函数的功能是从指定的文件中读一个字符串到字符数组中，其调用形式为：

fgets(str,n,fp)；

函数中的参数 str 是字符数组名；n 是一个正整数，表示从文件中读出的字符串不超过 n－1 个字符。在向字符数组写入的最后一个字符后加上字符串结束标志'\0'，如果在读 n－1 个字符之前遇到换行符或 EOF，写入工作也结束。例如：

fgets(ch,50,fp)；

上述语句的含义是从 fp 所指的文件中读出 49 个字符送入字符数组 ch 中。

**【例 8.9】** 编程实现：从 D:\123.txt 文件中读 8 个字符型数据，输出这 8 个字符组成的字符串。

```
/*
    源文件名:Li8_9.c
    功能:从文件中读 8 个字符型数据,并打印输出这 8 个字符组成的字符串
*/
#include <stdio.h>
void main()
{
    int i;
    FILE *fp;                          /* 定义一个文件指针 */
    char a[9];
    if((fp=fopen("D:\\123.txt","rt"))==NULL)
    {
        printf("file can not open,press any key to exit! \n");
        getch();                       /* 从键盘上输入任意一字符,结束程序 */
        exit(1);
    }
    fgets(a,9,fp);                     /* 从 fp 所指的文件中读取 9-1 个字符送到数组 a 中 */
    printf("%s\n",a);
    fclose(fp);                        /* 关闭文件 */
    for(i=0;i<8;i++)                   /* 输出数组 a 中的字符数据 */
```

```
        printf("%c",a[i]);
    printf("\n");
}
```

编译、连接、运行程序。程序运行后，屏幕显示：

```
ILoveYou
ILoveYou
```

## 8.2.4 格式化读写函数

文件的格式化读写函数与以前学习的格式化输入和输出函数很类似，对于格式化输入和输出函数，只能和标准输入和输出设备文件打交道；而有了文件的格式化读写函数之后，不但可以处理标准设备的输入和输出，而且可以处理磁盘文件中的数据。

**1. 格式化写函数 fprintf**

格式化写函数 fprintf 的调用格式为：

fprintf(文件指针,格式字符串,输出列表);

例如：

```
fprintf(fp,"%d%c",j,ch);
```

上述语句的作用是将整型变量 j 和字符型变量 ch 的值按%d 和%c 的格式输出到 fp 所指的文件上。

**2. 格式化读函数 fscanf**

格式化读函数 fscanf 的调用格式为：

fscanf(文件指针,格式字符串,输入列表);

例如：

```
fscanf(fp,"%d%s",&i,str);
```

若此时 fp 所指的文件中存放着以下数据：

6happynewyear

上述语句的作用是将 6 赋给整型变量 i,将“happynewyear”赋给字符型数组 str。

**【例 8.10】** 编程实现：从 D:\234.txt 文件中读取数据，并将读出的结果显示在屏幕上。

```
/*
    源文件名:Li8_10.c
    功能:从文件中读取数据,并将读出的结果显示在屏幕上
*/
#include <stdio.h>
void main()
{
    int i;
    FILE *fp;                          /*定义一个文件指针*/
    char a[10];
    if((fp=fopen("D:\\234.txt","r"))==NULL)
```

```
    {
        printf("file can not open,press any key to exit! \n");
        getch();                    /*从键盘上输入任意一字符,结束程序*/
        exit(1);
    }
    fgets(a,8,fp);                  /*从fp所指的文件中读取8-1个字符送到数组a中*/
    printf("%s",a);                 /*输出所读的字符串*/
    fscanf(fp,"%d",&i);             /*读取整型数*/
    printf("%d",i);
    putchar(fgetc(fp));             /*读取一个字符同时输出*/
    fgets(a,6,fp);                  /*读取5个字符*/
    puts(a);                        /*输出所读字符串*/
    fclose(fp);                     /*关闭文件*/
    getch();                        /*等待任意键*/
}
```

假设234.txt文件中存放的内容是:happyne6yeareveryone。

编译、连接、运行程序。程序运行后,屏幕显示:

```
happyne6yearev
```

### 8.2.5 其他读写函数

除了上面介绍的读写函数外,大部分的C语言编译系统还提供了对磁盘文件读写一个字符(整数)的函数——putw和getw函数。但putw和getw函数并不是ANSI C标准定义的函数,所以如果所用的C语言编译系统不提供这两个函数,可以按如下的形式自定义这两个函数。

**1. putw函数的定义**

```
putw(int i,FILE *fp)
{
    char *s;
    s=&i;
    putc(s[0],fp);
    putc(s[1],fp);
    return(i);
}
```

**2. getw函数的定义**

```
getw(FILE *fp)
{
    char *s;
    int i;
    s=&i;
    s[0]=getc(fp);
    s[1]=getc(fp);
```

```
    return(i);
}
```

例如：

putw(200,fp);

上述语句的功能是将整数 200 输出到 fp 所指向的文件中。

**【例 8.11】** putw 和 getw 函数示例。

```
/*
    源文件名:Li8_11.c
    功能:putw 和 getw 函数示例
*/
#include <stdio.h>
void main()
{
    FILE *fp;                          /*定义一个文件指针*/
    if((fp=fopen("D:\\345.dat","w"))==NULL)
    {
        printf("file can not open,press any key to exit! \n");
        getch();                       /*从键盘上输入任意一字符,结束程序*/
        exit(1);
    }
    putw(200,fp);                      /*将整数 200 输出到 fp 所指向的文件中*/
    fclose(fp);                        /*关闭文件*/
    if((fp=fopen("D:\\345.txt","r"))==NULL)
    {
        printf("file can not open,press any key to exit! \n");
        getch();                       /*从键盘上输入任意一字符,结束程序*/
        exit(1);
    }
    printf("%d\n",getw(fp));           /*从 fp 所指向的文件中读一个整数并输出到屏幕上*/
    getch();                           /*等待任意键*/
}
```

编译、连接、运行程序。程序运行后，屏幕显示：

```
200
```

## 任务 2　将学生成绩随机读写到文件中

### 1. 问题情景与实现

(1)问题情景

辅导员张老师在工作中发现需要对学生的成绩文件进行随机的读写操作，故张老师找来小王，说明了需求，小王根据张老师的需求，参考了相关的资料，完善了原来的程序，帮助张老师解决了该问题。

假如需求是这样的：从键盘中输入一个班10个学生的姓名及数学、英语、语文三门课的成绩，计算每个同学的平均分，然后将这10个同学的姓名、三门课的成绩及平均分写入文本文件aa.txt中；再从文件中读取第2,4,6,8,10个学生的数据并输出在显示器上。

(2)实现

```
/*　功能：将学生成绩随机读写到文件中　*/
#include "stdio.h"
#include "string.h"
#include "process.h"
struct stu
{
    char name[10];
    int math,english,chinese;
    float avg;
};
main()
{
    struct stu student[10],*pp,ss[10],*yy;
    FILE *fp;
    int i;
    pp=student;
    if((fp=fopen("aa.txt","wb+"))==NULL)
    {
        printf("打不开文件\n");
        exit(1);
    }
    printf("请输入十个学生的数据\n");
    for(i=0;i<10;i++,pp++)
    {
        scanf("%s%d%d%d",pp->name,&pp->math,&pp->english,&pp->chinese);
        pp->avg=(pp->math+pp->english+pp->chinese)/3.0;
    }
    pp=student;
    fwrite(pp,sizeof(struct stu),10,fp);
    yy=ss;
    rewind(fp); /*定位到文件头*/
    for(i=1;i<10;i=i+2)
    {
        fseek(fp,i*sizeof(struct stu),0);
```

```
            fread(yy,sizeof(struct stu),1,fp);
            printf("%s\t%5d%5d%5d%5.1f\n",yy->name,yy->math,yy->english,
            yy->chinese,yy->avg);
        }
    }
```

编译、连接、运行程序。程序运行后，屏幕显示如图 8-4 所示。

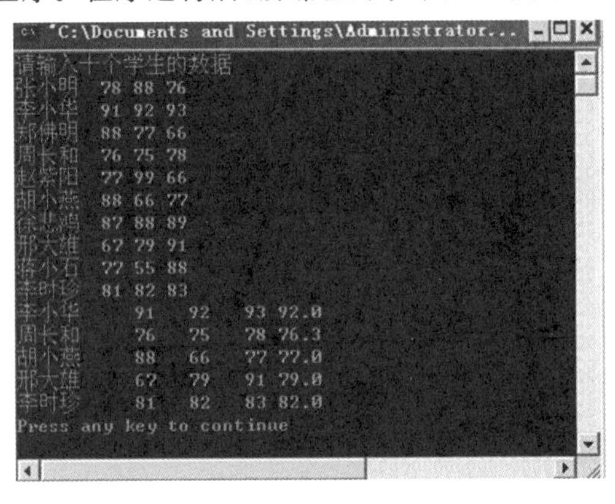


图 8-4　运行结果

**2. 相关知识**

要完成上面的任务，小王必须熟练使用文件的读写函数对文件进行一系列的操作，理解文件的定位函数，包括文件头的定位函数和文件的随机定位函数等。

**思政小贴士**

C 语言程序设计中把文件看作字节流，通过文件指针指向字节流，采用系统函数对文件进行读写。通过文件管理的学习，提高对信息资源管理的认识，理解文件的操作流程，打开，读写，关闭，一步都不能省略，学会保存资料，学会资源共享，学会温故知新，提高信息安全意识。通过综合性实验进一步提高学生的团队意识、战胜困难的毅力和职业素养。

# 8.3　文件的定位

前面介绍的对文件的读写方式都是顺序读写，也就是读写文件只能从头开始，顺序读写各个数据。但在实际问题中常常要求只读写文件中某一指定的部分。为了解决这个问题，C 语言引入了随机读写的概念。所谓“随机读写”，是将文件内部的位置指针移动到需要读写的位置后再进行读写，这种读写称为随机读写。实现随机读写的关键是按要求移动位置指针，这称为文件的“定位”。

移动文件内部位置指针的函数主要有两个，即 rewind 函数和 fseek 函数。

## 8.3.1　文件头定位函数

当读取了文件中若干个数据后，又要从头读取数据，这时就需要将文件内部指针重新指向文件头，C 语言提供的文件头定位函数 rewind 就可以将文件指针重新指定到文件头。该函数的调用格式为：

rewind(文件指针)；

其功能是把文件内部的位置指针移到文件开头，如果定位成功，返回0；否则，返回非0。

## 8.3.2 文件随机定位函数

前面学习的文件读写函数主要是用来读写顺序文件的。例如，如果要读取文件中的第6个数据，则打开文件后必须先读取前5个数据，再读取1个数据才是所需要的数据。而文件随机定位函数可以使文件内部位置指针直接指向第6个数据，之后再读取当前一个数据就可以。

fseek 函数用来移动文件内部位置指针，其调用形式为：

fseek(文件指针，位移量，起始点)；

其中："文件指针"指向被移动的文件；"位移量"表示移动的字节数，要求位移量是long 型数据，以便在文件长度大于64 KB时不会出错，当用常量表示位移量时，要求加后缀"L"；"起始点"表示从何处开始计算位移量，C语言规定的起始点有三种：文件首、当前位置和文件末尾，表示方法可以用表8-5来说明。

**表8-5　　起始点的表示方法**

| 起始点 | 表示符号 | 数字表示 |
|---|---|---|
| 文件首 | SEEK_SET | 0 |
| 当前位置 | SEEK_CUR | 1 |
| 文件末尾 | SEEK_END | 2 |

例如：

```
fseek(fp,200L,0);
```

上述语句的功能是把位置指针移到距文件首200个字节处。

## 8.3.3 流式文件的定位函数

用 ftell()函数可以返回文件指针的当前位置，其调用格式为：

ftell(fp)；

该函数的返回值为长整型数，表示相对于文件头的字节数，出错时返回－1L。例如：

```
long i;
if((i=ftell(fp))==-1L)
    printf(" A file error has occurred at %ld.\n",i);
```

上述程序段可以通知用户在文件的什么位置出现了文件错误。

## 8.3.4 判断文件结束函数 feof

程序从一个磁盘文件中逐个读取字符并输出到屏幕上显示，在 while 循环中常以EOF作为文件结束标志。这种以EOF作为文件结束标志的文件必须是文本文件。在文本文件中数据都是以字符的ASCII代码值的形式存放。我们知道，ASCII代码值的范围是0～255，不可能出现－1，因此可以用EOF作为文件结束标志。

当把数据以二进制形式存放到文件中时，就会有－1值的出现，此时不能采用EOF作为二进制文件的结束标志。为解决这一问题，ANSI C提供了feof函数，用来判断文件是否结束。如果遇到文件结束，函数feof(fp)的值为1，否则为0。feof函数既可用以判断二进制文件是否结束，也可用以判断文本文件是否结束。

# 8.4 文件的出错检测

C标准提供了ferror和clearerr等函数，用来检测输入和输出函数调用中的错误。

## 8.4.1 ferror函数

在调用各种输入和输出函数时，除了函数本身的返回值可以判断调用是否出错外，还可以用ferror函数进行测试。

ferror函数的调用格式为：

ferror(fp);

其中fp是指向文件的指针，当ferror函数的返回值为非0时，表示出错；当返回值为0时，表示没有发生错误。

需要读者注意的是，ferror函数对于同一个文件，在每次调用输入和输出函数时，均产生一个新的ferror函数值。因此最好是每次调用输入和输出函数时立即检查ferror函数值，以防止信息的丢失。

此外，在执行fopen函数时，ferror函数的初始值自动置0。

## 8.4.2 clearerr函数

clearerr函数的功能是使文件错误标志(ferror函数的值)和结束标志(feof函数的值)置0，其调用格式为：

clearerr(fp);

其中的fp为文件指针。在调用一个输入和输出函数出错时，ferror函数返回值非0。

clearerr(fp);

在执行上述语句后，ferror(fp)的返回值变成了0。

# 8.5 综合实训

## 8.5.1 实训内容

制作一个简易的电子通信录。要求通信录中存放有姓名、电话号码和住址，能够对通信录中的记录进行查找、添加、修改及删除等操作。

## 8.5.2 实训说明

这是一个综合性很强的例子，希望学生能综合运用前面所学的内容，学会从开发系统的角度去解决实际问题。

## 8.5.3 程序分析

**1. 存储结构**

该通信录中需要包括姓名、电话号码和住址三项，通常采用结构体数据类型，并利用数组来存放通信录中的内容。

```
struct person
{
    char name[8];
    char tel[15];
    char addr[50];
};
```

**2. 创建记录**

通过函数 creat()完成对通信录中新记录的创建。

**3. 添加记录**

通过函数 append()实现对通信录中记录的追加。本例是在文件的末尾添加新记录。

**4. 查找记录**

通过函数 search()实现对通信录中记录的查找。可以通过多个关键字实现查找，在本例中使用“姓名”作为关键字进行查找操作。

**5. 删除记录**

通过函数 delete()实现对通信录中记录的删除。本例是先使用“姓名”为关键字查找到待删除的记录，然后进行删除操作。

**6. 修改记录**

通过函数 modify()实现对通信录中记录的修改。也是先使用“姓名”为关键字查找到待修改的记录，然后进行修改操作。

**7. 输出记录**

通过函数 output()实现对通信录中记录的输出。

**8. 主函数的设计**

首先通过 creat()函数完成对通信录中新记录的创建，接下来程序进入一个无限循环，包括显示通信录的功能选择菜单和通过 switch 分支结构实现对不同功能的选择。

## 8.5.4 程序源码

```
/*
    源文件名：Li8_12.c
    功能：制作一个简易的电子通信录
```

```
*/
#include <stdio.h>
#include <stdlib.h>
#include <string.h>
/*定义结构体*/
struct person
{
    char name[8];
    char tel[15];
    char addr[50];
};
char filename[100];
FILE *fp;
void creat();                    /*创建记录函数声明*/
void append();                   /*添加记录函数声明*/
void search();                   /*查找记录函数声明*/
void delete();                   /*删除记录函数声明*/
void modify();                   /*修改记录函数声明*/
void output();                   /*输出记录函数声明*/
void main()
{
    int num;
    creat();                     /*先创建通信录的内容*/
    while(1)
    {
        printf("单击任意键进入目录......\n");
        getch();
        printf("          **********欢迎使用通信录系统**********\n");
        printf("                 * 1.添加记录,请按 1 *\n");
        printf("                 * 2.查找记录,请按 2 *\n");
        printf("                 * 3.修改记录,请按 3 *\n");
        printf("                 * 4.删除记录,请按 4 *\n");
        printf("                 * 5.输出记录,请按 5 *\n");
        printf("                 * 0.退出系统,请按 0 *\n");
        scanf("%d",&num);
        if(num>=0&&num<=5)
        {
            switch(num)
            {
                case 1:append();break;
                case 2:search();break;
                case 3:modify();break;
```

```
                case 4:delete();break;
                case 5:output();break;
                case 0:exit(1);
            }
            printf("\n 操作完毕,请再次选择!");
        }
        else
            printf("\n 选择错误,请再次选择!");
    }
    getch();
}
/*创建记录*/
void creat()
{
    struct person one;
    printf("\n 请输入通信录名称:");
    scanf("%s",filename);
    if((fp=fopen(filename,"w"))==NULL)
    {
        printf("\n 对不起,不能建立通信录!");
        exit(1);
    }
    fprintf(fp,"%-10s%-20s%-50s\n","姓名","电话号码","住址");
    printf("\n 请输入姓名、电话号码及住址(以 0 结束)\n");
    scanf("%s",one.name);
    while(strcmp(one.name,"0"))
    {
        scanf("%s%s",one.tel,one.addr);
        fprintf(fp,"%-10s%-20s%-50s\n",one.name,one.tel,one.addr);
        scanf("%s",one.name);
    }
    fclose(fp);
}
/*添加记录*/
void append()
{
    struct person one;
    if((fp=fopen(filename,"a"))==NULL)
    {
        printf("\n 对不起,不能打开通信录!");
```

```
        exit(1);
    }
    printf("\n 请输入要添加的姓名、电话号码及住址\n");
    scanf("%s%s%s",one.name,one.tel,one.addr);
    fprintf(fp,"%-10s%-20s%-50s\n",one.name,one.tel,one.addr);
    fclose(fp);
}
/* 查找记录 */
void search()
{
    int k=0;
    char namekey[8];
    struct person one;
    printf("\n 请输入姓名:");
    scanf("%s",namekey);
    if((fp=fopen(filename,"rb"))==NULL)
    {
        printf("\n 对不起,不能打开通信录!");
        exit(1);
    }
    while(! feof(fp))
    {
        fscanf(fp,"%s%s%s\n",one.name,one.tel,one.addr);
        if(! strcmp(namekey,one.name))
        {
            printf("\n 已查找到,该记录为:");
            printf("\n%-10s%-20s%-50s",one.name,one.tel,one.addr);
            k=1;
        }
    }
    if(! k)
        printf("\n 对不起,通信录中没有此人的记录。");
    fclose(fp);
}
/* 修改记录 */
void modify()
{
    int k=0;
    long offset;
    char namekey[8];
```

```
    struct person one;
    printf("\n 请输入姓名:");
    scanf("%s",namekey);
    if((fp=fopen(filename,"r+"))==NULL)
    {
        printf("\n 对不起,不能打开通信录!");
        exit(1);
    }
    while(! feof(fp))
    {
        offset=ftell(fp);
        fscanf(fp,"%s%s%s\n",one. name,one. tel,one. addr);
        if(! strcmp(namekey,one. name))
        {
            k=1;
            break;
        }
    }
    if(k)
    {
        printf("\n 已查找到,该记录为:");
        printf("\n%-10s%-20s%-50s",one. name,one. tel,one. addr);
        printf("\n 请输入新的姓名、电话号码及住址:");
        scanf("%s%s%s",one. name,one. tel,one. addr);
        fseek(fp,offset,SEEK_SET);
        printf("%ld",ftell(fp));
        fprintf(fp,"%-10s%-20s%-50s\n",one. name,one. tel,one. addr);
    }
    else
        printf("\n 对不起,通信录中没有此人的记录。");
    fclose(fp);
}
/* 删除记录 */
void delete()
{
    int m,k=0;
    long offset;
    char namekey[8];
    struct person one;
    printf("\n 请输入姓名:");
```

```
    scanf("%s",namekey);
    if((fp=fopen(filename,"r+"))==NULL)
    {
        printf("\n 对不起,不能打开通信录!");
        exit(1);
    }
    while(! feof(fp))
    {
        offset=ftell(fp);
        fscanf(fp,"%s%s%s\n",one.name,one.tel,one.addr);
        if(! strcmp(namekey,one.name))
        {
            k=1;
            break;
        }
    }
    if(k)
    {
        printf("\n 已查找到,该记录为:");
        printf("\n%-10s%-20s%-50s",one.name,one.tel,one.addr);
        printf("\n 确实要删除记录,请按 1;不删除记录,请按 0:");
        scanf("%d",&m);
        if(m)
        {
            fseek(fp,offset,SEEK_SET);
            fprintf(fp,"%-10s%-20s%-50s\n","","","");
        }
    }
    else
        printf("\n 对不起,通信录中没有此人的记录。");
    fclose(fp);
}
/*输出记录*/
void output()
{
    struct person one;
    if((fp=fopen(filename,"r"))==NULL)
    {
        printf("\n 对不起,不能打开通信录!");
        exit(1);
```

```
    }
    printf("\n%20s\n","通信录");
    while(! feof(fp))
    {
        fscanf(fp,"%s%s%s\n",one.name,one.tel,one.addr);
        printf("%-10s%-20s%-50s",one.name,one.tel,one.addr);
    }
    fclose(fp);
}
```

编译、连接、运行程序。程序运行后,屏幕显示:

```
请输入通信录名称:NoteBook.txt
请输入姓名、电话号码及住址(以 0 结束)
张三   13500000001   北京
李四   13500000002   上海
王五   13500000003   天津
赵六   13500000004   重庆
0
单击任意键进入目录......
          * * * * * * * * * * * 欢迎使用通信录系统 * * * * * * * * * * *
                          *  1.添加记录,请按 1  *
                          *  2.查找记录,请按 2  *
                          *  3.修改记录,请按 3  *
                          *  4.删除记录,请按 4  *
                          *  5.输出记录,请按 5  *
                          *  0.退出系统,请按 0  *
1
请输入要添加的姓名、电话号码及住址
刘七   13500000005   厦门
操作完毕,请再次选择! 单击任意键进入目录......
          * * * * * * * * * * * 欢迎使用通信录系统 * * * * * * * * * * *
                          *  1.添加记录,请按 1  *
                          *  2.查找记录,请按 2  *
                          *  3.修改记录,请按 3  *
                          *  4.删除记录,请按 4  *
                          *  5.输出记录,请按 5  *
                          *  0.退出系统,请按 0  *
```

```
2
请输入姓名:赵六
已查找到,该记录为:
赵六   13500000004   重庆
操作完毕,请再次选择! 单击任意键进入目录......
        * * * * * * * * * * * *欢迎使用通信录系统* * * * * * * * * * *
                         * 1.添加记录,请按 1 *
                         * 2.查找记录,请按 2 *
                         * 3.修改记录,请按 3 *
                         * 4.删除记录,请按 4 *
                         * 5.输出记录,请按 5 *
                         * 0.退出系统,请按 0 *
3
请输入姓名:王五
已查找到,该记录为:
王五   13500000003   天津
请输入新的姓名、电话号码及住址:王五五   13500000053   大连
246
操作完毕,请再次选择! 单击任意键进入目录......
        * * * * * * * * * * * *欢迎使用通信录系统* * * * * * * * * * *
                         * 1.添加记录,请按 1 *
                         * 2.查找记录,请按 2 *
                         * 3.修改记录,请按 3 *
                         * 4.删除记录,请按 4 *
                         * 5.输出记录,请按 5 *
                         * 0.退出系统,请按 0 *
4
请输入姓名:李四
已查找到,该记录为:
李四   13500000002   上海
确实要删除记录,请按 1;不删除记录,请按 0:1
操作完毕,请再次选择! 单击任意键进入目录......
        * * * * * * * * * * * *欢迎使用通信录系统* * * * * * * * * * *
                         * 1.添加记录,请按 1 *
                         * 2.查找记录,请按 2 *
                         * 3.修改记录,请按 3 *
                         * 4.删除记录,请按 4 *
                         * 5.输出记录,请按 5 *
                         * 0.退出系统,请按 0 *
```

```
5
          通信录
姓名    电话号码      住址
张三    13500000001   北京
王五五  13500000053   大连
赵六    13500000004   重庆
刘七    13500000005   厦门
操作完毕,请再次选择! 单击任意键进入目录......
        ***********欢迎使用通信录系统***********
                * 1.添加记录,请按 1 *
                * 2.查找记录,请按 2 *
                * 3.修改记录,请按 3 *
                * 4.删除记录,请按 4 *
                * 5.输出记录,请按 5 *
                * 0.退出系统,请按 0 *
0
Press any key to continue
```

此时,NoteBook.txt 文件的内容如图 8-5 所示。

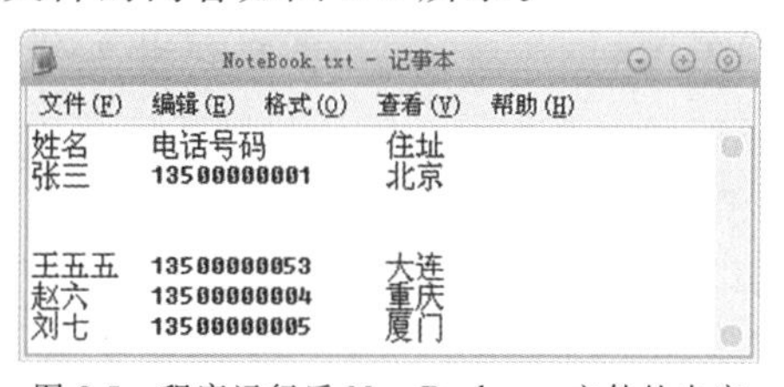


图 8-5 程序运行后 NoteBook.txt 文件的内容

# 小 结

由于文件的打开与关闭都是利用系统函数来实现的,因此,在编写有关文件的程序中,应该在其中包含 stdio.h 头文件。

文件打开函数 fopen 用来打开一个文件,文件一旦使用完毕,应使用关闭文件函数 fclose 把文件关闭,以避免文件数据丢失等情况的发生。

fgetc 函数用来从指定的文件读出一个字符,fputc 函数用来将一个字符写入指定的文件中;写数据函数 fwrite,读数据函数 fread;写字符串函数 fputs,读字符串函数 fgets;格式化写函数 fprintf,格式化读函数 fscanf;除了上面介绍的读写函数外,大部分的 C 语言编译系统还提供了对磁盘文件读写一个字(整数)的函数——putw 和 getw。

文件头定位函数 rewind,文件随机定位函数 fseek,流式文件的定位函数 ftell,判断文件结束函数 feof。

C 标准提供了 ferror 和 clearerr 等函数用来检测输入和输出函数调用中的错误。

# 实验　文件操作

## 一、实验名称

文件操作

## 二、实验目的

1. 掌握文件操作的相关概念和方法，学会使用文件操作函数。

2. 学会通过文件的打开、写入和关闭等函数实现对文件的某些操作。

## 三、实验内容

1. 编写一个程序，设计一个文件 student. bin，其结构如下：

```
struct student
{
    char no[10];                    /* 学号 */
    char name[20];                  /* 姓名 */
    char score[50];                 /* 成绩 */
};
```

要求实现学生记录的添加、输出、查找(按学号进行)、修改(按学号进行)和删除(按学号进行)等功能。

2. 编程要求

(1)采用文字提示方式限定用户选择，如：>>1：新添 2：输出 3：查找 4：修改 5：删除 0：退出 选择：用户输入对应的数字并按回车键后执行相应的功能。

(2)用户可以循环操作直到选择退出为止。

(3)程序的提示信息均以“>>”开头，运行结果不以“>>”开头。

# 习　　题

## 一、选择题

1. 以下说法正确的是(　　)。

A. 文件的格式只能是二进制

B. 文件关闭函数是文件打开函数使用时经常要用到的一个函数

C. 文件中的内容只能顺序存取

D. 文件测试函数可以当作调试程序用

2. 有一 abc. txt 文件内容如下：

0123456789abcdefABCDEF

对 abc. txt 文件进行操作的程序如下：

```
#include <stdio.h>
void main()
{
    FILE *fp;
```

```
    char ch;
    char str[15];
    fp=fopen("abc.txt","rb");
    if(fp!=NULL)
    {
        fseek(fp,2,SEEK_SET);
        fgetc(fp);
        fgetc(fp);
        fgets(str,15,fp);
        fseek(fp,-4,SEEK_CUR);
        fgetc(fp);
        fseek(fp,4,SEEK_CUR);
        ch=fgetc(fp);
        printf("ch=%c\n",ch);
        fclose(fp);
    }
}
```

程序运行的结果是 ch 为字符(　　)。

A. B　　B. D　　C. E　　D. 9

3. 下面(　　)是从文件中读取一个字符。

A. ch=getc();　　B. fputc(ch,fp);

C. fscanf(fp,"%c",&ch);　　D. scanf("%c",&ch);

4. C 语言中的文件类型可以分为(　　)。

A. 索引文件和文本文件两种　　B. ASCII 文件和二进制文件两种

C. 只有文本文件一种　　D. 只有二进制文件一种

5. C 语言中,数据文件的存取方式(　　)。

A. 只能顺序存取　　B. 只能直接存取

C. 可以顺序存取和随机存取　　D. 只能从文件的开头进行存取

6. 以下关于 C 语言数据文件的叙述中错误的是(　　)。

A. C 语言中的文本文件以 ASCII 码形式存放数据

B. C 语言对二进制文件的访问速度比文本文件快

C. C 语言对二进制文件的访问速度和对文本文件的访问速度一样快

D. 只能从文件的开头进行存取

7. 在 C 语言中,用“w”方式打开一个已含有 10 个字符的文本文件,并写入了 5 个新字符,则该文件中存放的字符是(　　)。

A. 新写入的 5 个字符

B. 新写入的 5 个字符覆盖原有字符中的前 5 个字符,保留原有的后 5 个字符

C. 原有的 10 个字符在前,新写入的 5 个字符在后

D. 新写入的 5 个字符在前,原有的 10 个字符在后

8. 设已正确打开一个已存有数据的文本文件，文件中原有数据为 abcdef，新写入的数据为 xyz，若文件中的数据变为 xyzdef，则该文件打开的方式是(　　)。

A. w　　B. w+　　C. a+　　D. r+

9. 以下叙述中正确的是(　　)。

A. EOF 只能作为二进制文件的结束标志，feof()只能作为文本文件的结束标志

B. EOF 只能作为文本文件的结束标志，feof()只能作为二进制文件的结束标志

C. feof()只能作为二进制文件的结束标志，EOF 则可作为文本文件和二进制文件的结束标志

D. EOF 只能作为文本文件的结束标志，feof()则可作为文本文件和二进制文件的结束标志

10. 若 fp 是指向某文件的指针，且已读到文件的末尾，则 C 语言函数 feof(fp)的返回值是(　　)。

A. EOF　　B. -1　　C. 非 0 值　　D. NULL

11. 在 C 语言中，可以把整数以二进制形式存放到文件中的函数是(　　)。

A. fprintf()函数　　B. fread()函数　　C. fwrite()函数　　D. fputc()函数

12. 以下程序的运行结果是(　　)。

```
#include <stdio.h>
void main()
{
    FILE *fp;
    int i=20,j=30,k,n;
    fp=fopen("d1.dat","w+");
    fprintf(fp,"%d ",i);
    fprintf(fp,"%d\n",j);
    rewind(fp);
    fscanf(fp,"%d%d",&k,&n);
    printf("%d %d\n",k,n);
    fclose(fp);
}
```

A. 20 30　　B. 20 50　　C. 30 50　　D. 30 20

13. 标准库函数 fgets(s,n,f)的功能是(　　)。

A. 从文件 f 中读取长度为 n 的字符串存入指针 s 所指的内存

B. 从文件 f 中读取长度不超过 n-1 的字符串存入指针 s 所指的内存

C. 从文件 f 中读取 n 个字符串存入指针 s 所指的内存

D. 从文件 f 中读取长度为 n-1 的字符串存入指针 s 所指的内存

**二、填空题**

1. 如果要把一个字符“A”写入文件指针 fp 所指定的文件里，应：

______________________________。

如果要把一个字符串“Hello!”写入文件指针 fp 所指定的文件里，应：

______________________________。

2. 如果有三个整数以ASCII码方式写入了文件指针fp所指定的文件里，且整数之间以逗号相隔。用a、b、c三个整数变量来获取这三个整数该如何写？

________________________________________。

3. 调用fopen函数以文本方式打开文本文件aaa.txt如下：

FILE *fp=fopen("aaa.txt",________);

如果为了读取而打开应在空白处填入________；如果为了输入而打开应在空白处填入________；如果为了追加而打开应在空白处填入________。

4. 以下C程序将磁盘中的一个文件复制到另一个文件中，两个文件名已在程序中给出(假定文件名无误)，请填空。

```
#include <stdio.h>
void main()
{
    FILE *f1, *f2;
    f1=fopen("file_a.dat","r");
    f2=fopen("file_b.dat","w");
    while(________)
        fputc(fgetc(f1),________);
    ________________;
    ________________;
}
```

5. 以下程序由键盘输入一个文件名，然后把键盘输入的字符依次存放到该文件中，用#作为结束输入的标志，请填空。

```
#include <stdio.h>
#include <stdlib.h>
void main()
{
    FILE *fp;
    char ch,fname[10];
    printf("Enter the name of file:\n");
    gets(fname);
    if((fp=________)==NULL)
    {
        printf("Open error\n");
        exit(0);
    }
    printf("Enter data:\n");
    while((ch=getchar())!='#')
        fputc(________,fp);
    fclose(fp);
}
```

6. 以下程序用来统计文件中字符的个数，请填空。

```
#include <stdio.h>
```

```
void main()
{
    FILE *fp;
    long num=0;
    fp=fopen("fname.dat",________);
    while ________
    {
        ________;
        num++;
    }
    printf("num=%ld\n",num);
    fclose(fp);
}
```

7.假定磁盘当前目录下有文件名为 a.dat、b.dat、c.dat 三个文件，文件中内容分别为 aaaa#、bbbb#和 cccc#，执行以下程序后将输出________________。

```
#include <stdio.h>
void fc(FILE *);
void main()
{
    FILE *fp;
    int i=3;
    char fname[][10]={"a.dat","b.dat","c.dat"};
    while(--i>=0)
    {
        fp=fopen(fname[i],"r");
        fc(fp);
        fclose(fp);
    }
}
void fc(FILE *ifp)
{
    char c;
    while((c=fgetc(ifp))!='#')
        putchar(c-32);
}
```

## 三、程序填空题

有 5 个学生的成绩需要保存在 score.dat 文件中，保存格式如下：

学生姓名，年龄，成绩<CR>（“<CR>”代表回车）

学生姓名，年龄，成绩<CR>

……

……

请完成下面这段源代码。

```
void main()
{
    FILE *fp;
    int i;
    char name[80];
    int age;
    float score;
    fp=fopen("________","w");
    for(i=0;i<5;i++)
    {
        printf("请输入第%d个学生的信息\n",________);
        printf("姓名:");
        scanf(________);
        printf("年龄:");
        ________________
        printf("成绩:");
        fprintf(fp,________,name,age,score);
        ________________
    }
    ________________
}
```

**四、程序设计题**

1. 将文件 boot.int(文件的目录是 C:\boot.ini)中的内容显示在屏幕上。

2. 将文件 boot.int 中存放的前 10 个字符显示到屏幕上。

3. 编写程序,使用字符串写函数,将字符串"Welcome you"写入 ASCII 文件 file2.txt 中,并使用函数定位到文件首部,再使用字符串读函数将刚才写入文件的字符串读入内存中并显示出来。

4. 将从键盘上输入的若干个字符送入磁盘文件 file3.txt 中,当输入的字符为"*"时停止。

5. 从键盘输入 10 个浮点数,以二进制形式存入文件中,再从文件中读出数据显示在屏幕上。

# 学生成绩管理系统

知识目标：

- 认知课程设计任务书学生成绩管理系统。

技能目标：

通过本项目的学习，能掌握使用C语言的基本知识和技能以及面向过程的编程思想，完成系统需求分析、总体设计、详细设计、编码(详细写出编程步骤)、测试等系统的设计过程，并编写课程设计总结。

素质目标：

掌握C语言程序设计学生管理系统整体设计、小型会议管理程序整体设计内容，在深入理解系统实现的基础上，引导学生时刻树立敬业爱岗的信念，注重细节和规范，培养精益求精的理念，同时增强安全意识，安全大于天，责任重于山。

## 9.1 课程设计任务书

**1. 课程设计名称**

学生成绩管理系统

**2. 设计目的**

(1)基本掌握面向过程程序设计的基本思路和方法。

(2)熟练掌握C语言的基本知识和技能。

(3)能够利用所学的基本知识和技能，开发小型数据管理系统。

**3. 设计要求**

(1)基本要求

①要求利用C语言面向过程的编程思想来完成系统的设计。

②突出C语言的函数特征，以函数实现每一个子功能。

③画出功能模块图。

④进行简单界面设计，能够实现友好的交互。

⑤具有清晰的程序流程图和数据结构的详细定义。

⑥熟练掌握 C 语言对文件的各种操作。

(2)信息描述

有关系统基本信息的描述。

(3)功能描述

①基本信息数据的录入。

②基本信息的查询与修改。

③数据排序。

④数据的统计、分类、检索和基本信息分析。

**4. 设计过程**

(1)分析项目任务的功能要求,划分项目功能模块。

(2)画出系统流程图。

(3)代码的编写,定义数据结构和各个功能子函数。

(4)程序的功能调试。

(5)完成系统总结报告以及使用说明书。

(6)撰写课程设计说明书。

**5. 课程设计说明书的内容**

(1)需求分析。

(2)总体设计。

(3)详细设计。

(4)编码(详细写出编程步骤)。

(5)测试的步骤和内容。

(6)课程设计总结。

(7)参考资料等。

**6. 进度安排**

课程设计时间为一周或两周,分五个阶段完成:

(1)分析设计:明确设计要求,找出实现方法,完成需求分析和总体设计。

(2)详细设计:编写各模块对应函数和主函数,编写 C 代码。

(3)编码调试阶段:测试运行程序,调试代码,找出不足和错误,修改并完善。

(4)总结报告阶段:总结设计工作,写出课程设计说明书。

(5)考核阶段。

## 9.2　学生成绩管理系统

**1. 设计目的**

通过设计一个数据管理系统对学生成绩进行管理,从而达到节省人力、物力资源的目的。通过这个系统进行学生成绩管理,以提高对学生成绩的登记、删除、查询、修改、排序的效率。

**2. 功能描述**

该系统由五大功能模块组成。

(1)输入记录模块

(2)查询记录模块

(3)更新记录模块

(4)统计记录模块

(5)输出记录模块

**3. 数据结构设计**

学生信息结构体：

```
struct student
{
    int no;
    char name[20];
    char sex[4];
    float score1;
    float score2;
    float score3;
    float sort;
    float ave;
    float sum;
};
```

结构体 student 将用于存储学生基本信息。

**4. 详细设计**

(1)input()

函数原型：void input()

input()函数用于录入学生信息。

(2)sort()

函数原型：void sort()

sort()用于对学生数据按平均分从高到低排序。

(3)display()

函数原型：void display()

display()函数用于显示学生信息。

(4)insert()

函数原型 void insert()

insert()函数用于插入新的学生信息。

(5)del()

函数原型 void del()

del()函数用于删除一条学生记录。

(6)average()

函数原型 void average()

average()函数用于求解每一个学生的平均分。

(7)find()

函数原型:void find()

find()函数用于查找学生记录。

(8)modify()

函数原型:void modify()

modify()函数用于修改学生数据信息。

(9)主函数 main()

整个成绩管理系统控制部分。

**5.程序源代码**

```
#include <time.h>
#include <stdio.h>
#include <conio.h>
#include <stdlib.h>
#include <string.h>
#define MAX 80
void input();
void sort();
void display();
void insert();
void del();
void average();
void find();
void modify();
int now_no=0;
struct student
{
    int no;
    char name[20];
    char sex[4];
    float score1;
    float score2;
    float score3;
    float sort;
    float ave;
    float sum;
};
struct student stu[MAX], *p;
```

```
void average()/ * 求平均数 * /
{
    int i;
    for(i=0;i<now_no;i++)
    {
        stu[i].sum=stu[i].score1+stu[i].score2+stu[i].score3;
        stu[i].ave=stu[i].sum/3;
    }
}


main()/ * 主函数 * /
{
    int as;
    start: printf("\n\t\t\t 欢迎使用学生成绩管理系统\n");
    / * 以下为功能选择模块 * /
    do
    {
        printf("\n\t\t\t\t1.录入学员信息\n\t\t\t\t2.显示学员信息\n\t\t\t\t3.成绩排序信息
        \n\t\t\t\t4.添加学员信息\n\t\t\t\t5.删除学员信息\n\t\t\t\t6.修改学员信息\n\t\t\
        t\t7.查询学员信息\n\t\t\t\t8.退出\n");
        printf("\t\t\t\t 选择功能选项:");
        fflush(stdin);
        scanf("%d",&as);
        switch(as)
        {
            case 1:system("cls");input();break;
            case 2:system("cls");display();break;
            case 3:system("cls");sort();break;
            case 4:system("cls");insert();break;
            case 5:system("cls");del();break;
            case 6:system("cls");modify();break;
            case 7:system("cls");find();break;;
            case 8:system("exit");exit(0);
            default:system("cls");goto start;
        }
    }while(1);
  / * 至此功能选择模块结束 * /
}
void input()/ * 原始数据录入函数 * /
{
    int i=0;
```

```
    char ch;
    do
    {
        printf("\t\t\t\t1.录入学员信息\n输入第%d个学员的信息\n",i+1);
        printf("\n输入学生编号:");
        scanf("%d",&stu[i].no);
        fflush(stdin);
        printf("\n输入学员姓名:");
        fflush(stdin);
        gets(stu[i].name);
        printf("\n输入学员性别:");
        fflush(stdin);
        gets(stu[i].sex);
        printf("\n输入学员成绩1:");
        fflush(stdin);
        scanf("%f",&stu[i].score1);
        printf("\n输入学员成绩2:");
        fflush(stdin);
        scanf("%f",&stu[i].score2);
        printf("\n输入学员成绩3:");
        fflush(stdin);
        scanf("%f",&stu[i].score3);
        printf("\n\n");
        i++;
        now_no=i;
        printf("是否继续输入?(Y/N)");
        fflush(stdin);
        ch=getch();
        system("cls");
    }
    while(ch!='n'&&ch!='N');
    system("cls");
}
void sort()/*排序数据函数*/
{
    struct student temp;
    int i,j;
    average();
    for(i=1;i<now_no;i++)
    {
        for(j=1;j<=now_no-i;j++)
        {
```

```
                if(stu[j-1].ave<stu[j].ave)
                {
                    temp=stu[j];
                    stu[j]=stu[j-1];
                    stu[j-1]=temp;
                }
            }
        }
    }
    void display()/*显示数据函数*/
    {
        int i;
        char as;
        average();
        do
        {
            printf("\t\t\t 班级学员信息列表\n");
            printf("\t 编号\t 姓名\t 性别\t 成绩 1\t 成绩 2\t 成绩 3\t 平均值\n");
            for(i=0;i<now_no&&stu[i].name[0];i++)
                printf("\t%d\t%s\t%s\t%.2f\t%.2f\t%.2f\t%.2f\n",stu[i].no,stu[i].name,
                stu[i].sex,stu[i].score1,stu[i].score2,stu[i].score3,stu[i].ave);
            printf("\t\t 按任意键返回主菜单.");
            fflush(stdin);
            as=getch();
        }
        while(! as);
        system("cls");
    }
    void insert()/*插入数据函数*/
    {
        char ch;
        do
        {
            printf("\n\t\t 输入新插入学员的信息\n");
            printf("\n 输入学生编号:");
            scanf("%d",&stu[now_no].no);
            fflush(stdin);
            printf("\n 输入学员姓名:");
            fflush(stdin);
            gets(stu[now_no].name);
            printf("\n 输入学员性别:");
            fflush(stdin);
```

```
            gets(stu[now_no].sex);
            printf("\n 输入学员成绩 1:");
            fflush(stdin);
            scanf("%f",&stu[now_no].score1);
            printf("\n 输入学员成绩 2:");
            fflush(stdin);
            scanf("%f",&stu[now_no].score2);
            printf("\n 输入学员成绩 3:");
            fflush(stdin);
            scanf("%f",&stu[now_no].score3);
            printf("\n\n");
            now_no=now_no+1;
            sort();
            printf("是否继续输入?(Y/N)");
            fflush(stdin);
            ch=getch();
            system("cls");
        }
    while(ch!='n'&&ch!='N');
}
void del()/*删除数据函数*/
{
    int inum,i,j;
    printf("输入要删除学员的编号:");
    fflush(stdin);
    scanf("%d",&inum);
    for(i=0;i<now_no;i++)
    {
        if(stu[i].no==inum)
        {
            if(i==now_no)now_no-=1;
            else
            {
                stu[i]=stu[now_no-1];
                now_no-=1;
            }
            sort();
            break;
        }
    }
    system("cls");
}
```

```
void find()/ * 查询函数 * /
{
    int i;
    char str[20],as;
    do
    {
        printf("输入要查询的学生姓名:");
        fflush(stdin);
        gets(str);
        for(i=0;i<now_no;i++)
            if(! strcmp(stu[i].name,str))
            {
                printf("\t编号\t姓名\t性别\t成绩1\t成绩2\t成绩3\t平均值\n");
                printf("\t%d\t%s\t%s\t%.2f\t%.2f\t%.2f\t%.2f\n",stu[i].no,stu[i].
                name,stu[i].sex,stu[i].score1,stu[i].score2,stu[i].score3,stu[i].ave);
            }
        printf("\t\t按任意键返回主菜单.");
        fflush(stdin);
        as=getch();
    }
    while(! as);
    system("cls");
}
void modify()/ * 修改数据函数 * /
{
    int i;
    char str[20],as;
    printf("输入要修改的学生姓名:");
    fflush(stdin);
    gets(str);
    for(i=0;i<now_no;i++)
    if(! strcmp(stu[i].name,str))
    {
        system("cls");
        printf("\n\t\t输入修改学员信息\n");
        printf("\n输入学生编号:");
        fflush(stdin);
        scanf("%d",&stu[i].no);
        printf("\n输入学员性别:");
        fflush(stdin);
        gets(stu[i].sex);
```

```
            printf("\n 输入学员成绩 1:");
            fflush(stdin);
            scanf("%f",&stu[i].score1);
            printf("\n 输入学员成绩 2:");
            fflush(stdin);
            scanf("%f",&stu[i].score2);
            printf("\n 输入学员成绩 3:");
            fflush(stdin);
            scanf("%f",&stu[i].score3);
            printf("\n\n");
            sort();
            break;
        }
        system("cls");
    }
```

**6. 测试结果**

(1)主界面

进入成绩管理系统,选择"0～8"的数值,调用相应的功能进行操作。当输入为 8 时,退出此管理系统。如图 9-1 所示。

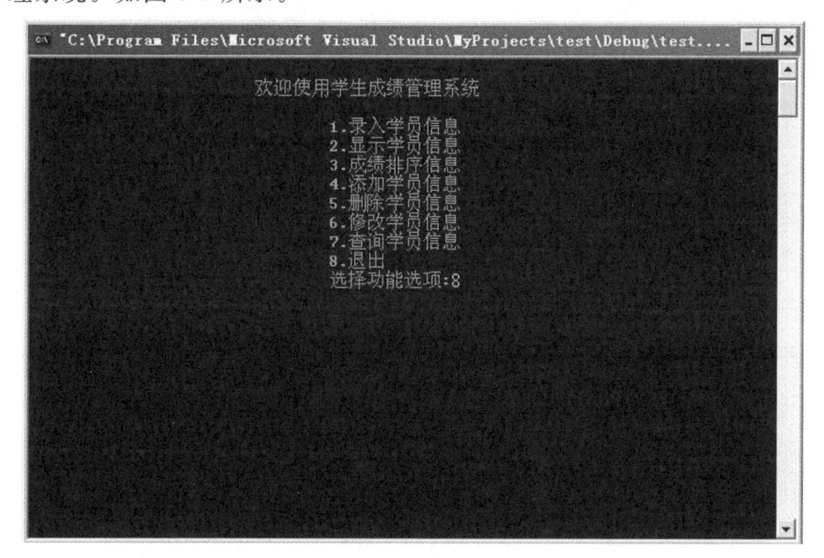


图 9-1　成绩管理系统主界面

(2)登记学生资料

输入 1 并按回车键后,即可进入录入学员信息界面,其输入记录过程如图 9-2 所示,这里输入了三条学生记录。当用户输入为 y 的时候,继续输入,为 n 的时候,结束输入过程,返回到主菜单。

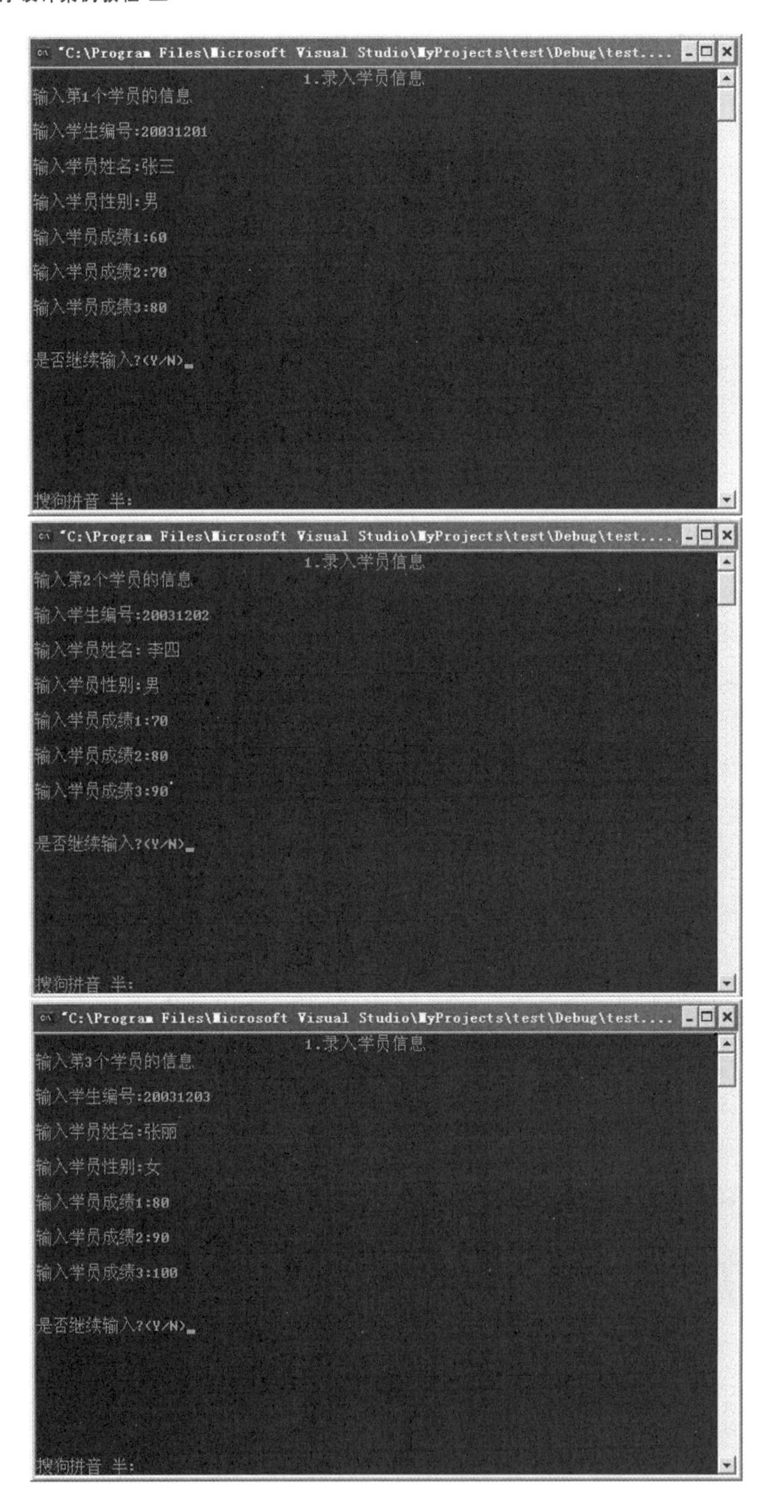
"C:\Program Files\Microsoft Visual Studio\MyProjects\test\Debug\test....
1.录入学员信息
输入第1个学员的信息
输入学生编号:20031201
输入学员姓名:张三
输入学员性别:男
输入学员成绩1:60
输入学员成绩2:70
输入学员成绩3:80
是否继续输入?(Y/N)
搜狗拼音 半:
"C:\Program Files\Microsoft Visual Studio\MyProjects\test\Debug\test....
1.录入学员信息
输入第2个学员的信息
输入学生编号:20031202
输入学员姓名:李四
输入学员性别:男
输入学员成绩1:70
输入学员成绩2:80
输入学员成绩3:90
是否继续输入?(Y/N)
搜狗拼音 半:
"C:\Program Files\Microsoft Visual Studio\MyProjects\test\Debug\test....
1.录入学员信息
输入第3个学员的信息
输入学生编号:20031203
输入学员姓名:张丽
输入学员性别:女
输入学员成绩1:80
输入学员成绩2:90
输入学员成绩3:100
是否继续输入?(Y/N)
搜狗拼音 半:

图 9-2　输入界面

(3)显示学生资料

输入 2 并按回车键后,即可进入记录显示界面,如图 9-3 所示。

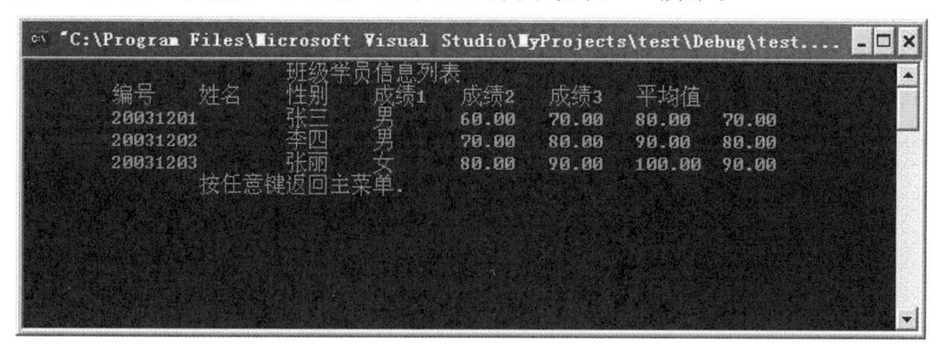


图 9-3 记录显示界面

(4)增加学生资料

输入 4 并按回车键后,即可进入学员记录增加界面,如图 9-4 所示。

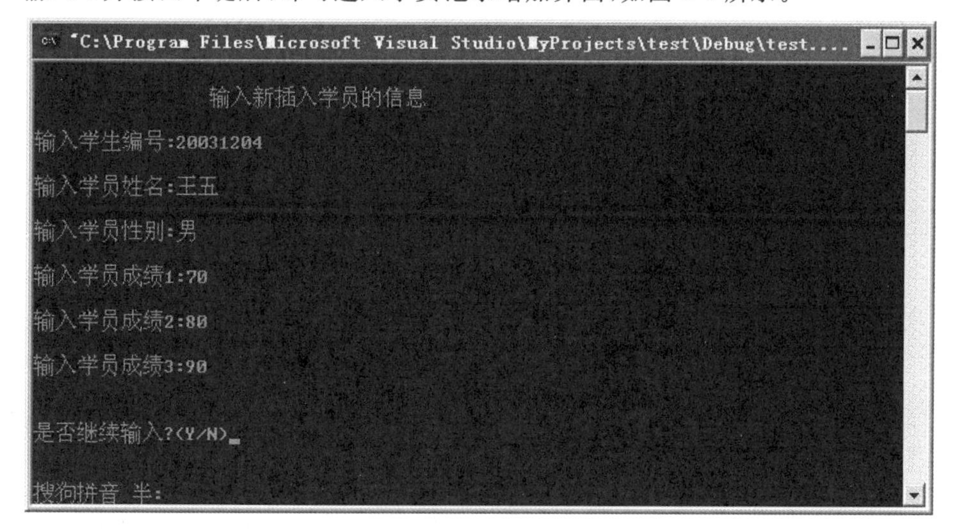


图 9-4 记录增加界面

(5)排序学生资料

输入 3 并按回车键后,回到主界面再按 2 可查看学生排序信息,如图 9-5 所示。

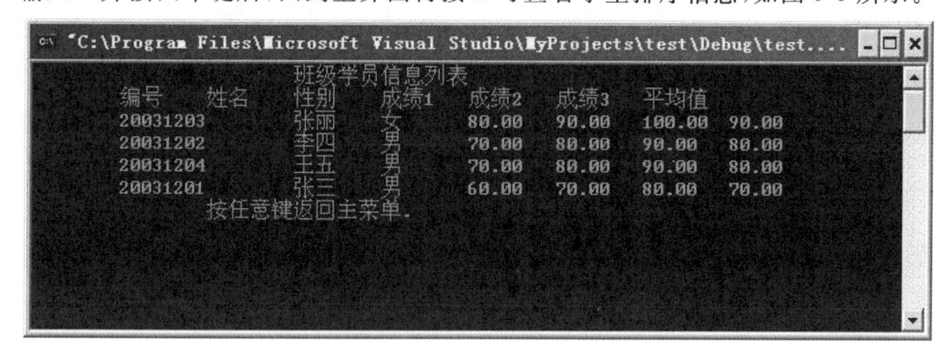


图 9-5 按平均分从高到低排列

(6)删除学生资料

输入 5 并按回车键后,即可进入记录删除界面,如图 9-6 所示。

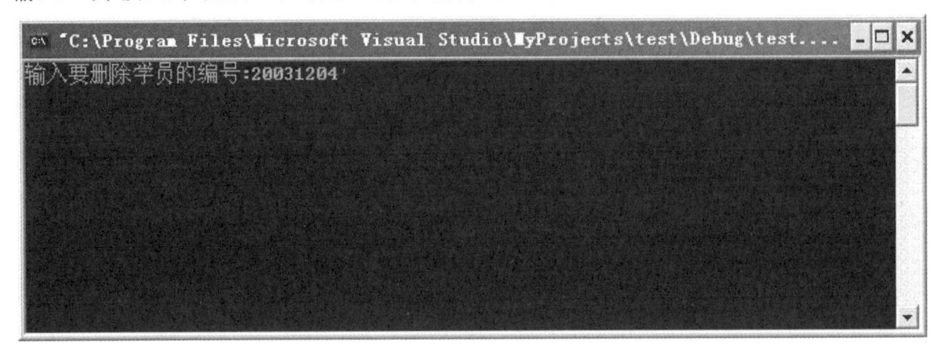


图 9-6　按学号删除界面

(7)修改学生资料

输入 6 并按回车键后,即可进入修改界面,如图 9-7 所示。

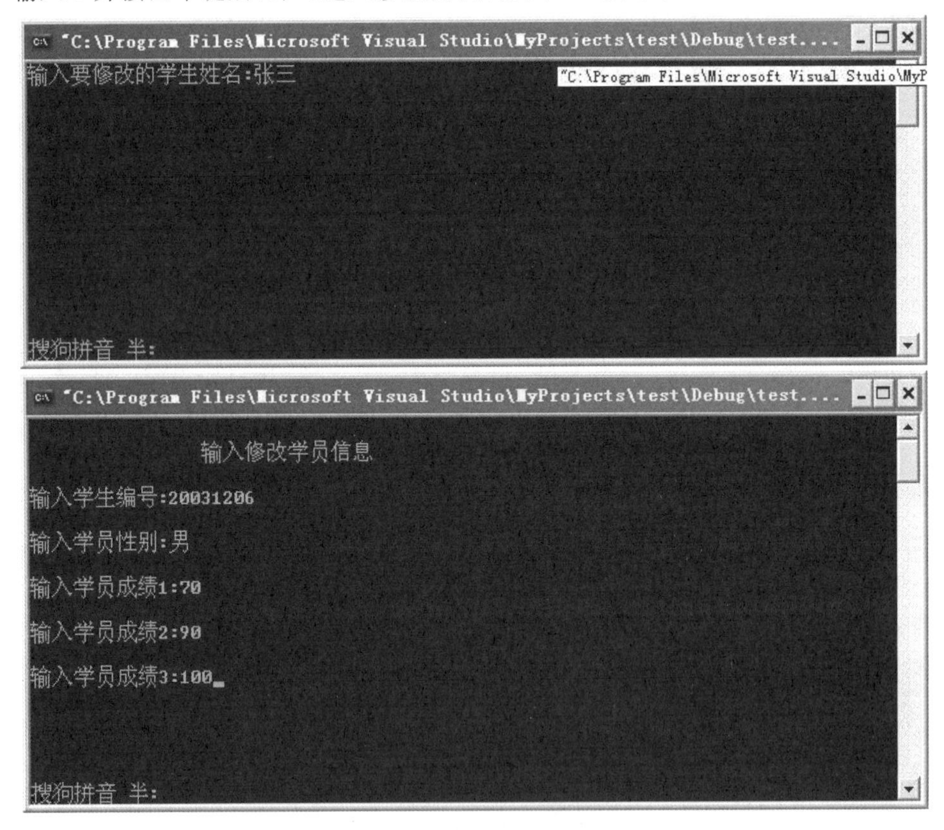


图 9-7　按姓名查找后的修改界面

(8)查找学生资料

输入 7 并按回车键后,即可进入查找界面,如图 9-8 所示。

(9)退出系统

输入 8 并按回车键后,即可退出学生信息管理系统。

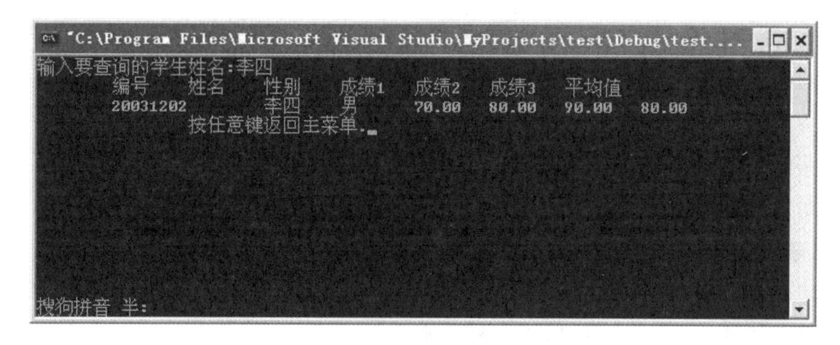


图 9-8　按姓名查找的界面

## 小　　结

本章通过"学生成绩管理系统"的设计思想及其编程实现,学习了系统需求分析、总体设计、详细设计、编码(详细写出编程步骤)、测试等系统的完整设计过程。通过本项目的学习,可以提高学生使用面向过程的思想设计不同的管理系统的能力。

**思政小贴士**

人机交互界面设计,一定要树立以人为中心的理念,学会换位思考,建立和谐环境。文件的管理和文件内容的读取均有相应的指令通过调用完成,为了避免混乱,将文件的地址存放在调用指针中,以方便文件的读取和管理。作为新时代大学生,我们在生活中也要养成归类有序、干净整洁的好习惯,训练有条理性、逻辑清晰的做事风格。要有全局观,要树立大局意识。从功能上尽可能满足客户要求,弘扬工匠精神,精益求精,不求最好,但求更好。

## 实验　小型会议管理程序

**一、实验名称**

小型会议管理程序

**二、实验目的**

加强实际编程能力的培养,达到理论和实际的结合,最终在程序设计方面基本达到"综合应用"的层次。

**三、实验内容**

为小型会议设计一个参会人员管理程序。

要求:

1. 制作字符形式的菜单。主菜单应至少包括以下几个菜单项:

人员登录、显示报到人员信息、查询、统计、修改、删除。

2. 建立一个数据文件(meeting.dat),存取参会人员的下列信息:

姓名(name)、性别(sex)、年龄(age)、单位(department)、房间号(room_num)(如:101#)。

3.管理功能程序应分别用几个函数实现以下功能：

(1)登录参会人员信息(login)。

(2)按所住房间号(由小到大)输出(print)已报到人员信息。

(3)根据姓名实现对人员信息的查询(queryByName)。

(4)根据单位对与会人员进行分类统计(queryByDept)，并输出统计结果。

设计总要求：

(1)不同的功能使用不同的函数实现。

(2)程序中使用的变量应使用符合逻辑意义的名称。

(3)对程序进行必要的注释。

(4)按下列要求书写课程设计报告(必须有)：

①给出相关数据结构及说明。

②给出程序的结构流程。

③给出调试过程中出现的问题和解决方法。

## 习　　题

1.设计一个小型的通信录管理系统。

2.设计一个工资管理系统。

# 参考文献

[1] 谭浩强.C程序设计[M].3版.北京:清华大学出版社,2005.

[2] 毕万新,景福文.C语言程序设计[M].大连:大连理工大学出版社,2005.

[3] David J. Kruglinski, Scot Wingo, George. Shepherd. Programming Visual C++ 6.0技术内幕[M].5版.北京:北京希望电子出版社,2001.

[4] 迟成文.高级语言程序设计[M].北京:经济科学出版社,2001.

[5] 方风波.C语言程序设计[M].北京:清华大学出版社,2006.

[6] 张鑫,王翠萍.C语言程序设计基础[M].北京:北京理工大学出版社,2006.

[7] 张宗杰.C语言程序设计实用教程[M].北京:电子工业出版社,2008.

[8] C语言资料大全1.0.编程爱好者网站.http://www.programfan.com.

[9] 王明福.C语言程序设计案例教程[M].2版.大连:大连理工大学出版社,2018.

[10] 熊锡义,林宗朝.C语言程序设计案例教程[M].4版.大连:大连理工大学出版社,2018.

[11] 董汉丽.C语言程序设计[M].7版.大连:大连理工大学出版社,2019.

[12] 董汉丽.C语言程序设计习题解答与技能训练[M].3版.大连:大连理工大学出版社,2019.

[13] 索明何.C语言程序设计[M].北京:机械工业出版社,2020.

[14] 邱建华.C语言程序设计教程[M].2版.大连:大连理工大学出版社,2021.

## 附录 A　常用字符与 ASCII 码对照表

| ASCII 码 | 键盘 | ASCII 码 | 键盘 | ASCII 码 | 键盘 | ASCII 码 | 键盘 |
|---|---|---|---|---|---|---|---|
| 27 | ESC | 32 | SPACE | 33 | ! | 34 | ″ |
| 35 | # | 36 | $ | 37 | % | 38 | & |
| 39 | ′ | 40 | ( | 41 | ) | 42 | * |
| 43 | + | 44 | , | 45 | — | 46 | . |
| 47 | / | 48 | 0 | 49 | 1 | 50 | 2 |
| 51 | 3 | 52 | 4 | 53 | 5 | 54 | 6 |
| 55 | 7 | 56 | 8 | 57 | 9 | 58 | : |
| 59 | ; | 60 | < | 61 | = | 62 | > |
| 63 | ? | 64 | @ | 65 | A | 66 | B |
| 67 | C | 68 | D | 69 | E | 70 | F |
| 71 | G | 72 | H | 73 | I | 74 | J |
| 75 | K | 76 | L | 77 | M | 78 | N |
| 79 | O | 80 | P | 81 | Q | 82 | R |
| 83 | S | 84 | T | 85 | U | 86 | V |
| 87 | W | 88 | X | 89 | Y | 90 | Z |
| 91 | [ | 92 | \ | 93 | ] | 94 | ∧ |
| 95 | _ | 96 | 、 | 97 | a | 98 | b |
| 99 | c | 100 | d | 101 | e | 102 | f |
| 103 | g | 104 | h | 105 | i | 106 | j |
| 107 | k | 108 | l | 109 | m | 110 | n |
| 111 | o | 112 | p | 113 | q | 114 | r |
| 115 | s | 116 | t | 117 | u | 118 | v |
| 119 | w | 120 | x | 121 | y | 122 | z |
| 123 | { | 124 | \| | 125 | } | 126 | ~ |

# 附录B C语言中的关键字

所谓关键字就是已被C本身使用,不能做其他用途使用的标识符。关键字不能用作变量名、函数名等。

Turbo C 2.0 有 11 个扩展关键字和 32 个 ANSI 标准定义的关键字。

扩展的 11 个关键字为:

asm _cs _ds _es _ss cdecl far near huge interrupt pascal

ANSI 标准定义的 32 个关键字及其基本作用为:

auto:声明自动变量(一般不使用)

double:声明双精度变量或函数

int:声明整型变量或函数

struct:声明结构体变量或函数

break:跳出当前循环

else:条件语句否定分支(与 if 连用)

long:声明长整型变量或函数

switch:用于开关语句

case:开关语句分支

enum:声明枚举类型

register:声明寄存器变量

typedef:用以给数据类型取别名(当然还有其他作用)

char:声明字符型变量或函数

extern:声明变量是在其他文件中声明(也可以看作引用变量)

return:子程序返回语句(可以带参数,也可不带参数)

union:声明联合数据类型

const:声明只读变量

float:声明浮点型变量或函数

short:声明短整型变量或函数

unsigned:声明无符号类型变量或函数

continue:结束当前循环,开始下一轮循环

for:一种循环语句

signed:声明有符号类型变量或函数

void:声明函数无返回值或无参数,声明无类型指针

default:开关语句中的“其他”分支

goto:无条件跳转语句

sizeof:计算数据类型长度

volatile:说明变量在程序执行中可被隐含地改变

do:循环语句的循环体

while:循环语句的循环条件

static:声明静态变量

if:条件语句

# 附录C　运算符的优先级与结合

<table>
<tr><th>优先级</th><th>运算符</th><th>含义</th><th>参与运算对象的数目</th><th>结合方向</th></tr>
<tr><td>1</td><td>()<br>[]<br>-><br>.</td><td>小括号运算符<br>下标运算符<br>指向结构体成员运算符<br>结构体成员运算符</td><td>双目运算符<br>双目运算符<br>双目运算符<br>双目运算符</td><td>自左至右</td></tr>
<tr><td>2</td><td>!<br>~<br>++<br>--<br>-<br>(类型)<br>*<br>&<br>sizeof</td><td>逻辑非运算符<br>按位取反运算符<br>自增运算符<br>自减运算符<br>负号运算符<br>类型转换运算符<br>指针运算符<br>取地址运算符<br>求字节数运算符</td><td>单目运算符</td><td>自右至左</td></tr>
<tr><td>3</td><td>*<br>/<br>%</td><td>乘法运算符<br>除法运算符<br>求余运算符</td><td>双目运算符</td><td>自左至右</td></tr>
<tr><td>4</td><td>+<br>-</td><td>加法运算符<br>减法运算符</td><td>双目运算符</td><td>自左至右</td></tr>
<tr><td>5</td><td><<<br>>></td><td>左移运算符<br>右移运算符</td><td>双目运算符</td><td>自左至右</td></tr>
<tr><td>6</td><td><<br><=<br>><br>>=</td><td>关系运算符</td><td>双目运算符</td><td>自左至右</td></tr>
<tr><td>7</td><td>==<br>!=</td><td>判等运算符<br>判不等运算符</td><td>双目运算符</td><td>自左至右</td></tr>
<tr><td>8</td><td>&</td><td>按位与运算符</td><td>双目运算符</td><td>自左至右</td></tr>
<tr><td>9</td><td>∧</td><td>按位异或运算符</td><td>双目运算符</td><td>自左至右</td></tr>
<tr><td>10</td><td>|</td><td>按位或运算符</td><td>双目运算符</td><td>自左至右</td></tr>
<tr><td>11</td><td>&&</td><td>逻辑与运算符</td><td>双目运算符</td><td>自左至右</td></tr>
<tr><td>12</td><td>||</td><td>逻辑或运算符</td><td>双目运算符</td><td>自左至右</td></tr>
</table>

（续表）

| 优先级 | 运算符 | 含义 | 参与运算对象的数目 | 结合方向 |
|---|---|---|---|---|
| 13 | ?: | 条件运算符 | 三目运算符 | 自右至左 |
| 14 | =<br>+=<br>-=<br>*=<br>/=<br>%=<br>>>=<br><<=<br>&=<br>^=<br>\|= | 赋值运算符 | 双目运算符 | 自右至左 |
| 15 | , | 逗号运算符<br>（顺序求值运算符） | | 自左至右 |

# 附录D　编译错误信息

Turbo C编译系统在编译源程序时会产生三种类型的错误:致命错误、一般错误和警告。其中致命错误一般是内部编译出错。当一个致命错误出现时,编译立即停止,必须采取适当的措施并重新启动编译系统才能重新使用;一般错误是指程序的语法错误、磁盘或内存存取错误或命令行错误等。当编译程序遇到这类错误时,将继续完成现阶段的编译。编译系统在每一个阶段(编译预处理、语法分析、优化、代码生成等)尽可能多地找出源程序中的错误,以便程序设计人员修改程序中的错误;警告则只是指出一些值得怀疑的情况,它并不阻止编译及连接的进行。

出现错误时编译系统首先输出这三类信息;然后输出源文件名及编译程序发现出错处的行号,这里应该注意:Turbo C并不限定在某一行设置语句,因此,真正产生错误的原因就可能出现在所提示行号的前面一行或几行;最后输出错误信息的内容。

下面按字母顺序分别列出致命错误和一般错误的信息。

**1. 致命错误**

(1)Bad call of in-line function(内部函数非法调用)

在使用一个宏定义的内部函数时没有正确地调用。一个内部函数是以两个下划线(__)开始和结束的。

(2)Irreducable expression tree(不可约表达式树)

这种错误指的是文件行中的表达式不合法,使得代码生成程序无法为它生成代码。这种表达式必须避免使用。

(3)Register allocation failure(存储器分配失败)

这种错误指的是文件行中的表达式太复杂,代码生成程序无法为它生成有效代码。此时应简化这种繁杂的表达式或干脆避免使用它。

**2. 一般错误**

(1)#operator not followed by maco argument name(#运算符后没跟宏变元名)

在宏定义中,#后必须跟一个标识符(宏名),否则出错。

(2)′xxxx′ not an argument(“xxxx”不是函数参数)

在源程序中将该标识符定义为一个函数参数,但是此标识符没有在函数参数表中出现。

(3)Ambiguous symbol′xxxx′(二义性符号“xxxx”)

两个或多个结构可能存在某一相同的域名(结构分量),它们属于不同的变量,故其所具有的偏移、类型是可以不同的。如果在变量或表达式中引用这些结构分量而未带结构名时会产生二义性,此时需修改某个域名或在引用时加上结构名。

(4)Argument # missing name(参数名#丢失)

参数名已脱离用于定义函数的函数原型。如果函数以原型定义,该原型必须包含所有的参数名。

(5)Argument list syntax error(参数表出现语法错误)

函数调用的参数间必须以逗号隔开,并以一个右括号结束。若源文件中含有一个其后既不是逗号又不是右括号的参数，则出现此类错误。

(6)Array bounds ] missing(数组的界限符“]”丢失)

在源文件中定义了一个数组，但此数组没有以一个右方括号结束。

(7)Array size too large(数组长度太大)

定义的数组太大，超过了可用的内存空间。

(8)Assember statement too long(汇编语句太长)

C 语言规定，在 C 的源程序中直接插入的汇编语句最长不能超过 480 字节。

(9)Bad configuration file(配置文件不正确)

TURBOC. CFG 配置文件中包含的不是适合命令行选择项的非注释文字。配置文件选择项必须以一个短横线开始。

(10)Bad file name format in include directive(包含指令中文件名格式不正确)

包含文件名必须用引号("filename. h")引上或尖括号(<filename. h>)括起来，否则将产生本类错误。如果使用了宏，则产生的扩展文本是不正确的，因为使用宏常常出现无引号的现象，所以无法识别。

(11)Bad ifdef directive syntax(ifdef 指令语法错误)

#ifdef 必须以单个标识符(只此一个)作为该指令的体。

(12)Bad ifndef directive syntax(ifndef 指令语法错误)

#ifndef 必须以单个标识符(只此一个)作为该指令的体。

(13)Bad undef directive syntax(undef 指令语法错误)

#undef 必须以单个标识符(只此一个)作为该指令的体。

(14)Bad file size syntax(位字段长语法错误)

一个位字段长必须是 1～16 位的常量表达式。

(15)Call of non-function(调用未定义的函数)

程序调用一个函数，但此函数在此程序中没有定义。这种错误通常是由于不正确的函数说明或函数名拼写错误而造成的。

(16)Can not modify a const object(不能修改一个常量对象)

对定义为常量的对象进行不合法操作(如常量赋值)引起本错误。

(17)Case outside of switch(case 语句出现在 switch 外面)

编译程序发现 case 语句出现在 switch 语句的外面。这类故障通常是由于括号不匹配造成的。

(18)Case statement missing(漏掉 case 语句)

case 语句必须包含一个以冒号结束的常量表达式。如果漏掉了冒号或在冒号前加上了其他字符，就会出现这类错误。

(19)Character constant too long(字符常量太长)

字符常量的长度只能是一个或两个字长，如果超过此长度则会出现本类错误。

(20)Compound statement } missing(复合语句中漏掉“}”)

编译程序扫描到文件结束时，未发现复合语句的结束符(“}”)，此类错误通常是由于大括号不匹配所引起的。

(21)Conflicting type modifiers(类型修饰符前后矛盾)

对同一指针,只能指定一种变址修饰符(如 near 或 far);而对于同一函数,则只能给出一种语言修饰符(如 cdecl、pascal 或 mteruprt),如果源程序中类型修饰符前后矛盾,则会出现此类错误。这种错误在使用多种语言混合编程时出现,使用单一的语言编写程序时,由于不用到这类修饰符,所以不会有这种错误出现。

(22)Constant expression required(需要常量表达式)

在需要常量表达式的地方(如定义数组时,下标表达式就应该是常量表达式)使用了变量。这种错误通常是由于宏定义#define 中常量符号拼写错误引起的。

(23)Could not find file′xxxx′(文件"xxxx"找不到)

编译程序找不到命令行上指定的文件。

(24)Declaration missing(漏掉了必要的说明)

如果源文件中包含了一个 struct 或 union 域声明,而后面却漏掉了分号,则会出现此类错误。

(25)Declaration needs type or storage dass(在进行变量说明时没有指明变量的类型和存储类别)

在进行变量定义时必须指明变量的类型,否则,就会出现这类错误。

(26)Declaration syntax error(变量定义时出现语法错误)

在源文件中,如果定义变量的语句中丢失了某些符号或输入了多余的符号,则会出现此类错误。

(27)Default outside of switch(default 语句出现在 switch 语句的外面)

这类错误通常是由于括号不配对而引起的。

(28)Defined directive needs an identifier(define 语句中必须有一个标识符)

#define 后面的第一个非空的字符串必须是一个合法的 C 语言标识符。若在该位置上出现一个不是标识符的字符串,则会出现这类错误。

(29)Division by zero(在进行数学运算时,有数被零除)

当源程序中的常量表达式出现除数为零的情况时,会造成这类错误。

(30)Do statement must have while(do 循环语句中没有 while)

C 语言中,do... while 语句必须配对使用。如果源程序中出现了一个没有关键字 while 的 do 语句,则会出现这类错误。

(31)Do while statement mission ″(″(do... while 语句中漏掉了"(")

(32)Do while statement mission ″)″(do... while 语句中漏掉了")")

C 语言的 do... while 语句中,关键字 while 后面必须接一对小括号()。如果在 do 语句中,关键字 while 后面缺少了括号,则会出现此类错误。

(33)Do while statement missing ″;″(do... while 语句中漏掉了";")

C 语言规定,所有的语句都必须以";"作为结束标志。如果在 do 语句的条件表达式中右括号后面漏掉了分号";",则会出现这类错误。

(34)Duplicate case(在 switch 语句中,case 的情况值不唯一)

switch 语句中的每个 case 后必须有一个唯一的常量表达式的值,否则会出现这类错误。

(35)Enum syntax error(枚举类型 enum 中,出现语法错误)

若 enum 说明的标识符表达式有错误,则会导致此类错误的发生。

(36)Enumeration constant syntax error(枚举常量语法错误)

若赋给 enum 类型变量的表达式的值不为常量,则会出现此类错误。

(37)Error directive :XXXX(Error 指令:XXXX)

C 语言的编译系统在处理源文件中的"#error"指令时,显示该指令指出的信息。

(38)Error writing output file(在输出文件上写数据时出现错误)

这类错误通常是由于所用磁盘已满或处于写保护状态,因而无法进行写操作而造成的。出现这类错误时,应更换一块工作磁盘或删除工作盘上不必要的文件。

(39)Expression syntax(表达式语法错误)

此类错误通常是由于出现了两个连续的操作符,括号不配对或缺少括号,前一句漏掉了分号等原因而引起的。

(40)Extra parameter in call(函数调用时出现多余参数)

一般情况下,进行函数调用时实参个数应与形参个数相等。如果在调用一个函数时实际参数个数多于函数形式参数的个数,则会出现这类错误。

(41)Extra parameter in call to XXXX(调用函数 XXXX 时出现了多余参数)

(42)File name too long(文件名太长)

#include 给出的文件名太长时,编译系统将无法处理,因此出错。通常 DOS 系统下的文件名(含路径)长度不能超过 64 个字符。

(43)For statement missing "("(for 语句中缺少"(")

(44)For statement missing ")"(for 语句中缺少")")

在 for 语句中,如果控制表达式后缺少括号,则会出现这类错误。

(45)For statement missing ";"(for 语句中缺少";")

在 for 语句中,如果某个表达式后缺少逗号,则会出现这类错误。

(46)Function call missing ")"(函数调用时缺少")")

C 语言中进行函数调用时,括号必须配对使用。如果调用函数时,在实参列表后漏掉了")"或括号不匹配,则会出现这类错误。

(47)Function definition out of place(定义函数时位置不正确)

C 语言规定:函数不能嵌套定义,即在一个函数内部不能定义另外的函数。如果试图在一个函数内部定义另一个函数,则会出现此类错误。

(48)Function doesn't take a variable number of argument(函数不接受可变的参数个数)

如果在源程序中的某个函数内使用了 va-start 宏,则此函数不能接受可变数量的参数。

(49)Goto statement missing lable(goto 语句后没有指明标号)

关键字 goto 后必须有一个标识符。

(50)If statement missing "("(if 语句缺少"(")

(51)If statement missing ")"(if 语句缺少")")

(52)Illegal initialization(初始化不合法)

对变量(包括简单变量、数组、结构体数据等)进行初始化必须使用常量表达式,或是一个全局变量 extern 或 static 的地址加减一个常量。

(53)Illegal octal digit(非法八进制数)

在八进制数中不允许出现数字 8 和 9。如果源程序中一个以 0 开头的数(按 C 语言的规定,这是一个八进制数)中出现了数字 8 和 9,或其他非法字符,则会出现这类错误。

(54)Illegal pointer subtraction(非法的指针减法运算)

C 语言规定:非指针变量不能减去一个指针变量。如果在一个 C 的源程序中出现这种减法,则会发生本错误。

(55)Illegal structure operation(对结构体的操作非法)

结构体只可以使用点(.)、取地址(&)和赋值(=)运算符,或者作为函数的参数进行传递。如果编译程序发现对结构体使用了其他运算符时,则会出现此类错误。

(56)Illegal use of floating point(非法的浮点运算)

浮点运算分量不允许出现在各种位运算符中。如果编译系统发现位操作中使用了浮点实数,则产生出错信息。

(57)Illegal use of pointer(使用指针不合法)

施于指针的运算仅可以是加、减、赋值、比较、取值(*)或箭头(->)。若对指针变量使用其他运算,则会出现这类错误。

(58)Improper use of a typedef symbol(typedef 符号的使用不合法)

(59)Incompatible storage class(存储类别不相容)

在 C 语言源程序的函数内部不能使用关键字 extern,只能使用 static 或 auto(或干脆不指明存储类别)。

(60)Incompatible type conversion(类型转换不相容)

如果源程序试图把一种数据类型转换成另一种数据类型,而这两种数据类型是不可以相互转换的,则会出现这种错误。如函数与非函数之间的转换、浮点数与指针之间的转换。

(61)Incorrect command line argument:XXXX(不正确的命令行参数:XXXX)

(62)Incorrect configuration file argument:XXXX(不正确的配置文件参数:XXXX)

(63)Incorrect number format(数据格式不正确)

编译程序发现在十六进制数据中出现十进制小数点。

(64)Incorrect use of default(default 语句使用不合法)

如果编译程序发现在 default 关键字后缺少冒号,则出现这类错误。

(65)Initialize syntax error(对数据进行初始化时有错误)

(66)Invalid indirection(无效的取值运算)

取值运算符(*)要求非空的指针变量作为运算分量。

(67)Invalid macro argument separator(宏参数分隔符非法)

(68)Invalid pointer addition(指针相加运算时有错)

指针与指针不能相加。如果源程序中试图用一个指针与另一个指针相加,则会出现此类错误。

(69)Invalid use of arrow(非法使用箭头运算符－>)

(70)Invalid use of dot(点运算符使用错误)

点运算符(.)用于指向结构体变量的成员，其后必须紧跟一个标识符(结构体成员名)，否则出现这类错误。

(71)A value required(要求赋值)

(72)Macro argument syntax error(宏参数语法错误)

(73)Macro expansion too long(宏扩展太长)

一个宏不能扩展超过4096个字符。当宏递归扩展自己时常出现此类错误。

(74)Mismatch number of parameters in definition(在函数定义中参数个数不匹配)

函数定义中的参数和函数原型中提供的信息不匹配。

(75)Misplaced break(break语句的位置不正确)

编译程序发现break语句在switch语句或循环结构的外面。

(76)Misplaced continue(continue语句的位置不正确)

编译程序发现continue语句在switch语句或循环结构的外面。

(77)Misplaced decimal point(十进制小数点的位置不正确)

编译程序发现浮点常数的指数部分有一个小数点。

(78)Misplaced else(else语句的位置不正确)

else语句必须与if语句配对连用，否则就会产生这类错误。此类错误的产生，除了由于else多余以外，还可能是由于多余了分号、漏写了大括号或者前面的if语句错误引起的。

(79)Misplaced endif directive(endif指令的位置不正确)

编译程序找不到与#endif指令匹配的#if、#ifdef或#ifndef指令。

(80)Must be addressable(必须是可编址的)

取地址运算符&必须作用于一个可编址的对象。如果将&用于一个不可编址的对象，如寄存器变量，则会出现此类错误。

(81)Must take address of memory location(必须是内存中的一个地址)

如果源文件将取地址运算符&用于不可编址的表达式，则会出现这类错误。

(82)No file name ending(没有文件名结束符)

在#include命令中，文件名缺少正确的闭引号(")或尖括号(>)。

(83)No file names giving(没有给出文件名)

Turbo C的编译命令(TCC)中没有包含文件名。

(84)Non-portable pointer assignment(对不可移植的指针赋值)

Turbo C不允许将一个地址值赋给一个非指针变量及将非地址值赋给指针变量。如果程序进行了这种赋值，则会引起此错误。作为一个特例，把常量0赋给一个指针变量是允许的。

(85)Non-portable pointer comparison(对不可移植的指针进行比较)

一个指针与一个非指针变量是不允许进行比较的。如果源程序中将一个指针变量与一个非指针变量进行比较，则会产生此类错误。

(86)Non-portable return type conversion(不可移植的返回类型转换)

函数的返回语句中的表达式类型通常应与函数说明中规定的函数值类型相同。如果它们的类型不同,则会将表达式的类型转换成函数值类型,但这种转换必须是可以进行的,否则就会出现这类错误。

(87)Not an allowed type(使用了不允许的类型)

该错误指出源程序中使用了禁止使用的数据类型。如 return 语句返回一个函数或一个数组等。

(88)Out of memory(内存不够)

(89)Pointer required on left side of －＞(在运算符－＞的左侧必须使用指针)

(90)Redeclaration of "XXXX"(对“XXXX”进行重定义)

在一个函数中,一个标识符只能定义一次。如果源程序在定义了一个标识符后又对它进行定义,则会出现这种错误。

(91)Size of structure or array not known(结构体或数组的大小不定)

有些表达式(如 sizeof 或存储说明)中不允许出现没有定义的结构体或数组。如果在这些表达式中误用了未定义的结构体或数组,则会引起本错误。

(92)Statement missing ";"(语句缺少“;”)

(93)Structure or union syntax error(结构体或联合体语法错误)

编译程序发现在关键字 struct 或 union 后面没有标识符或大括号“{”。

(94)Structure size too long(结构太长)

(95)Subscripting missing "]"(数组的下标缺少“]”)

(96)Switch statement missing "("(switch 语句缺少“(”)

(97)Switch statement missing ")"(switch 语句缺少“)”)

(98)Too few parameters in call(进行函数调用时参数太少)

(99)Too few parameters in call to "XXXX"(调用函数“XXXX”时参数太少)

(100)Too many cases(case 语句太多)

Turbo C 中,一个 switch 语句最多只能使用 257 个 case。

(101)Too many decimal points(一个十进制数中出现多个小数点)

(102)Too many default cases(case 语句中出现多个 default 语句)

(103)Too many exponents(阶码太多)

如果编译时发现一个浮点常量中不止一个阶码,则会出现这类错误。

(104)Too many initializers(初始化太多)

编译时发现初始化比说明所允许的要多。

(105)Too many storage classes in declaration(说明中存储类别太多)

一个说明语句中只允许有一种存储类别。

(106)Too many types in declaration(说明中类型太多)

一个说明中只允许有一种下列基本类型:char,int,float,double,struct,union,enum 或 typedef 定义的类型名。

(107)Too much auto memory in function(函数中自动型存储变量太多)

所使用的变量超过了内存所允许使用的存储空间。

(108)Too much global data define in file(文件中定义的全局类型变量太多)

一个文件中的所有全局变量的总数不得超过 64 K 字节,否则将引起这类错误。

(109)Two consecutive dots(程序中出现两个连续的点)

(110)Type missmatch in parameter #(参数"#"的类型不匹配)

通过一个指针访问已由原型说明的函数时,所给定实际参数不能转换为已说明的参数类型。

(111)Type missmatch in parameter # in call to "XXXX"(调用函数"XXXX"时参数#的类型不匹配)

(112)Type missmatch in parameter "XXXX"(参数"XXXX"的类型不匹配)

(113) Type missmatch in parameter "XXXX" in call to "YYYY"(在调用函数"YYYY"时,参数"XXXX"不匹配)

(114)Type missmatch in redeclaration of "XXXX"(重定义"XXXX"时类型不匹配)

(115)Unable to create output file "XXXX "(不能建立输出文件"XXXX")

(116)Unable to create turboc. lnk(不能建立临时文件 turboc. lnk)

(117)Unable to execute command "XXXX"(不能执行"XXXX"命令)

(118)Unable to open include file "XXXX"(不能打开包含文件"XXXX")

(119)Unable to open input file "XXXX"(不能打开输入文件"XXXX")

(120)Undefined lable "XXXX"(标号"XXXX"没有定义)

函数中出现在 goto 语句后面的标号无定义。

(121)Undefined structure "XXXX"(结构体"XXXX"没有定义)

源文件中某些行使用了某个结构,但此结构未经说明。这可能是由于结构名拼写错误或缺少结构说明而引起的。

(122)Undefined symbol "XXXX"(符号"XXXX"没有定义)

(123)Unexpected end of file in comment started on line #(源文件在#行开始的注释中意外结束)

这种错误通常是由于丢失注解结束标记(*/)而引起的。

(124)Unexpected end of file in conditional started on line #(源文件在#行开始的条件语句中意外结束)

(125)Unknown preprocessor directive "XXXX"(非法的编译预处理命令"XXXX")

(126)Unterminated character constant(没有结束的字符常量)

(127)Unterminated string(没有结束的字符串)

(128)Unterminated string or character constant(没有结束的字符串或字符常量)

(129)User break(用户中断)

(130)While statement missing "("(while 语句中漏掉了"(")

(131)While statement missing ")"(while 语句中漏掉了")")

(132)Wrong number of arguments in call of "XXXX"(调用函数"XXXX"时参数个数错误)

# 附录E　C库函数

库函数并不是C语言的一部分，它是由人们根据需要编制并提供用户使用的。每一种C编译系统都提供了一批库函数，不同的编译系统所提供的库函数的数目和函数名以及函数功能是不完全相同的。ANSI标准提出一批建议提供的标准库函数，它包括了目前多数C编译系统所提供的库函数，但也有一些是某些C编译系统未曾实现的。考虑到通用性，本书列出ANSI标准建议提供的、常用的部分库函数。对多数C编译系统，可以使用这些函数的绝大部分。由于C库函数的种类和数目很多(例如，还有屏幕和图形函数、时间日期函数、与系统有关的函数等，每一类函数又包括各种功能的函数)，限于篇幅，本附录不能全部介绍，只从教学需要的角度列出最基本的。读者在编制C程序时可能要用到更多的函数，请参阅所用系统手册。

**1. 数学函数**

使用数学函数时，应该在该源文件中使用如下命令行：

# include<math .h>或#include "math .h"

| 函数名 | 函数原型 | 功　能 | 返回值 | 说　明 |
|---|---|---|---|---|
| abs | int abs(int x); | 求整数x的绝对值 | 计算结果 | |
| acos | double acos(double x); | 计算 $\cos^{-1}(x)$的值 | 计算结果 | x应在−1到1范围内 |
| asin | double asin(double x); | 计算 $\sin^{-1}(x)$的值 | 计算结果 | x应在−1到1范围内 |
| atan | double atan(double x); | 计算 $\tan^{-1}(x)$的值 | 计算结果 | |
| atan2 | double atan2(double x, double y); | 计算 $\tan^{-1}(x/y)$的值 | 计算结果 | |
| cos | double cos(double x); | 计算cos(x)的值 | 计算结果 | x的单位为弧度 |
| cosh | double cosh(double x); | 计算x的双曲余弦cosh(x)的值 | 计算结果 | |
| exp | double exp(double x); | 求 $e^x$ 的值 | 计算结果 | |
| fabs | double fabs(double x); | 求x的绝对值 | 计算结果 | |
| floor | double floor(double x); | 求出不大于x的最大整数 | 该整数的双精度实数 | |
| fmod | double fmod(double x, double y); | 求整除x/y的余数 | 返回余数的双精度数 | |
| frexp | double frexp(double val, int * eptr); | 把双精度数val分解为数字部分(尾数)x和以2为底的指数n，即val=x * $2^n$，n存放在eptr指向的变量中 | 返回数字部分x，$0.5\leqslant x<1$ | |
| log | double log(double x); | 求 $\log_e x$，即ln x | 计算结果 | |
| log10 | double log10(double x); | 求log10x | 计算结果 | |
| modf | double modf(double val, double * iptr); | 把双精度数val分解为整数部分和小数部分，把整数部分存到iptr指向的单元 | val的小数部分 | |

（续表）

| 函数名 | 函数原型 | 功 能 | 返回值 | 说 明 |
| --- | --- | --- | --- | --- |
| pow | double pow(double x,double y)； | 计算 $x^y$ 的值 | 计算结果 | |
| rand | int rand(void)； | 产生－90～32767的随机整数 | 随机整数 | |
| sin | double sin(double x)； | 计算 sin(x)的值 | 计算结果 | x单位为弧度 |
| sinh | double sinh(double x)； | 计算x的双曲正弦函数 sinh(x)的值 | 计算结果 | |
| sqrt | double sqrt(double x)； | 计算 x 的平方根 | 计算结果 | x应≥0 |
| tan | double tan(double x)； | 计算 tan(x)的值 | 计算结果 | x单位为弧度 |
| tanh | double tanh(double x)； | 计算x的双曲正切函数 tanh(x)的值 | 计算结果 | |

**2. 字符函数和字符串函数**

ANSI C 标准要求在使用字符串函数时要包含头文件 string. h,在使用字符函数时要包含头文件 ctype. h。有的 C 编译不遵循 ANSI C 标准的规定,而用其他名称的头文件。请使用时查看有关手册。

| 函数名 | 函数原型 | 功 能 | 返回值 | 包含文件 |
| --- | --- | --- | --- | --- |
| isalnum | int isalnum(int ch)； | 检查 ch 是不是字母(alpha)或数字(numeric) | 是字母或数字返回 1;否则返回 0 | ctype. h |
| isalpha | int isalpha(int ch)； | 检查 ch 是不是字母 | 是,返回 1;不是则返回 0 | ctype. h |
| iscntrl | int iscntrl(int ch)； | 检查 ch 是不是控制字符(其ASCII 码在 0 和 0x1F 之间) | 是,返回 1;不是,返回 0 | ctype. h |
| isdigit | int isdigit(int ch)； | 检查 ch 是不是数字(0～9) | 是,返回 1;不是,返回 0 | ctype. h |
| isgraph | int isgraph(int ch)； | 检查 ch 是不是可打印字符(其 ASCII 码在 0x21 到 0x7E 之间),不包括空格 | 是,返回 1;不是,返回 0 | ctype. h |
| islower | int islower(int ch)； | 检查 ch 是不是小写字母(a～z) | 是,返回 1;不是,返回 0 | ctype. h |
| isprint | int isprint(int ch)； | 检查 ch 是不是可打印字符(包括空格),其 ASCII 码在 0x20 到 0x7E 之间 | 是,返回 1;不是,返回 0 | ctype. h |
| ispunct | int ispunct(int ch)； | 检查 ch 是不是标点字符(不包括空格),即除字母、数字和空格以外的所有可打印字符 | 是,返回 1;不是,返回 0 | ctype. h |
| isspace | int isspace(int ch)； | 检查 ch 是不是空格、跳格符(制表符)或换行符 | 是,返回 1;不是,返回 0 | ctype. h |
| isupper | int isupper(int ch)； | 检查 ch 是不是大写字母(A～Z) | 是,返回 1;不是,返回 0 | ctype. h |
| isxdigit | int isxdigit(int ch)； | 检查 ch 是不是一个十六进制数字字符(0～9,或 A 到 F,或 a～f) | 是,返回 1;不是,返回 0 | ctype. h |

（续表）

| 函数名 | 函数原型 | 功　能 | 返回值 | 包含文件 |
|---|---|---|---|---|
| strcat | char * strcat(char * str1, char * str2); | 把字符串 str2 接到 str1 后面，str1 最后面的'\0'被取消 | str1 | string. h |
| strchr | char * strchr(char * str,int ch); | 找出 str 指向的字符串中第一次出现字符 ch 的位置 | 返回指向该位置的指针，如找不到，则返回空指针 | string. h |
| strcmp | int strcmp(char * str1,char * str2); | 比较两个字符串 str1、str2 | str1＜str2，返回负数；str1＝str2，返回 0；str1＞str2，返回正数 | string. h |
| strcpy | char * strcpy(char * str1, char * str2); | 把 str2 指向的字符串复制到 str1 中去 | 返回 str1 | string. h |
| strlen | unsigned int strlen(char * str); | 统计字符串 str 中字符的个数(不包括终止符'\0') | 返回字符个数 | string. h |
| strstr | char * strstr(char * str1, char * str2); | 找出 str2 字符串在 str1 字符串中第一次出现的位置(不包括 str2 的串结束符) | 返回该位置的指针，如找不到，返回空指针 | string. h |
| tolower | int tolower(int ch); | 将 ch 字符转换为小写字母 | 返回 ch 所代表的字符的小写字母 | ctype. h |
| toupper | int toupper(int ch); | 将 ch 字符转换成大写字母 | 返回与 ch 相应的大写字母 | ctype. h |

**3. 输入和输出函数**

凡用以下的输入和输出函数，应该使用#include ＜stdio. h＞，从而把 stdio. h 头文件包含到源程序文件中。

| 函数名 | 函数原型 | 功　能 | 返回值 | 说　明 |
|---|---|---|---|---|
| clearerr | void clearerr(FILE * fp); | 清除 fp 所指文件的错误标志，同时清除文件结束指示器 | 无 | |
| close | int close(int fp); | 关闭文件句柄 | 关闭成功返回 0；不成功，返回－1 | 非 ANSI 标准 |
| creat | int creat(char * filename,int mode); | 以 mode 所指定的方式建立文件 | 成功则返回正数；否则返回－1 | 非 ANSI 标准 |
| eof | int eof(int fd); | 检查文件是否结束 | 遇文件结束，返回 1；否则返回 0 | 非 ANSI 标准 |
| fclose | int fclose(FILE * fp); | 关闭 fp 所指的文件，释放文件缓冲区 | 有错则返回非 0；否则返回 0 | |
| feof | int feof(FILE * fp); | 检查文件是否结束 | 遇文件结束符返回非零值；否则返回 0 | |
| fgetc | int fgetc(FILE * fp); | 从 fp 所指定的文件中取得下一个字符 | 返回所得到的字符，若读入出错，返回 EOF | |
| fgets | char * fgets(char * buf,int n,FILE * fp); | 从 fp 指向的文件读取一个长度为(n－1)的字符串，存入起始地址为 buf 的空间 | 返回地址 buf，若遇文件结束或出错，返回 NULL | |

（续表）

| 函数名 | 函数原型 | 功　能 | 返回值 | 说　明 |
|---|---|---|---|---|
| fopen | FILE * fopen ( char * filename,char * mode); | 以 mode 指定的方式打开名为 filename 的文件 | 成功,返回一个文件指针(文件信息区的起始地址);否则返回 0 | |
| fprintf | int fprintf(FILE * fp, char * format,args……); | 把 args 的值以 format 指定的格式输出到 fp 所指定的文件中 | 实际输出的字符数 | |
| fputc | int fputc(char ch, FILE * fp); | 将字符 ch 输出到 fp 指向的文件中 | 成功,则返回该字符;否则返回 EOF | |
| fputs | int fputs(char * str, FILE * fp); | 将 str 指向的字符串输出到 fp 所指定的文件 | 成功,则返回该字符;否则返回 EOF | |
| fread | int fread(char * pt,unsigned size, unsigned n, FILE * fp); | 从 fp 所指定的文件中读取长度为 size 的 n 个数据项,存到 pt 所指向的内存区 | 返回所读的数据项个数,如遇文件结束或出错返回 0 | |
| fscanf | int fscanf(FILE * fp, char format,args,……); | 从 fp 指定的文件中按 format 给定的格式将输入数据送到 args 所指向的内存单元(args 是指针) | 已输入的数据个数 | |
| fseek | int fseek(FILE * fp, long offset,int base); | 将 fp 所指向的文件的位置指针移到以 base 所给出的位置为基准,以 offset 为位移量的位置 | 返回当前位置;否则返回－1 | |
| ftell | long ftell(FILE * fp); | 返回 fp 所指向的文件中的读写位置 | 返回 fp 所指向的文件中的读写位置 | |
| fwrite | int fwrite ( char * ptr, unsigned size, unsigned n, FILE * fp); | 把 ptr 所指向的 n * size 个字节输出到 fp 所指向的文件中 | 写到 fp 文件中的数据项的个数 | |
| getc | int getc(FILE * fp); | 从 fp 所指向的文件中读取一个字符 | 返回所读的字符,若文件结束或出错,返回 EOF | |
| getchar | int getchar(void); | 从标准输入设备读取下一个字符 | 所读字符,若文件结束或出错,则返回－1 | |
| getw | int getw(FILE * fp); | 从 fp 所指向的文件读取下一个字(整数) | 输入的整数,如文件结束或出错,返回－1 | |
| open | int open(char * filename,int mode); | 以 mode 指出的方式打开已存在的名为 filename 的文件 | 返回文件号(正数);如果打开失败,返回－1 | |
| printf | int printf ( char * format, args,……); | 按 format 指向的格式字符串所规定的格式,将输出表列 args 的值输出到标准输出设备 | 输出字符的个数,若出错,返回负数 | format 可以是一个字符串,或字符数组的起始地址 |

（续表）

| 函数名 | 函数原型 | 功　能 | 返回值 | 说　明 |
| --- | --- | --- | --- | --- |
| putc | int putc(int ch,FILE * fp); | 把一个字符 ch 输出到 fp 所指的文件中 | 输出字符 ch,若出错,返回 EOF | |
| putchar | int putchar(char ch); | 把字符 ch 输出到标准输出设备 | 输出字符 ch,若出错,返回 EOF | |
| puts | int puts(char * str); | 把 str 指向的字符串输出到标准设备,将'\0'转换为回车换行 | 返回换行符,若失败,返回 EOF | |
| putw | int putw(int w,FILE * fp); | 将一个整数 w(一个字)写到 fp 指向的文件中 | 返回输出的整数,若出错,返回 EOF | 非 ANSI 标准函数 |
| read | int read(int fd,char * buf,unsigned count); | 从文件号 fd 所指示的文件中读 count 个字节到由 buf 指示的缓冲区中 | 返回真正读入的字节个数,如遇文件结束返回 0,出错返回－1 | 非 ANSI 标准函数 |
| rename | int rename(char * oldname,char * newname); | 把 oldname 所指的文件名,改为由 newname 所指的文件名 | 成功返回 0;出错返回－1 | |
| rewind | void rewind(FILE * fp); | 将 fp 指示的文件中的位置指针置于文件开头位置,并清除文件结束标志和错误标志 | 无 | |
| scanf | int scanf(char * format,args,……); | 从标准输入设备按 format 指向的格式字符串所规定的格式,输入数据给 args 指向的单元 | 读入并赋给 args 的数据个数,遇文件结束返回 EOF,出错返回 0 | args 为指针 |
| write | int write(int fd,char * buf,unsigned count); | 从 buf 指示的缓冲区输出 count 个字符到 fd 所标志的文件中 | 返回实际输出的字节数,如出错返回－1 | 非 ANSI 标准函数 |

**4. 动态存储分配函数**

ANSI 标准规定有四个与动态存储分配有关的函数,即 calloc()、malloc()、free()、realloc()。实际上,许多 C 编译系统在实现时,往往增加了一些其他函数。ANSI 标准建议在 stdlib. h 头文件中包含有关的信息,但许多 C 编译系统要求用 malloc. h 而不是 stdlib. h。读者在使用时应查阅有关手册。

ANSI 标准要求动态分配系统返回 void 指针。void 指针具有一般性,它们可以指向任何类型的数据。但目前有的 C 编译系统所提供的这类函数返回 char 指针。无论是以上两种情况的哪一种,都需要用强制类型转换的方法把 void 或 char 指针转换成所需的类型。

| 函数名 | 函数原型 | 功　能 | 返回值 |
| --- | --- | --- | --- |
| calloc | void * calloc(unsigned n,unsigned size); | 分配 n 个数据项的内存连续空间,每个数据项的大小为 size | 分配内存单元的起始地址,如不成功,返回 0 |
| free | void free(void * p); | 释放 p 所指的内存区 | 无 |
| malloc | void * malloc(unsigned size); | 分配 size 字节的存储区 | |
| realloc | void * realloc(void * p,unsigned size); | 将 p 所指出的已分配内存区的大小改为 size,size 可以比原来分配的空间大或小 | 返回指向该内存区的指针 |

# 附录F 全国计算机等级考试二级C语言程序设计考试大纲

**◆基本要求**

1. 熟悉 Visual C++集成开发环境。

2. 掌握结构化程序设计的方法,具有良好的程序设计风格。

3. 掌握程序设计中简单的数据结构和算法并能阅读简单的程序。

4. 在 Visual C++集成环境下,能够编写简单的C程序,并具有基本的纠错和调试程序的能力。

**◆考试内容**

一、C语言程序的结构

1. 程序的构成,main 函数和其他函数。

2. 头文件,数据说明,函数的开始和结束标志以及程序中的注释。

3. 源程序的书写格式。

4. C语言的风格。

二、数据类型及其运算

1. C的数据类型(基本类型,构造类型,指针类型,无值类型)及其定义方法。

2. C运算符的种类、运算优先级和结合性。

3. 不同类型数据间的转换与运算。

4. C表达式类型(赋值表达式,算术表达式,关系表达式,逻辑表达式,条件表达式,逗号表达式)和求值规则。

三、基本语句

1. 表达式语句,空语句,复合语句。

2. 输入和输出函数的调用,正确输入数据并正确设计输出格式。

四、选择结构程序设计

1. 用 if 语句实现选择结构。

2. 用 switch 语句实现多分支选择结构。

3. 选择结构的嵌套。

五、循环结构程序设计

1. for 循环结构。

2. while 和 do...while 循环结构。

3. continue 语句和 break 语句。

4. 循环的嵌套。

六、数组的定义和引用

1. 一维数组和二维数组的定义、初始化和数组元素的引用。

2. 字符串与字符数组。

七、函数

1. 库函数的正确调用。

2.函数的定义方法。

3.函数的类型和返回值。

4.形式参数与实际参数,参数值的传递。

5.函数的正确调用,嵌套调用,递归调用。

6.局部变量和全局变量。

7.变量的存储类别(自动,静态,寄存器,外部),变量的作用域和生存期。

八、编译预处理

1.宏定义和调用(不带参数的宏,带参数的宏)。

2."文件包含"处理。

九、指针

1.地址与指针变量的概念,地址运算符与间址运算符。

2.一维、二维数组和字符串的地址以及指向变量、数组、字符串、函数、结构体的指针变量的定义。通过指针引用以上各类型数据。

3.用指针做函数参数。

4.返回地址值的函数。

5.指针数组,指向指针的指针。

十、结构体("结构")与共同体("联合")

1.用 typedef 说明一个新类型。

2.结构体和共用体类型数据的定义和成员的引用。

3.通过结构体构成链表,单向链表的建立,节点数据的输出、删除与插入。

十一、位运算

1.位运算符的含义和使用。

2.简单的位运算。

十二、文件操作

只要求缓冲文件系统(高级磁 I/O 系统),对非标准缓冲文件系统(低级磁盘 I/O 系统)不要求。

1.文件类型指针(FILE 类型指针)。

2.文件的打开与关闭(fopen,fclose)。

3.文件的读写(fputc,fgetc,fputs,fgets,fread,fwrite,fprintf,fscanf 函数的应用),文件的定位 rewind,fseek 函数的应用)。

**◆考试方式**

上机考试,考试时长 120 分钟,满分 100 分。

1.题型及分值

单项选择题 40 分(含公共基础知识部分 10 分)。

操作题 60 分(包括程序填空题、程序修改题及程序设计题)。

2.考试环境

操作系统:中文版 Windows 7。

开发环境:Microsoft Visual C++ 2010 学习版。

# 附录 G 全国计算机等级考试二级 C 语言程序设计样题

（考试时间 120 分钟，满分 100 分）

**一、选择题**(每题 1 分，共 40 分)

下列各题 A、B、C、D 四个选项中，只有一个选项是正确的。

(1)下列选项中不符合良好程序设计风格的是(　　)。

A. 源程序要文档化　　B. 数据说明的次序要规范化

C. 避免滥用 goto 语句　　D. 模块设计要保证高耦合、高内聚

(2)从工程管理角度，软件设计一般分两步完成，它们是(　　)。

A. 概要设计与详细设计　　B. 数据设计与接口设计

C. 软件结构设计与数据设计　　D. 过程设计与数据设计

(3)下列选项中不属于软件生命周期开发阶段任务的是(　　)。

A. 软件测试　　B. 概要设计　　C. 软件维护　　D. 详细设计

(4)在数据库系统中，用户所见的数据模式为(　　)。

A. 概念模式　　B. 外模式　　C. 内模式　　D. 物理模式

(5)数据库设计的四个阶段是：需求分析、概念设计、逻辑设计和(　　)。

A. 编码设计　　B. 测试阶段　　C. 运行阶段　　D. 物理设计

(6)设有如下三个关系表

R

| A |
|---|
| m |
| n |

S

| B | C |
|---|---|
| 1 | 3 |

T

| A | B | C |
|---|---|---|
| m | 1 | 3 |
| n | 1 | 3 |

下列操作中正确的是(　　)。

A. T=R∩S　　B. T=R∪S　　C. T=R×S　　D. T=R/S

(7)下列叙述中正确的是(　　)。

A. 一个算法的空间复杂度大，则其时间复杂度也必定大

B. 一个算法的空间复杂度大，则其时间复杂度必定小

C. 一个算法的时间复杂度大，则其空间复杂度必定小

D. 上述三种说法都不对

(8)在长度为 64 的有序线性表中进行顺序查找，最坏情况下需要比较的次数为(　　)。

A. 63　　B. 64　　C. 6　　D. 7

(9)数据库技术的根本目标是要解决数据的(　　)。

A. 存储问题　　B. 共享问题　　C. 安全问题　　D. 保护问题

(10)对下列二叉树进行中序遍历的结果是(　　)。

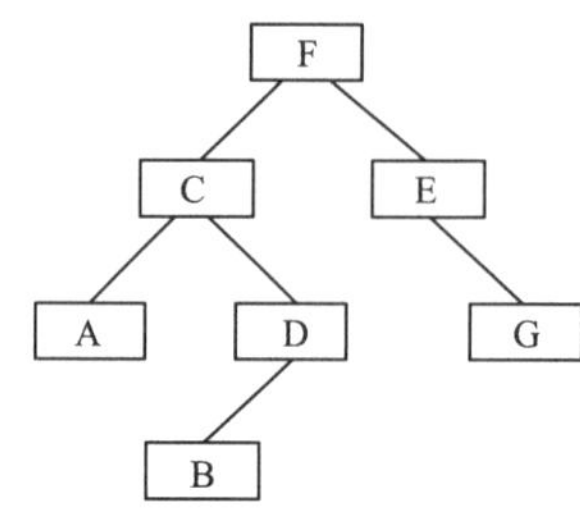


A. ACBDFEG　　B. ACBDFGE　　C. ABDCGEF　　D. FCADBEG

(11)下列叙述中错误的是(　　)。

A. 一个C语言程序只能实现一种算法

B. C程序可以由多个程序文件组成

C. C程序可以由一个或多个函数组成

D. 一个C函数可以单独作为一个C程序文件存在

(12)下列叙述中正确的是(　　)。

A. 每个C程序文件中都必须有一个main()函数

B. 在C程序中main()函数的位置是固定的

C. C程序中所有函数之间都可以相互调用,与函数所在位置无关

D. 在C程序的函数中不能定义另一个函数

(13)下列定义变量的语句中错误的是(　　)。

A. int _int;　　B. double int_;　　C. char For;　　D. float US$;

(14)若变量x、y已正确定义并赋值,以下符合C语言语法的表达式是(　　)。

A. ++x,y=x--　　B. x+1=y　　C. x=x+10=x+y　　D. double(x)/10

(15)以下关于逻辑运算符两侧运算对象的叙述中正确的是(　　)。

A. 只能是整数0或1　　B. 只能是整数0或非0整数

C. 可以是结构体类型的数据　　D. 可以是任意合法的表达式

(16)若有定义int x,y;并已正确给变量赋值,则以下选项中与表达式(x-y)?(x++):(y++)中的条件表达式(x-y)等价的是(　　)。

A. (x-y>0)　　B. (x-y<0)

C. (x-y<0||x-y>0)　　D. (x-y==0)

(17)有以下程序

```
main()
{   int x,y,z;
    x=y=1;
    z=x++,y++,++y;
    printf("%d,%d,%d\n",x,y,z);
}
```

程序运行后的输出结果是(　　)。

A. 2,3,3　　B. 2,3,2　　C. 2,3,1　　D. 2,2,1

(18)设有定义：

```
int a;float b;
```

执行 scanf("%2d%f",&a,&b);语句时，若从键盘输入 876 543.0<回车>,a 和 b 的值分别是(　　)。

A. 876 和 543.000000　　B. 87 和 6.000000

C. 87 和 543.000000　　D. 76 和 543.000000

(19)有以下程序

```
main()
{   int a=0,b=0;
    a=10;    /* 给 a 赋值
    b=20;     给 b 赋值    */
    printf("a+b=%d\n",a+b); /* 输出计算结果 */
}
```

程序运行后的输出结果是(　　)。

A. a+b=10　　B. a+b=30　　C. 30　　D. 出错

(20)在嵌套使用 if 语句时，C 语言规定 else 总是(　　)。

A. 和之前与其具有相同缩进位置的 if 配对

B. 和之前与其最近的 if 配对

C. 和之前与其最近的且不带 else 的 if 配对

D. 和之前的第一个 if 配对

(21)下列叙述中正确的是(　　)。

A. break 语句只能用于 switch 语句

B. 在 switch 语句中必须使用 default

C. break 语句必须与 switch 语句中的 case 配对使用

D. 在 switch 语句中，不一定使用 break 语句

(22)有以下程序

```
main()
{   int k=5;
    while(--k) printf("%d",k -=3);
    printf("\n");
}
```

执行后的输出结果是(　　)。

A. 1　　B. 2　　C. 4　　D. 死循环

(23)有以下程序

```
main()
{   int i;
    for(i=1; i<=40; i++)
    {   if(i++%5==0)
          if(++i%8==0) printf("%d ",i);
    }
```

```
    printf("\n");
}
```

执行后的输出结果是(　　)。

A. 5　　B. 24　　C. 32　　D. 40

(24)以下选项中,值为1的表达式是(　　)。

A. 1－'0'　　B. 1－ '\0'　　C. '1'－0　　D. '\0'－ '0'

(25)有以下程序

```
fun(int x,int y){   return(x+y); }
main()
{   int a=1,b=2,c=3,sum;
    sum=fun((a++,b++,a+b),c++);
    printf("%d\n",sum);
}
```

执行后的输出结果是(　　)。

A. 6　　B. 7　　C. 8　　D. 9

(26)有以下程序

```
main()
{   char s[]="abcde";
    s+=2;
    printf("%d\n",s[0]);
}
```

执行后的结果是(　　)。

A. 输出字符a的ASCII码　　B. 输出字符c的ASCII码

C. 输出字符c　　D. 程序出错

(27)有以下程序

```
fun(int x,int y)
{   static int m=0,i=2;
    i+=m+1;    m=i+x+y;    return m;
}
main()
{   int j=1,m=1,k;
    k=fun(j,m);    printf("%d,",k);
    k=fun(j,m);    printf("%d\n",k);
}
```

执行后的输出结果是(　　)。

A. 5,5　　B. 5,11　　C. 11,11　　D. 11,5

(28)有以下程序

```
fun(int x)
{   int p;
    if(x==0||x==1) return(3);
    p=x-fun(x-2);
```

```
    return p;
}
main()
{   printf("%d\n",fun(7)); }
```

执行后的输出结果是(　　)。

A. 7　　　　B. 3　　　　C. 2　　　　D. 0

(29)在 16 位编译系统上,若有定义 int a[]={10,20,30},*p=&a;,当执行 p++;后,下列说法错误的是(　　)。

A. p 向高地址移了一个字节　　　　B. p 向高地址移了一个存储单元

C. p 向高地址移了两个字节　　　　D. p 与 a+1 等价

(30)有以下程序

```
main()
{   int a=1,b=3,c=5;
    int *p1=&a,*p2=&b,*p=&c;
    *p=*p1*(*p2);
    printf("%d\n",c);
}
```

执行后的输出结果是(　　)。

A. 1　　　　B. 2　　　　C. 3　　　　D. 4

(31)若有定义:int w[3][5];,则以下不能正确表示该数组元素的表达式是(　　)。

A. *(*w+3)　　　　B. *(w+1)[4]

C. *(*(w+1))　　　　D. *(&w[0][0]+1)

(32)若有以下函数首部

int fun(double x[10],int *n)

则下面针对此函数的函数声明语句中正确的是(　　)。

A. int fun(double x,int *n);　　　　B. int fun(double,int);

C. int fun(double *x,int n);　　　　D. int fun(double *,int *);

(33)有以下程序

```
void change(int k[ ]){   k[0]=k[5]; }
main()
{   int x[10]={1,2,3,4,5,6,7,8,9,10},n=0;
    while(n<=4) {   change(&x[n]); n++; }
    for(n=0; n<5; n++) printf("%d ",x[n]);
    printf("\n");
}
```

程序运行后输出的结果是(　　)。

A. 6 7 8 9 10　　　　B. 1 3 5 7 9　　　　C. 1 2 3 4 5　　　　D. 6 2 3 4 5

(34)有以下程序

```
main()
{   int x[3][2]={0},i;
```

```
    for(i=0; i<3; i++)        scanf("%d",x[i]);
    printf("%3d%3d%3d\n",x[0][0],x[0][1],x[1][0]);
}
```

若运行时输入:2 4 6<回车>,则输出结果为(　　)。

A. 2 0 0　　B. 2 0 4　　C. 2 4 0　　D. 2 4 6

(35)有以下程序

```
int add(int a,int b){    return(a+b); }
main()
{   int k,(*f)(),a=5,b=10;
    f=add;
    ……
}
```

则以下函数调用语句错误的是(　　)。

A. k=(*f)(a,b);　　B. k=add(a,b);

C. k=*f(a,b);　　D. k=f(a,b);

(36)有以下程序

```
#include
main(int argc,char *argv[ ])
{   int i=1,n=0;
    while(i
    printf("%d\n",n);
}
```

该程序生成的可执行文件名为:proc. exe。若运行时输入命令行:

proc 123 45 67

则程序的输出结果是(　　)。

A. 3　　B. 5　　C. 7　　D. 11

(37)有以下程序

```
# include
# define    N     5
# define    M     N+1
# define    f(x)(x*M)
main()
{   int i1,i2;
    i1=f(2);
    i2=f(1+1);
    printf("%d %d\n",i1,i2);
}
```

程序的运行结果是(　　)。

A. 12 12　　B. 11 7　　C. 11 11　　D. 12 7

(38)有以下结构体说明、变量定义和赋值语句

```
struct STD
```

```
{    char name[10];
     int age;
     char sex;
} s[5], * ps;
ps=&s[0];
```

则以下 scanf 函数调用语句中错误引用结构体变量成员的是(　　)。

A. scanf("%s",s[0].name);　　B. scanf("%d",&s[0].age);

C. scanf("%c",&(ps->sex));　　D. scanf("%d",ps->age);

(39)若有以下定义和语句

```
union data
{    int i; char c; float f; } x;
int y;
```

则以下语句正确的是(　　)。

A. x=10.5;　　B. x.c=101;　　C. y=x;　　D. printf("%d\n",x);

(40)有以下程序

```
#include
main()
{    FILE * fp;      int i;
     char ch[]="abcd",t;
     fp=fopen("abc.dat","wb+");
     for(i=0; i<4; i++) fwrite(&ch[i],1,1,fp);
     fseek(fp,-2L,SEEK_END);
     fread(&t,1,1,fp);
     fclose(fp);
     printf("%c\n",t);
}
```

程序执行后的输出结果是(　　)。

A. d　　B. c　　C. b　　D. a

**二、程序填空题(18 分)**

给定程序中,函数 fun 的功能是:在带有头节点的单向链表中,查找数据域中值为 ch 的节点。找到后通过函数值返回该节点在链表中所处的顺序号;若不存在值为 ch 的节点,函数返回 0 值。

请在程序的下划线处填入正确的内容并把下划线删除,使程序得出正确的结果。

注意:源程序存放在考生文件夹下的 BLANK1.C 中。

不得增行或删行,也不得更改程序的结构。

```
#include <stdio.h>
#include <stdlib.h>
#define N 8
typedef struct list
{    int data;
     struct list * next;
```

```
} SLIST;
SLIST *creatlist(char *);
void outlist(SLIST *);
int fun(SLIST *h,char ch)
{   SLIST *p;
    int n=0;
    p=h->next;
    /**********found**********/
    while(p!=___1___)
    {   n++;
        /**********found**********/
        if(p->data==ch) return ___2___;
        else p=p->next;
    }
    return 0;
}
main()
{   SLIST *head;    int k;    char ch;
    char a[N]={'m','p','g','a','w','x','r','d'};
    head=creatlist(a);
    outlist(head);
    printf("Enter a letter:");
    scanf("%c",&ch);
    /**********found**********/
    k=fun(___3___);
    if(k==0) printf("\nNot found! \n");
    else printf("The sequence number is: %d\n",k);
}
SLIST *creatlist(char *a)
{   SLIST *h,*p,*q;    int i;
    h=p=(SLIST *)malloc(sizeof(SLIST));
    for(i=0; i<N; i++)
    {   q=(SLIST *)malloc(sizeof(SLIST));
        q->data=a[i]; p->next=q; p=q;
    }
    p->next=0;
    return h;
}
void outlist(SLIST *h)
{   SLIST *p;
    p=h->next;
    if(p==NULL) printf("\nThe list is NULL! \n");
    else
```

```
    {   printf("\nHead");
        do
        { printf("->%c",p->data); p=p->next; }
        while(p!=NULL);
        printf("->End\n");
    }
}
```

**三、程序修改题(18 分)**

给定程序 modi. c 中,函数 fun 的功能是:给定 n 个实数,输出平均值,并统计在平均值以上(含平均值)的实际个数。

例如,n=8 时输入:193.199、195.673、195.757、196.051、196.092、196.596、196.579、196.763 所得平均值为:195.838745,在平均值以上的实数个数应为:5。

请改正程序中的错误,使它能得出正确结果。

注意:不要改动 main 函数,不得增行或删行,也不得更改程序的结构。

```
#include <conio.h>
#include <stdio.h>
#include <windows.h>
int fun(float x[],int n)
/************found************/
    int j,c=0;float xa=0.0;
    for(j=0;j<n;j++)
        xa+=x[j]/n;
    printf("ave=%f\n",xa);
    for(j=0;j<n;j++)
    /************found************/
        if(x[j]=>xa)
            c++;
    return c;
}
main()
{   float x[100]={193.199f,195.673f,195.757f,196.051f,196.092f,196.596f,196.579f,196.763f};
    system("cls");
    printf("%d\n",fun(x,8));
}
```

**四、程序设计题(24 分)**

假定输入的字符串中只包含字母和 * 号。请编写函数 fun,它的功能是:除了字符串前导和尾部的 * 号之外,将串中其他 * 号全部删除。形参 h 已指向字符串中第一个字母,形参 p 已指向字符串中最后一个字母。在编写函数时,不得使用 C 语言提供的字符串函数。

例如,字符串中的内容为:****A*BC*DEF*G********,删除后,字符串中的内容应当是:****ABCDEFG********。在编写函数时,不得使用 C 语言提供的字符串函数。

注意：部分源程序存在文件 prog. c 中。

请勿改动主函数 main 和其他函数中的任何内容，仅在函数 fun 的大括号中填入你编写的若干语句。

```
#include <stdio.h>
#include <conio.h>
void fun(char *a,char *h,char *p)
{



}
void NONO()
{    /* 请在此函数内打开文件，输入测试数据，调用 fun 函数，输出数据，关闭文件。 */
    char s[81], *t, *f;
    int i;
    FILE *rf, *wf;
    rf=fopen("b37.in","r");
    wf=fopen("a37.out","w");
    for(i=0;i<4;i++)
    {   fscanf(rf,"%s",s);
        t=f=s;
        while(*t) t++;
        t--;
        while(*t=='*') t--;
        while(*f=='*') f++;
        fun(s,f,t);
        fprintf(wf,"%s\n",s);
    }
    fclose(rf);
    fclose(wf);
}
main()
{   char s[81], *t, *f;
    printf("Enter a string:\n");gets(s);
    t=f=s;
    while(*t) t++;
    t--;
    while(*t=='*') t--;
    while(*f=='*') f++;
    fun(s,f,t);
    printf("The string after deleted:\n");puts(s);
    NONO();
}
```